WIDMUNG

Hal

Dieses Buch ist den Menschen gewidmet, die mir mehr bedeuten
als alles andere auf der Welt: meiner Familie.
Mama. Papa. Meiner Schwester Hayley.
Meiner Frau Ursula und unseren zwei Kindern, Sophie und Halsten.
Ich liebe euch alle mehr, als ich sagen kann!

Dieses Buch ist außerdem dem Andenken meiner Schwester
Amery Kristine Elrod gewidmet.

David

Für meine Familie, insbesondere meine Frau Traci, meine Mutter,
meine Töchter Cheaven und Bella und meinen Sohn Luke.
Für mein Team, das unsere Mission jeden Tag unterstützt hat.
Und für alle, die nach Erfüllung streben, überall.

INHALT

Hal Elrod, David Osborne
mit Honorée Corder

MIRACLE MORNING FÜR MILLIONÄRE

Das Erfolgsgeheimnis: Was die Reichen vor 8 Uhr tun

Aus dem amerikanischen Englisch von Christina Brombach

Edition Forsbach

Die amerikanische Originalausgabe erschien 2018 unter dem Titel „Mircale Morning Millionaires“.

Haftungsausschluss: Die hierin enthaltenen Ratschläge und Strategien sind möglicherweise nicht für jede Situation geeignet. Dieses Buch wird mit der Maßgabe verkauft, dass der Autor und der Herausgeber nicht mit der Erbringung von Rechts-, Buchhaltungs- oder anderen professionellen Dienstleistungen beschäftigt sind. Weder der Autor noch der Verlag haften für Schäden, die sich hieraus ergeben. Die Tatsache, dass ein Unternehmen oder eine Website in dieser Arbeit als Zitat oder eine potenzielle Quelle für weitere Informationen bezeichnet wird, bedeutet nicht, dass der Autor oder der Verlag die Informationen, die das Unternehmen oder die Website bereitstellen kann, oder Empfehlungen, die es abgeben kann, billigt. Darüber hinaus sollten sich die Leser darüber im Klaren sein, dass sich die in diesem Werk aufgeführten Internetseiten zwischen dem Zeitpunkt, zu dem dieses Werk geschrieben wurde, und dem Zeitpunkt, zu dem es gelesen wird, geändert haben oder verschwunden sein können.

Bibliografische Information der Deutschen Nationalbibliothek:
Die Deutsche Nationalbibliothek verzeichnet diese Publikation in der Deutschen Nationalbibliografie; detaillierte bibliografische Daten sind im Internet über http://dnb.dnb.de abrufbar

Edition Forsbach
Bücher mit Herz

www.edition-forsbach.de
2. Auflage, Bamberg 2023

Druck und Bindung: CPI books GmbH, Leck
Printed in Germany
ISBN 978-3-95904-068-6 (Print)
ISBN 978-3-95904-069-3 (E-Book)

Teil II: Was macht Sie zum Millionär?

Teil III: Drei Praxistipps zum persönlichen Wachstum, die Sie auf Ihrem Weg zum Reichtum unterstützen

GELEITWORT VON LOTHAR SEIWERT

Hal Elrod ist der Autor eines der beliebtesten Bücher der Welt, *The Miracle Morning*. Das Buch wurde mittlerweile in 27 Sprachen übersetzt und hat über 2.000 Fünf-Sterne-Bewertungen auf Amazon erhalten; die darin beschriebene Methode wird täglich von über 500.000 Menschen in mehr als 70 Ländern praktiziert. Deshalb freue ich mich sehr, das Geleitwort zur deutschen Ausgabe seines neuen Buches *Miracle Morning Millionaires* zu schreiben.

Als ich Hal Elrod und seine Bücher kennenlernte, war ich zunächst erstaunt: Sollte so eine scheinbare „Kleinigkeit", wie eine Stunde am frühen Morgen mit sich selbst zu verbringen, eine derartige Bewegung unter den Menschen bewirken? Es heißt, dass Hal Elrod eine der am schnellsten wachsenden und engagiertesten Online-Communities der Welt gegründet hat.

Doch dann erkannte ich, dass alle erfolgreichen Menschen offenbar diesem einfachen und effizienten Tagesablauf folgen: Unternehmer, Millionäre, Milliardäre – sie leben nicht einfach in den Tag hinein, sondern stehen wesentlich früher auf als alle anderen und verbringen eine Stunde oder mehr mit sich selbst und *sechs einfachen Ritualen: Meditation, Affirmationen, Visualisierungen, Bewegung, Lesen* und *Schreiben*. Und sie machen jeden Morgen das Gleiche – sie reflektieren, bevor sie anfangen zu arbeiten, sie bringen Struktur und Effizienz in ihre Arbeit, sie schöpfen Energie – und sie starten in den Tag, ohne durch E-Mails, Telefonate und soziale Netzwerke vom Wesentlichen abgelenkt zu werden. Das ist der Schlüssel zu ihrem Erfolg.

Dieses Buch hat den deutschen Titel *Miracle Morning für Millionäre* – man könnte ergänzen: *… und solche, die es werden wollen*. Denn es geht hier um das Erfolgsgeheimnis, um reich und wohlhabend zu werden. Hal Elrod hat das Buch zusammen mit David Osborne geschrieben, der durch seine seltene Mischung aus Authentizität, Transparenz und Expertenwissen beeindruckt. Er zeigt in diesem Buch, dass man nicht einfach nur immer mehr tun muss, um reich zu werden, sondern dass man vor allem anders handeln muss. Am frühen Morgen, bevor die Welt erwacht, ist offenbar die allerbeste Gelegenheit, über die Handlungsschritte nachzudenken und zu entscheiden, die Sie zum Millionär werden lassen.

Dieses Buch ist nicht nur ein Wegweiser zum Reichtum, sondern eine klare Anleitung, um ein erfolgreicher Unternehmer zu werden und zu bleiben. Mit den vielfältigen Anregungen und Tipps von David Osborne wird es auch Ihnen leichtfallen, morgens früh aufzustehen, selbst wenn Sie schon Ihr Leben lang eine „Nachteule“ gewesen sind. Sie erfahren, welche Entscheidungen Sie treffen und welche Handlungen Sie vornehmen müssen, um reich zu werden. Und auch, welche Fehler möglich sind auf dem Weg zum Millionär und erfolgreichen Unternehmer.

Lesen Sie das Buch bitte *mehrmals* – Sie bauen Sie sich damit eine Grundlage für Ihren Erfolg in allen Lebensbereichen, und das für den ganzen Rest Ihres Lebens.

Ich wünsche Ihnen viel Spaß beim Lesen und großen Erfolg beim Umsetzen!

Ihr Lothar Seiwert

***Prof. Dr. Lothar Seiwert**, Certified Speaking Professional (CSP) und Global Speaking Fellow (GSF), Keynote-Speaker und Bestsellerautor „Simplify your Life“ und „Die Tiger-Strategie“*

www.Lothar-Seiwert.de

EINE BESONDERE EINLADUNG VON HAL

Die Leser und Anwender des *Miracle Morning* haben eine außergewöhnliche Gemeinschaft von über 150.000 ähnlich gesonnenen Personen auf der ganzen Welt geschaffen, die jeden Tag *mit einem Ziel* aufwachen und Zeit darauf verwenden, das unbegrenzte Potenzial zu nutzen, das in uns allen liegt, während sie gleichzeitig anderen helfen, das Gleiche zu tun.

Als Autor von *The Miracle Morning* empfand ich es als meine Pflicht, eine Online-Community zu schaffen, in der sich Leser zusammenfinden können, um sich kennenzulernen, sich gegenseitig Mut zu machen, sich über die besten Methoden auszutauschen, sich gegenseitig zu unterstützen, über das Buch zu diskutieren, Videos zu posten, einen Partner zu finden, dem sie Rechenschaft ablegen können, und sogar Smoothierezepte und Sporteinheiten zu teilen.

Allerdings hätte ich mir damals ehrlich gesagt nicht träumen lassen, dass die *Miracle-Morning-Community* eine der positivsten, engagiertesten und sich gegenseitig am besten unterstützenden Online-Communitys der Welt werden würde, aber genau das ist passiert. Die Persönlichkeit und menschliche Größe unserer Mitglieder aus mittlerweile über siebzig Ländern erstaunt mich jeden Tag aufs Neue – und es werden immer mehr.

Gehen Sie einfach auf **www.MyTMMComunity.com** und beantragen Sie die Aufnahme in die Facebook-Gruppe von *The Miracle Morning*

Community. So kommen Sie augenblicklich in Kontakt mit über 150.000 Menschen, die die Methoden des *Miracle Morning* bereits anwenden. Einige davon fangen ihren Weg zum *Miracle Morning* vielleicht erst an, aber es gibt noch viel mehr, die schon seit Jahren dabei sind und ihre Ratschläge, Unterstützung und Erfahrung nur zu gerne teilen, um Ihnen schneller zum Erfolg zu verhelfen.

Ich moderiere diese Community und schaue auch regelmäßig dort vorbei, also freue ich mich darauf, Sie dort zu treffen. Wenn Sie lieber persönlich auf den sozialen Medien mit mir in Kontakt treten möchten, folgen Sie einfach @HalElrod auf Twitter oder Facebook.com/YoPalHal auf Facebook. Ich möchte Sie kennenlernen!

HALS VORWORT

Lernen Sie David Osborn kennen

Vor ein paar Jahren war ich eingeladen, bei einer Veranstaltung zugunsten der Wohltätigkeitsorganisation *1 Life Fully Lived* einen Vortrag zu halten. Der Hauptredner der Veranstaltung war jemand, von dem ich bis zu diesem Zeitpunkt noch nie gehört hatte, aber die Besucher waren sich einig, dass er das Highlight der Veranstaltung sein würde. Das hat mich neugierig gemacht.

Als David Osborn die Bühne betrat, nahm er mich schnell durch seine seltene Mischung aus Authentizität, Transparenz, Expertenwissen und Mitwirkung gefangen – so wie auch alle anderen im Saal.

Seine Rede trug den Titel *Reichtum wartet nicht*, und er führte uns darin durch seine eigene Lebensgeschichte: vom mit Problemen belasteten Jugendlichen bis hin zum Selfmade-Multimillionär. Seine Offenheit machte Mut, während er uns zeigte, wo praktisch jeder Dollar hergekommen war, den er verdient hatte. Und das waren *jede Menge* Dollars – ungefähr 70 Millionen davon, auf die sich sein Vermögen damals belief.

Ich hatte bis zu diesem Zeitpunkt schon ein paar Millionäre kennengelernt, aber noch keinen, der in dieser Liga spielte. Und auch noch keinen, der so offen damit umging und bereit war, sein Wissen – kostenlos – zu teilen, um anderen auf ehrliche Art und Weise dabei zu helfen, selbst finanziell unabhängig zu werden. Meine Neugier wuchs noch weiter.

Im Laufe von Davids Präsentation erfuhr ich, dass er außerdem einer der Mitbegründer von *GoBundance* war, einer Gruppe von Vordenkern für Männer, die sich entscheiden, ein sagenhaftes Leben zu gestalten. Da ich gern noch mehr Zeit mit David verbringen und ihn näher kennenlernen wollte, nahm ich sein Angebot an, einen Vortrag bei einer Klausurtagung von *GoBundance* in Lake Tahoe zu halten.

Damals hatte ich noch keine Ahnung, dass die *GoBundance*-Reise der Beginn einer unschätzbar wertvollen Freundschaft zwischen David und mir und unseren Familien werden würde.

Seit der Reise nach Lake Tahoe ist meine Familie nach Austin in Texas umgezogen, sodass wir jetzt nur noch 15 Minuten entfernt von David und seiner Familie wohnen. Unsere Frauen verstehen sich hervorragend. Unsere Töchter sind beste Freundinnen. Unsere Kinder besuchen die gleiche Schule, Acton Academy. Letzte Woche hat Davids Familie sogar ein Haus in unserer Straße gekauft, wir sind also bald auch noch Nachbarn. Wenn es so weitergeht, ist es nur noch eine Frage der Zeit, bis wir beieinander einziehen.

Im Oktober 2016 erfuhr ich, dass ich an einem seltenen Krebs litt, der Überlebenschancen von nur 30 % hatte. David und seine Frau Traci nahmen es damals auf sich, mich und meine Familie in wichtigen Dingen zu unterstützen. Sie ließen uns über ein Jahr lang eine Mahlzeit pro Woche nach Hause liefern. Sie fuhren mich ins Krankenhaus. Sie boten uns sogar an, uns in ihrem Flugzeug fliegen zu lassen, wohin wir wollten. David hatte seinen Vater an Krebs verloren, deshalb konnte er unsere Situation verstehen und beriet uns mit der Erfahrung seines eigenen Weges. Der Satz „Ich kann dir nicht genug danken“ fasst die Dankbarkeit, die ich David und seiner Familie gegenüber empfinde, angemessen zusammen.

Ich hoffe, Sie verstehen jetzt besser, von wem Sie in diesem Buch lernen können. Ich habe David gebeten, es mit mir gemeinsam zu schreiben und seine Weisheit mit Ihnen zu teilen, weil er für mich die lebende Verkörperung dessen darstellt, was es bedeutet, in jedem Sinne des Wortes reich zu sein. Bei Reichtum geht es nämlich nicht nur um Geld auf der Bank oder Kapitalvermögen. Wahrer Reichtum besteht darin, nach seinen eigenen wichtigsten Grundsätzen zu leben, nach den eigenen Werten, von denen finanzielle Unabhängigkeit nur einer ist. Und niemand bekommt das besser hin als David Osborn.

DAVIDS VORWORT

Der Morgen-Millionär

Heute morgen bin ich um 5:17 Uhr aufgewacht.

Glauben Sie mir, ich übertreibe *nicht*. Ich war einen großen Teil meines Lebens eine überzeugte Nachteule. In meiner Zeit an der Highschool habe ich oft am Wochenende bis 10 oder 11 Uhr ausgeschlafen, daran erinnere ich mich noch gerne. Während des Studiums habe ich ganze Kurse verschlafen, und wenn die Prüfungen näher rückten, habe ich bis spät in die Nacht gelernt.

Als ich mein erstes Unternehmen zu leiten begann, hatte ich nicht das Gefühl, meine Gewohnheiten ändern zu müssen. Ich arbeitete bis tief in die Nacht, während die ganze Welt schlief, und am anderen Tag schlief ich aus. Warum auch nicht? Für mich war die Nacht eine produktive Zeit. Die Morgenstunden dagegen? Da schlief ich am liebsten so lange aus, wie die Welt es mir erlaubte.

Natürlich musste ich schnell ein paar Dinge lernen.

Das erste war, dass die Welt mich nicht unbedingt so lange ausschlafen *ließ*, wie ich es gerne gehabt hätte. Der Großteil des Lebens findet bei Tageslicht statt, deshalb begannen die langen Nächte als Nachteule mir irgendwann Probleme zu machen. Egal, wie produktiv ich nachts zu sein glaubte, tagsüber wie ein Zombie durch mein Unternehmen zu stolpern, war sicherlich kein Rezept zum Reichwerden.

Zweitens, und wahrscheinlich noch wichtiger, war die Tatsache, dass *es einen Zusammenhang zwischen Morgen und Reichtum gibt.* Nicht nur die Welt schläft selten aus, die Millionäre der Welt tun es fast *nie.*

Die Verbindung zwischen Morgen und Millionären

Je mehr Zeit ich im Geschäftsleben verbrachte, desto deutlicher erkannte ich die Verbindung zwischen Morgen und Geld. Je konsequenter ich diesen ersten Teil meines Tages genutzt habe – auf sehr spezielle Arten, die ich hier mit Ihnen teilen möchte –, desto mehr wuchs mein Vermögen.

Damit bin ich nicht allein. Wenn Sie die Gewohnheiten von Millionären betrachten, wie wir es in diesem Buch tun werden, werden Sie feststellen, dass eine ungewöhnliche Menge von ihnen morgens früh aufsteht. Dafür gibt es einen guten Grund: Morgenstunden und Geld haben eine Menge Gemeinsamkeiten.

Wenn es um Geld geht, ist der wahrscheinlich beliebteste Ratschlag der Welt: „Bezahle dich zuerst selbst“. Das heißt, dass man einen Teil des Geldes nimmt, das hereinkommt, und es auf die Seite legt, um zu investieren – und dann kommt erst der ganze Rest. Dieser Rat beruht auf der Tatsache, dass Zinseszinsen das mächtigste finanzielle Werkzeug der Welt sind. Wenn man aber nie Geld hat, das man investieren kann, kann man sich dieses Werkzeug auch nie zunutze machen. Dieses Geld muss man zuerst wegnehmen, sonst wird es nur von anderen Dingen aufgefressen.

Mit Zeit verhält es sich so ähnlich. Sich selbst weiterzuentwickeln ist die wirksamste Methode der Welt. Genau wie beim Geld scheint es aber nie richtig zu funktionieren, wenn man sich verspricht, dass man sich *später* am Tag Zeit für die wichtigen Dinge im Leben nehmen wird – Zeit findet immer ein neues Zuhause, genau wie Geld. Die letzten paar Kröten des Gehaltsschecks kann man nicht sparen; um die Mittagszeit ist es zu spät, seine Zeit auf das zu verwenden, was einem am wichtigsten ist.

Miracle Morning ist eine Methode, wie Sie sich selbst zuerst bezahlen können – mit Weisheit, Produktivität und klarem Blick. Wenn Sie Ihren Morgen richtig einsetzen, ist das, als würden Sie die Sahne des Tages abschöpfen und sie sich selbst geben, damit Sie sie für riesige Erträge investieren können.

Von allen Investitionen der Welt, von Immobilien und Renten bis hin zu Börsen und Startups, ist die Investition *in sich selbst* immer die beste. Und dabei hilft Ihnen ein Werkzeug, das jeden Tag bei Sonnenaufgang mit Sicherheit auftaucht.

Beginnen Sie Ihre Morgen-Reise

In diesem Buch geht es um drei Dinge.

Zuallererst müssen wir die grundlegenden Methoden erkennen und lernen, die Menschen ausmachen, die sich für Reichtum entscheiden. Wenn Sie diese Methoden lernen können, können Sie auch in ihre Fußstapfen treten. So einfach ist das. (Naja, vielleicht nicht *einfach*. Aber wenigstens nicht kompliziert.)

Zweitens geht es darum, den Wert darin zu erkennen, diese Methoden *jeden Tag als Erstes anzuwenden* – und der ist wirklich enorm. Klar, Sie können auch versuchen, es später noch zu tun, aber ich habe den starken Verdacht, dass Sie genau wissen, wohin das führt. Sie werden merken, dass Morgenstunden eine ganz besondere Qualität haben. Sie sind wichtig – auf Arten, die Sie sich jetzt wahrscheinlich noch gar nicht vorstellen können.

Man wird nicht einfach so reich, wenn man früh aufsteht, aber es ist nicht übertrieben zu sagen, dass der Morgen den Unterschied zwischen pleite und Millionär sein ausmachen kann.

Drittens gibt es in diesem Buch natürlich auch ganz praktische Übungen und Anleitungen, wie Sie zu einem dieser seltenen Wesen werden können, die man „Frühaufsteher" nennt. Ich kann Ihnen schließlich erzählen, wie wichtig der Morgen ist, so viel ich will – wenn Sie es nicht schaffen, früh genug aufzustehen, um ihn auch zu nutzen, bringt das herzlich wenig.

Die gute Nachricht ist, dass *ein Morgenmensch zu sein eine Fähigkeit ist, die man lernen kann*. Sie *können* wirklich Frühaufsteher werden. Sie können voller Energie und Schwung aufwachen. Sie können der frühe Vogel sein. Und meine Aufgabe ist es, Ihnen zu zeigen, wie das geht.

Diese drei Faktoren können Ihre Weltsicht grundlegend verändern – und nicht nur, was Geld betrifft. Wenn Sie die Kontrolle über Ihre Morgen übernehmen, übernehmen Sie damit auch die Kontrolle über den ganzen Tag.

Sie lernen, sich zu Ihren eigenen Bedingungen auf die Welt einzulassen. Sie werden handeln, statt nur zu *reagieren*.

Stellen Sie sich einen Tag vor, an dem *Sie* allein die Tagesordnung bestimmen. Einen, an dem die Dinge, die Ihnen wichtig sind, klar vor Ihnen liegen und jeder Schritt dorthin aufregend ist. Das ist es, was ein *Miracle Morning* Ihnen bringt – nicht nur die Aussicht auf finanziellen Reichtum, sondern auch eine Fülle an innerem Frieden und das Gefühl, die Kontrolle über Ihr Leben selbst in der Hand zu haben.

Der erste Schritt dieser Reise ist es, zu lernen, die Vorteile des Morgens sofort zu nutzen – und wir fangen gleich morgen früh damit an. Zuerst den Morgen in Angriff zu nehmen bedeutet, dass Sie schon anfangen können, diesen wichtigen Teil des Tages zu nutzen, während Sie dieses Buch zu Ende lesen, um zu lernen, was genau Millionäre so reich gemacht hat.

Wenn wir loslegen, erinnern Sie sich daran, dass *der Morgen eine Zeit ist, der ein Zauber innewohnt.* Zu dieser Zeit entwickeln Sie Ihre Mentalität, reich zu werden, und richten Ihre Träume, Ihre Leidenschaft und Ihre Talente auf das Ziel, Millionär zu werden. Alles beginnt am Morgen.

Wenn Sie das nervös macht, machen Sie sich keine Gedanken. Selbst wenn Sie bisher Ihre Probleme mit dem Frühaufstehen hatten, sollten Sie sich zu Herzen nehmen: Das Problem ist nicht der Morgen selbst, sondern der Rest des Tages. Wenn Sie mit Ihrem Leben nicht zufrieden sind, haben Sie auch keinen Grund, morgens voller Energie aus dem Bett zu springen. Man könnte sogar sagen, Sie haben gar keinen Grund, morgens *überhaupt* aufzustehen. Ich glaube, das ist ein Gefühl, das viele Leute haben, deshalb kommen sie nur so schwer aus den Federn.

Deshalb wird es der erste Schritt auf Ihrer Reise sein, diesen Kreislauf zu durchbrechen. Wir fangen damit an, zu klären, warum der Morgen so wichtig ist, und dann bringen wir Ihnen bei, wie Sie früh aus dem Bett kommen und ihn sich auf Ihrer Reise zum Reichtum zunutze machen.

Viele Leute glauben, dass sie erst ihr Leben in den Griff bekommen sollten, bevor sie früh aufstehen können, oder dass sich ihre Gewohnheiten schon ändern werden, wenn sie erst einmal reich sind. Ich kann Ihnen versichern, dass sich Ursache und Wirkung genau andersherum verhalten: Man wird nicht zum Frühaufsteher, indem man sein Leben in den Griff bekommt, sondern man ändert sein Leben einen Morgen nach dem anderen.

Wenn Sie bereit sind, mehr in Ihrem Leben zu bekommen – produktivere Morgenstunden und mehr Geld –, aber sich nicht sicher sind, wie Sie es angehen sollen, dann ist dieses Buch genau richtig für Sie. Wenn Sie sich dafür entscheiden, mehr zu wollen, hilft dieses Buch Ihnen dabei, mehr zu *bekommen.*

Willkommen bei *Miracle Morning für Millionäre*. Legen wir los!

TEIL I:

MIRACLE MORNING

WARUM DER MORGEN WICHTIG IST, UND WIE SIE IHN ZURÜCKEROBERN KÖNNEN

1. WARUM DER MORGEN WICHTIG IST

(wichtiger, als Sie glauben)

Wer abends zufrieden ins Bett gehen will,
muss morgens entschlossen aufstehen.

GEORGE LORIMER
Amerikanischer Autor und Journalist

Nachdem ich den Großteil meines früheren Lebens damit verbracht habe, auszuschlafen, grenzt es heutzutage an ein Wunder, wenn ich um 7 Uhr immer noch im Bett bin. Selbst wenn es abends etwas später wird, stehe ich normalerweise früh auf. Diese Gewohnheit ist mittlerweile einfach Teil von mir geworden.

Was meinen Tagesablauf ursprünglich umgekehrt hat, war die Erkenntnis, dass die Strategie, auszuschlafen und lange zu arbeiten, nicht mehr funktionierte, als ich immer mehr Verantwortung übernahm. Es war nicht mehr machbar. Ich konnte nicht lange wach bleiben, um produktiv zu bleiben, und gleichzeitig am nächsten Morgen früh aufstehen, um mich mit meiner Familie zu beschäftigen, eine Firma zu leiten und mich mit einer Welt auseinanderzusetzen, die in zunehmendem Maße von mir verlangte, mein Vampirdasein aufzugeben.

Diese Erkenntnis war der Auslöser für eine Veränderung. Widerstrebend wurde ich aus purer Notwendigkeit zum Morgenmensch. Ich stellte allerdings bald fest, dass am Morgen viel mehr dran war als nur die Gelegenheit, früh genug aufzustehen, um sich einem geschäftigen Leben zu stellen. Mir wurde klar, dass der Morgen wie ein gut gehütetes Geheimnis ist, das ich jahrelang übersehen hatte. Er erlaubte mir nicht nur, mehr zu schaffen – er gab mir die Chance, Dinge zu tun, die ich sonst gar nicht erreicht hätte.

Heute, viele Jahre und viele Dollar später, ist meine *Miracle-Morning-Routine* nichts, was ich machen muss, sondern etwas, das ich machen *will.* Ich bin mir nicht ganz sicher, wie ich ohne sie mit meinem Leben klarkommen würde.

Rechter Fuß, falscher Fuß

Ein Teil der Wunderkräfte des Morgens liegt darin, dass er für den ganzen Rest des Tages den Ton angibt. Wenn Sie jeden Tag mit einem zielstrebigen, disziplinierten und auf Wachstum ausgerichteten Morgen beginnen, werden Sie schnell merken, dass der Tag ebenso verläuft. Sie werden sich zielstrebig und auf dem richtigen Weg fühlen. Sie werden zielorientiert handeln und sich weniger leicht ablenken lassen.

Wenn Sie Ihren Morgen richtig gestalten, können Sie sich so gut wie sicher sein, dass der Rest des Tages keine große Herausforderung mehr darstellt.

Vergleichen Sie das einmal damit, wie Ihr Morgen wahrscheinlich gerade aussieht.

Die meisten Leute gehören zu einem von zwei Lagern, wenn es ums Aufstehen geht. Die einen sind *überwältigt.* Von dem Moment an, in dem sie (widerstrebend) aufwachen, rennen sie der Zeit hinterher. Sie sind immer zu spät dran und ihr Kopf fährt Karussell. Bevor sie sich auch nur die Hosen angezogen haben, sind sie schon verspätet. Es gibt immer viel zu viel zu tun und zu wenig Zeit, um die Dinge anzugehen.

Die anderen sind eher das Gegenteil. Sie haben keine Ziele und keinen Antrieb, also schlafen sie aus, zögern und fangen dann *irgendwann endlich* an zu arbeiten. Aber selbst dann lassen sie sich leicht ablenken, wenn irgendwo etwas blinkt, und sie fühlen sich nie besonders produktiv. Sie lassen sich treiben. Ziellos.

Für die Überwältigten fühlt sich der Tag an wie ein ausgedehnter Feueralarm. Alles ist chaotisch und laut, und sie fühlen sich, als müssten sie die ganze Zeit herumrennen. Für die Anderen ist ein Tag wie der langsamste Auffahrunfall der Welt, bei dem man keine Ahnung hat, auf welche Pedale man drücken oder wohin man das Lenkrad drehen soll, um das unaufhaltsame Schicksal abzuwenden.

Und über beiden Lagern hängt stets die Frage des Geldes. Der Druck, der daher rührt, dass man nie genug davon hat oder sich fragen muss, woher es kommen soll. Das Gefühl, man sei hilflos, wenn es darum geht, die eigene finanzielle Zukunft zu gestalten. Finanzieller Druck ist wie eine zusätzliche Stressschicht, die sich über den ganzen Tag legt.

So oder so, wenn man sich den Morgen nicht zunutze macht, rast die Welt auf einen zu, wenn man gerade erst aufgewacht ist. Wenn man den Tag zu spät beginnt, ist er schon komplett ruiniert, bevor man überhaupt die Augen aufgeschlagen hat. Wer ohne Ziele und eine Marschrichtung aufwacht, hat praktisch keine Chance, den Tag wieder komplett in die Spur zu bringen. Egal, zu welchem der beiden Lager Sie gehören, ich kann es verstehen, wenn Sie dann lieber im Bett bleiben.

Aber was wäre, wenn es eine dritte Möglichkeit gäbe?

Was, wenn Ihr Morgen anders verliefe? Wenn er sich anders *anfühlen* könnte? Was wäre, wenn Sie voller Energie und Enthusiasmus aufwachen könnten, statt mit Furcht und Schrecken? Was, wenn Sie statt Chaos eine Stunde Ruhe und Frieden haben könnten, in der Sie sich ganz der Aufgabe widmen können, Sie selbst, Ihre Finanzen und Ihr Leben zu verbessern?

Der *Miracle Morning* schenkt Ihnen genau diesen sauberen, nicht vollgestopften Raum für Gedanken, den Sie sich gerade vorgestellt habt. Einen Raum, in dem Sie Ihren Sinn für Würde und Eleganz wiederfinden können, den Sie vollkommen unter Kontrolle haben und in dem Sie anfangen können, sich das Leben zu erschaffen, von dem Sie träumen.

Warum der Morgen so wichtig ist

Meiner Meinung nach ist man in einer besseren Position, sich zielstrebig ein Vermögen aufzubauen, je weiter man die Möglichkeiten des Frühaufstehens und der Morgenrituale auslotet. Aber Sie brauchen sich nicht auf mein Wort zu verlassen. Es gibt zunehmend mehr Belege dafür, dass der frühe Vogel viel mehr fängt als nur den Wurm. Hier sind nur ein paar der wichtigsten Vorteile, die Sie bald selbst kennenlernen werden, wenn Sie anfangen, Ihren *Miracle Morning* zu erschaffen:

- **Sie werden proaktiver und produktiver.** Christoph Randler ist Biologieprofessor an der Universität Heidelberg. In der Juliausgabe des Harvard Business Review von 2010 erklärte Randler, dass „Menschen, die am Morgen ihre Leistungsspitze erreichen, besser für eine erfolgreiche Karriere positioniert sind, weil sie proaktiver sind als Menschen, die abends am leistungsstärksten sind." Laut New York Times-Bestsellerautor Robin Sharma: „Wenn man die produktivsten Menschen der Welt betrachtet, hatten sie alle eines gemeinsam: Sie waren Frühaufsteher."

- **Sie sehen Probleme kommen und können ihnen rechtzeitig aus dem Weg gehen.** In seinem Artikel stellt Randler die These auf, dass Frühaufsteher alle wichtigen Karten in der Hand halten. Sie sind „besser in der Lage, Probleme vorherzusehen und zu minimieren, sie sind proaktiv, haben größere berufliche Erfolge und verdienen letzten Endes höhere Gehälter." Er beschreibt, dass Frühaufsteher Probleme besser kommen sehen und dass ihnen die Lösung leichter von der Hand geht.

Das bedeutet, dass Morgenstunden der Schlüssel dazu sein können, den Stress durch die unvermeidlichen Notfälle des Lebens zu reduzieren, sei es durch Kinder, Arbeit, Beziehungen oder Geld.

- **Sie planen wie ein Profi.** Wer nicht ausreichend plant, hat auch keinen Erfolg. Das stimmt umso mehr, wenn es um Geld geht. Frühaufsteher haben nicht nur genug Zeit, ihren Tag zu organisieren, vorherzusehen, was auf sie zukommt und sich darauf vorzubereiten, sie haben auch Zeit für ihre Finanzplanung. Unsere schläfrigeren Mitmenschen reagieren eher und überlassen dabei eine Menge dem Zufall. Sind Sie nicht auch gestresster, wenn Sie den Wecker überhören und deshalb verschlafen? Mit dem Sonnenaufgang (oder davor) aufzustehen erlaubt es Ihnen, Ihrem Tag auf die Sprünge zu helfen. Während alle anderen herumrennen und (vergeblich) versuchen, ihren Tag in den Griff zu bekommen, haben Sie viel bessere Chancen, ruhig, cool und gefasst zu bleiben und Ihre Pläne zu verfolgen.

- **Sie haben mehr Energie.** Ein wichtiger Bestandteil Ihres neuen *Miracle Morning* besteht aus Frühsport, der häufig von … nun ja, von so ziemlich jedem vernachlässigt wird. Ein paar Minuten Bewegung reichen aus, um den Tag positiv gestimmt anzugehen. Ein besser mit Blut versorgtes Gehirn kann klarer denken und sich auf das konzentrieren, was wichtig ist. Frischer Sauerstoff durchdringt jede Zelle Ihres Körpers und schenkt Ihnen Energie. Deshalb sind Leute, die Sport treiben, besser gelaunt und in Form, schlafen besser und werden produktiver.

- **Sie genießen die Vorteile des Geistes von Frühaufstehern.** Forscher der Universität von Barcelona haben vor kurzem Morgenmenschen – Frühaufsteher, die gern mit dem Sonnenaufgang aus den Federn kommen – mit Abendmenschen verglichen, Nachteulen, die lieber lange aufbleiben und ausschlafen. Einer der Unterschiede, den sie dabei festgestellt haben, ist, dass Morgenmenschen mehr Durchhaltevermögen an den Tag legen und besser gegen Erschöpfung, Frustration und

Schwierigkeiten gewappnet sind. Das bedeutet, dass sie weniger anfällig für Angstneurosen, Depressionen und Drogenabhängigkeit und insgesamt mit ihrem Leben zufriedener sind.

Die Beweise sind gesichtet und die Experten haben gesprochen: Der Morgen ist wichtig – für fast alles im Leben. Als jemand, der sich selbst ein Vermögen aufgebaut hat, kann ich Ihnen sagen, dass jeder dieser Vorteile enorm wertvoll ist, wenn man Millionär werden will. Schauen Sie sich doch nur mal die Liste an:

- Produktivität
- Proaktive Problemlösung
- Höheres Einkommen
- Tagesplanung
- Mehr Energie
- Bessere Laune und höhere Belastbarkeit

Kann es eine bessere Liste von Eigenschaften geben, wenn es darum geht, reich zu werden? Ich glaube nicht. Und jede dieser Eigenschaften hat eine *wissenschaftlich belegte* Verbindung zu den Morgenstunden.

Es sollte also außer Zweifel stehen, dass der Morgen eine fast magische Besonderheit hat. Die Frage, die Ihnen jetzt auf der Seele brennen sollte, lautet:

Wenn der Morgen so großartig ist, warum stehen wir dann nicht alle früher auf?

Das ist nicht nur eine gute Frage, sondern auch eine, die wir beantworten müssen, bevor wir uns in Kapitel 2 richtig daran machen können, den fünfstufigen Aufwachprozess zu lernen.

Das wahre Morgenproblem

Wenn Sie je Probleme mit dem Aufstehen hatten, wissen Sie aus Erfahrung, dass Willenskraft und Enthusiasmus, die Sie noch hatten, als Sie ins Bett gegangen sind, nur allzu häufig verpuffen, wenn am anderen Morgen der Wecker klingelt.

Damit sind Sie nicht allein. Früher aufzustehen ist nur einer von vielen guten Vorsätzen fürs neue Jahr, die schon bald und häufig wieder über Bord gehen. Um die Umstellung erfolgreich zu gestalten, müssen Sie ein paar Dinge über das Frühaufstehen verstehen, die Sie wahrscheinlich noch nie bedacht haben. Diese Wahrheiten bilden die Basis des fünfstufigen Plans zum Aufstehen, den wir ab morgen umsetzen werden.

1. Ihr Schlafverhalten ist eine Gewohnheit

Gibt es Menschen, die von Natur aus eher dem Morgen zugewandt sind, während andere sich abends wohler fühlen? Ich glaube schon, und die Forschung bestätigt es ebenfalls. Aber diese Veranlagung ist auch nur das – eine Tendenz, die die meisten Leute haben, keine genetische Vorbestimmung. Was dabei auch eine Rolle spielt, ist die Tatsache, dass Sie eine Menge Gewohnheiten rund um das Thema Schlaf entwickelt haben. Sie tun sicherlich seit Jahren schon die gleichen Dinge am Abend und am Morgen. Und alles, was man so lange tut, wird zur Gewohnheit.

Gewohnheiten haben eine Menge Kraft. Wenn Sie darum kämpfen, die Augen zu öffnen, wenn der Wecker auf dem Nachttisch zu schrillen beginnt, denken Sie daran, dass ein Teil dessen, was Sie bekämpfen, die neuronalen Muster in Ihrem Gehirn sind, die Sie dazu bringen, immer wieder das Gleiche tun, ohne richtig darüber nachzudenken. Die gute Nachricht ist, dass man Gewohnheiten verändern kann. Früh aufzustehen ist eine Fähigkeit, die man lernen kann, ebenso, wie man lernen kann, Fahrrad zu fahren oder ein Unternehmen zu leiten. Wie das genau geht, lernen Sie in den folgenden Kapiteln.

2. Der kommende Tag beeinflusst, wie Sie aufwachen

Ist es Ihnen schon einmal passiert, dass Sie sich „nur noch für ein paar Minuten“ die Bettdecke über den Kopf gezogen haben, weil Sie wussten, dass Sie an diesem Tag etwas Schwieriges, Langweiliges oder emotional Belastendes anstehen hatten?

Es ist eine ganz andere Sache, an einem Tag aufzustehen, auf den Sie sich freuen, als an einem Tag, vor dem Sie sich fürchten. Selbst Frühaufsteher ziehen sich lieber noch einmal unter die Decke zurück, wenn sie dem kommenden Tag skeptisch gegenüberstehen.

Die Herangehensweise von *Miracle Morning* hält dafür zwei Lösungen bereit. Einerseits bekommen Sie durch diese Methode jeden Tag etwas, worauf Sie sich freuen können: Kontrollierte, selbstbestimmte Zeit, in der Sie Ihre Finanzen, Ihre Gesundheit, Ihre Stimmung und Ihr Leben verbessern können.

Andererseits werden Ihre Tage besser aussehen, je länger Sie Ihren Morgen auf diese Weise nutzen. Wenn Sie anfangen, die Vorzüge des *Miracle Morning* zu spüren, werden Sie Veränderungen an Ihrem Leben vornehmen, die dazu führen werden, dass Sie sich immer seltener unter der Bettdecke verkriechen müssen.

3. Sie machen sich Sorgen, egoistisch zu wirken

Ein Faktor, der uns davon abhält, früh aufzustehen, ist etwas überraschend, weil er gar nichts mit dem täglichen Kampf, aus dem Bett zu kommen, zu tun hat. Dabei handelt es sich um eine besonders heimtückische Art, wie wir uns selbst in die Quere kommen können, indem wir uns einreden, *dass es egoistisch ist, jeden Tag Zeit auf uns selbst zu verwenden.*

Viele von uns haben gelernt, dass man seine eigenen Bedürfnisse an die letzte Stelle stellen muss, wenn man erfolgreich sein will. Man erzählt uns, wir sollten uns um unsere Familie, unseren Job, unser soziales Umfeld und erst *dann um uns selbst* kümmern. Wenn dann noch Zeit dafür bleibt. Das Problem ist, dass wir oft nicht mehr zu Dingen kommen, die wir zu lange aufgeschoben haben. Wir haben so viel zu tun, dass wir es nicht mehr bis zu unseren eigenen Bedürfnissen schaffen. Mit der Zeit macht uns das erschöpft, depressiv, nachtragend und überfordert.

Das Gleiche gilt für Ihre persönliche Entwicklung und damit auch für Ihren finanziellen Wohlstand. Sich selbst komplett zu ignorieren führt unweigerlich dazu, dass man finanziell auf keinen grünen Zweig kommt. Denken Sie daran:

- Wenn Ihr Leben im Begriff ist, auseinanderzufallen, können Sie auch niemand anderem helfen.
- Wenn Ihre Gesundheit leidet, können Sie nicht produktiv sein.
- Sie können kein Vermögen aufbauen, wenn Sie sich nicht die Zeit nehmen, die Fähigkeiten, die Sie dazu brauchen, zu lernen und eine Geisteshaltung zu entwickeln, die Ihnen hilft, Ihre finanziellen Ziele zu erreichen.

Sich im Alltag den Morgen zunutze zu machen, ist so ähnlich, wie sich zuerst die Maske aufzusetzen. Der Morgen ist der Schlüssel zu allem. Morgens ist die Zeit, in der Sie das Steuer in die Hand nehmen und Ihr Leben auf den Kurs bringen, den Sie wirklich wollen.

Sie sind auf diesem Flug der Pilot. Niemand anders wird den Steuerknüppel übernehmen, das müssen *Sie selbs*t tun. Und das wird Ihnen nicht gelingen, während Sie schlafen.

Diese drei Faktoren sind die größten Dämonen, die Sie erlegen müssen, wenn Sie Ihren eigenen *Miracle Morning* erschaffen wollen. Die gute Nachricht ist, dass Sie es schaffen können – ebenso wie Millionen anderer Leute.

Morgens? Wirklich?

Jetzt hören Sie vielleicht eine innere Stimme, die Ihnen sarkastisch zuflüstert: *Na klar, genau.*

Das ist Ihr innerer Morgenskeptiker, und glauben Sie mir, das kann ich verstehen. Früher ging es mir genauso. Die erste Reaktion auf den *Miracle Morning* ist häufig, dass er sich in der Theorie toll anhört. „Aber", denken Sie jetzt vielleicht, „das kann gar nicht sein. Ich stopfe doch jetzt schon genug Sachen für siebenundzwanzig Stunden in nur vierundzwanzig. Wie zum Teufel soll ich da auch noch eine Stunde früher aufstehen als jetzt?"

Darauf möchte ich mit einer Gegenfrage antworten: Wie können Sie es *nicht* tun? Der Morgen kann Ihr Leben komplett verwandeln. Er kann vom schlimmsten Teil des Tages zu einem wahren Wunder werden.

Wenn Sie skeptisch sind, sollten Sie unbedingt verstehen, dass es bei *Miracle Morning* nicht darum geht, Ihnen eine Stunde Schlaf wegzunehmen, damit Ihr Tag noch länger und anstrengender wird. Es geht nicht einmal darum, früher aufzustehen. Es geht darum, *besser* aufzuwachen.

Mehrere Zehntausend Menschen auf der ganzen Welt erleben jetzt schon jeden Tag ihren *Miracle Morning*. Viele von ihnen waren früher Nachteulen. Aber sie schaffen es, und es *tut ihnen gut*. Das hat nichts damit zu tun, dass ihr Tag eine Stunde länger ist, sondern damit, dass es die *richtige* Stunde ist. Das schaffen Sie auch. (Wenn Sie überzeugt sind, dass Sie nicht genug Zeit dafür haben, bleiben Sie dran. In Kapitel 3 stelle ich Ihnen ein Format für einen *6-Minuten-Miracle-Morning* vor. Sechs Minuten sollte wirklich jeder Zeit haben.)

Wenn Sie es immer noch nicht glauben, lassen Sie es sich von mir sagen: Das schwerste daran, eine Stunde – oder eine beliebige andere Zeitspanne – früher aufzustehen, sind die ersten fünf Minuten. Das ist die entscheidende Zeit, in der Sie in Ihrem warmen Bett die Entscheidung treffen müssen, entweder in den neuen Tag zu starten oder noch ein letztes Mal die Schlummertaste Ihres Weckers zu drücken. Das ist der Moment der Wahrheit, und die Entscheidung, die Sie in diesem Augenblick treffen, wird Ihren Tag, Ihre Erfolgsaussichten und Ihr Leben verändern.

Deshalb sind diese ersten fünf Minuten der Punkt, an dem wir mit *Miracle Morning für Millionäre* ansetzen wollen. Wenn wir unseren Morgen gewinnen, gewinnen wir den ganzen Tag. Und jetzt wird es Zeit, dass Sie *jeden* Morgen gewinnen!

Glauben Sie einer ehemaligen Nachteule: Die Entwicklung von „Ich bin nun mal kein Morgenmensch" zu „Guten Morgen, Sonnenschein!" geht nicht von heute auf morgen vonstatten. Aber nach einer Weile systematischen Ausprobierens werden Sie lernen, wie Sie Ihr inneres Murmeltier überwinden und lernen können, gewohnheitsmäßig früh aufzustehen.

Der Morgen ist mehr als wichtig. Er ist wichtiger, als Sie es sich ausmalen können. Er hat nämlich wirklich die Kraft, Ihr ganzes Leben umzukrempeln.

In den nächsten zwei Kapiteln werde ich Ihnen dabei helfen, das frühe Aufstehen einfacher und spannender zu machen, als Sie es je erlebt haben – sogar dann, wenn Sie sich bisher nie für einen Morgenmenschen gehalten haben. Und ich werde Ihnen zeigen, wie Sie aus diesen neu gewonnenen Morgenminuten mit sechs der effektivsten, nachgewiesenen Selbstentwicklungsmethoden der Welt das meiste herausholen.

Morgenmillionäre

Während meiner 50 Jahre im Geschäftsleben habe ich gelernt, dass ich an einem einzigen Tag, und damit auch in meinem ganzen Leben, viel mehr schaffe, wenn ich früh aufstehe …

Egal, wo ich mich gerade aufhalte, ich versuche immer, gewohnheitsmäßig um 5 Uhr aufzuwachen. Wenn ich früh aufstehe, kann ich noch etwas Sport treiben oder Zeit mit meiner Familie verbringen. Das versetzt mich in eine tolle Stimmung, bevor ich mich der Arbeit widme …

Früh aufzustehen hat nichts damit zu tun, damit anzugeben, wie schwer man arbeitet. Es geht dabei darum, alles zu geben, was man kann, um seinem Unternehmen zum Erfolg zu verhelfen; und wenn das bedeutet, dass man zu einer Uhrzeit aufstehen muss, die nur wenige Menschen je gesehen haben, dann kann man wenigstens den Sonnenaufgang genießen.

RICHARD BRANSON

2. IN FÜNF MINUTEN ZUM FRÜHAUFSTEHER

Wenn Sie mal genauer darüber nachdenken, ergibt es doch gar keinen Sinn, morgens die Schlummertaste am Wecker zu drücken.
Das ist, als würden Sie sagen:
„Ich hasse aufwachen, also mache ich es immer und immer und immer wieder."

DEMETRI MARTIN
Comedian

Wenn ich meine Arbeit gut gemacht habe, fühlen Sie sich jetzt optimistisch und freuen sich auf morgen früh. Sie stellen sich wahrscheinlich gerade vor, wie Sie gleich als Erstes aus dem Bett springen und sich mit der Zeit eine Staubschicht auf die Schlummertaste Ihres Weckers legt, weil Sie sie einfach nicht mehr benutzen.

Aber was ist morgen, wenn der Wecker klingelt? Wie motiviert werden Sie sein, wenn ein schrillender Alarmton Sie aus dem Tiefschlaf reißt? Wie sehr werden Sie sich dann freuen, dass Sie aus dem warmen Bett in Ihre kalte Wohnung müssen?

Wir wissen alle, was dann mit Ihrer Motivation passiert sein wird: Sie wird sich in Luft aufgelöst haben. Stattdessen wird Sie der ewige, hinterlistige Begleiter jedes verlorenen Morgens begrüßen: *Rechtfertigung*.

Rechtfertigungen sind schlaue Gesellen. Dinge, die noch am Abend vorher feste und einleuchtende Vorsätze waren – früh aufzustehen und den Tag beim Kragen zu packen – können augenblicklich verschwinden, wenn es Morgen wird. In nur ein paar Sekunden können Sie sich selbst dazu überreden, sich noch ein paar Minuten Schlaf zu gönnen – und kaum, dass Sie sich versehen, rennen Sie schon wieder durch die Wohnung, weil Sie zu spät zur Arbeit kommen und Ihr Leben verpassen. Mal wieder.

Dieses Problem ist schwer zu lösen. Genau dann, wenn wir unsere Motivation am dringendsten brauchen – während dieser ersten Augenblicke des Tages – scheinen wir am wenigsten davon zu haben.

Aber was wäre, wenn Sie morgen früh Zugriff auf genau den Schwung und die Begeisterung haben könnten, die Sie *jetzt* verspüren? Das ist in diesem Kapitel unser Ziel: Ihre Morgenmotivation zu steigern und den Rechtfertigungen überraschenden Widerstand entgegenzusetzen.

Jeder der folgenden fünf Schritte hilft Ihnen, das zu verbessen, was Hal Ihren Aufstehmotivationslevel (AML) nennt. Je höher Ihr AML, desto wahrscheinlicher ist es, dass Sie der Schlummertaste widerstehen können und aus den Federn kommen. Ihre Aufgabe ist es, Ihren AML über die Schlummerschwelle zu heben, so gut Sie können.

Zum Glück sind die Methoden, die Sie dazu benötigen, nicht so drastisch oder kompliziert, wie Sie vielleicht glauben.

Die fünfstufige Anti-Schlummer-Aufstehstrategie

Im Moment haben Sie vielleicht das Gefühl, Ihr AML sei besonders niedrig, weil Sie morgens meistens nichts lieber wollen, als sich noch einmal umdrehen zu können, wenn der Wecker klingelt. Das ist ganz normal. Aber wenn Sie die einfache, fünfstufige Fünf-Minuten-Methode in diesem Kapitel anwenden, erhöhen Sie Ihren AML ganz schnell bis zu dem Punkt, an dem Sie bereit dafür sind, aus dem Bett zu springen und sich dem Tag zu stellen. Fünf Stufen, fünf Minuten. Mehr ist gar nicht nötig.

Minute 1: Fassen Sie den Vorsatz, bevor Sie einschlafen

Der erste Schlüssel zu frühem Aufstehen ist es, zu verstehen, dass *der erste Gedanke, den wir morgens haben, meistens derselbe ist wie der letzte vor dem Einschlafen.* Ich gehe zum Beispiel jede Wette ein, dass Sie schon Nächte erlebt haben, in denen Sie kaum einschlafen konnten, weil Sie sich schon so auf das Aufstehen am nächsten Morgen gefreut haben.

Das war vielleicht als Kind an Weihnachten oder am ersten Tag einer großen Urlaubsreise, aber als an diesem Tag der Wecker klingelte, schlugen Sie die Augen auf und waren sofort bereit, aufzustehen und sich in den Tag zu stürzen. Warum? Weil der letzte Gedanke, den Sie vor dem Einschlafen in Bezug auf den kommenden Morgen hatten, positiv war.

Wenn dagegen der letzte Gedanke vor dem Einschlafen so etwas wie „*Ich kann es nicht fassen, dass ich in sechs Stunden schon wieder aufstehen muss – ich werde morgen ganz schön fertig sein*" ist, dann wird sich Ihr erster Gedanke am nächsten Morgen ungefähr so anhören: „*Oh, nein, waren das etwa schon sechs Stunden? Nein, ich will noch weiterschlafen!*"

Anders ausgedrückt ist ein Teil dessen, wie Sie morgens aufwachen, eine selbsterfüllende Prophezeiung. Sie, und nicht Ihr Wecker, erschaffen Ihre eigene Morgenwirklichkeit.

Der erste Schritt ist also, sich bewusst jeden Abend vor dem Einschlafen zu entscheiden, aktiv und aufmerksam eine positive Erwartung für den nächsten Tag zu erschaffen. Visualisieren Sie es und bestätigen Sie es sich selbst.

Als Hilfestellung und um die richtigen Worte für Ihre kraftvollen Morgenvorsätze zu finden, können Sie auf www.TMMBook.com kostenlos Hals *Bedtime Affirmations* herunterladen.

Minute 2: Stehen Sie auf, um den Wecker auszuschalten

Wenn Sie es noch nicht getan haben, stellen Sie jetzt Ihren Wecker so weit wie möglich vom Bett entfernt auf. Das bedeutet nämlich, dass Sie morgens aus dem Bett aufstehen und sich körperlich bewegen müssen. Bewegung erschafft Energie, also hilft es Ihnen auf ganz natürliche Art und Weise beim Aufwachen, wenn Sie aufstehen und das Zimmer durchqueren.

Die meisten Leute haben ihren Wecker neben dem Bett, wo sie ihn gut erreichen können. Das ist perfekt, wenn man wieder einschlafen will. Aber diese ersten Augenblicke nach dem Aufwachen sind genau der Zeitpunkt, an dem Ihr AML am niedrigsten ist, was es viel schwerer macht, die Disziplin aufzubringen, aus dem Bett zu kommen. Einen Wecker in Reichweite stehen zu haben führt fast unweigerlich dazu, dass man die Schlummertaste drückt. Es kann sogar passieren, dass man den Wecker ganz ausschaltet, ohne es zu merken! Es ist jedem von uns schon passiert, dass wir uns selbst eingeredet haben, dass der Wecker nur ein Teil unseres Traums ist – damit sind Sie garantiert nicht allein, glauben Sie mir.

Indem Sie sich zwingen, aufzustehen, um den Wecker auszuschalten, schaffen Sie die perfekte Grundlage zum Frühaufstehen, indem Sie Ihren AML unmittelbar erhöhen.

Jetzt ist Ihr AML auf einer Skala von eins bis zehn aber vielleicht erst um fünf herum und Sie fühlen sich eher schläfrig als wach.

Sie sind immer noch versucht, einfach wieder ins Bett zu kriechen. Ihr AML muss noch ein bisschen weiter gehoben werden, also machen wir gleich mit dem nächsten Schritt weiter:

Minute 3: Putzen Sie sich die Zähne

Sobald Sie aufgestanden sind und Ihren Wecker ausgeschaltet haben, gehen Sie direkt ins Bad und putzen sich die Zähne. Ich weiß, was Sie jetzt denken: „Im Ernst? Der erzählt mir, dass ich die Zähne putzen soll?" Ja. Und zwar aus dem einfachen Grund, dass Sie dadurch ein paar Minuten Zeit zum Aufwachen haben, in denen Sie nichts denken müssen.

Also schalten Sie Ihren Wecker aus und gehen Sie dann sofort ans Waschbecken. Putzen Sie sich die Zähne und spritzen Sie sich ein wenig warmes (oder, noch besser, kaltes) Wasser ins Gesicht. Diese einfache Tätigkeit wird dafür sorgen, dass noch etwas Zeit verstreicht, in der Ihr AML weiter steigen kann.

Jetzt ist Ihr Mund minzfrisch, also wird es Zeit für den nächsten Schritt:

Minute 4: Trinken Sie ein ganzes Glas Wasser

Es ist enorm wichtig, dass Sie sich morgens als erstes Flüssigkeit zuführen. Nach sechs bis acht Stunden ganz ohne Wasser sind Sie leicht dehydriert, und das macht schläfrig. Das ist häufig und zu jeder Tageszeit der Fall: Wenn man müde ist, braucht man oft gar keinen Schlaf, sondern mehr Wasser.

Nehmen Sie ein Glas oder eine Flasche Wasser (Sie können es auch machen wie wir und sich am Abend vorher schon Wasser holen, das dann morgens für Sie bereitsteht) und trinken Sie es so schnell wie möglich. Das Ziel ist, dass Sie sich die Flüssigkeit zurückholen, die Sie im Schlaf verloren haben.

Das Glas Wasser hebt Ihren AML noch mal ein bisschen an, also können Sie weitermachen:

Minute 5: Ziehen Sie Ihre Sportkleidung an (oder springen Sie unter die Dusche)

Bei der fünften Stufe haben Sie zwei Auswahlmöglichkeiten. Entweder ziehen Sie Ihre Sportkleidung an, damit Sie sofort bereit sind, in Ihren *Miracle Morning* zu starten, wenn Sie das Schlafzimmer verlassen. Sie können sich die Kleider entweder zurechtlegen, bevor Sie ins Bett gehen, oder sogar darin schlafen.

Die zweite Möglichkeit ist, direkt unter die Dusche zu gehen, was Ihren AML noch mal so weit hebt, dass es Ihnen relativ leichtfallen sollte, wach zu bleiben. Ich persönlich ziehe mich lieber an, weil ich nach dem Sport oder nach dem Spaziergang mit dem Hund ohnehin duschen muss.

Viele andere duschen aber lieber, weil es ihnen beim Wachwerden hilft und sie dadurch erfrischt in den Tag starten können. Sie haben die Wahl. Wenn Anziehen für Sie nicht so gut funktioniert, duschen Sie. Danach wird es *echt* schwer, wieder einzuschlafen.

Unabhängig davon, für welche der Optionen Sie sich entschieden haben: Wenn Sie diese fünf einfachen Schritte ausgeführt haben, sollte Ihr AML hoch genug sein, dass es Sie nicht mehr viel Disziplin kostet, für Ihren *Miracle Morning* wach zu bleiben.

Vergleichen Sie das mal mit dem Versuch, sich zu einem *Miracle Morning* durchzuringen, wenn Ihr Wecker gerade erst geklingelt hat und Ihr AML bei fast null ist. Da dürfte es Ihnen viel schwerer fallen, sich dafür zu entscheiden. Mit den fünf Schritten bauen Sie Schwung auf, sodass Sie innerhalb von nur ein paar Minuten aus dem schwarzen Loch der Rechtfertigung entkommen und bereit für den Tag sind, statt sich nur fertig zu fühlen.

Mir ist es noch nie passiert, dass ich diese ersten fünf Minuten geschafft und mich *dann* entschieden habe, wieder zurück ins Bett zu gehen. Sobald ich aufgestanden bin und mich zielstrebig durch den Morgen bewege, wird es immer einfacher, den Tag auch zielgerichtet zu verbringen.

Miracle-Morning-Bonustipps zum Aufwachen

Diese Strategie hat zwar schon für Tausende von Menschen funktioniert, aber es gibt noch mehr Hilfestellungen, die es Ihnen leichter machen können, morgens aufzustehen. Hier sind ein paar, die ich von anderen Anwendern des *Miracle Morning* gehört habe:

- *Nutzen Sie die Miracle Morning Bedtime Affirmations.* Wenn Sie es noch nicht getan haben, können Sie auf www.TMMbook.com Hals ausformulierte Morgenvorsätze herunterladen und ausdrucken. Legen Sie sie auf den Nachttisch, damit sie Ihnen helfen, jeden Abend Ihre Vorsätze zu fassen, bevor Sie einschlafen. So programmieren Sie Ihr Unterbewusstsein darauf, die Schlummertaste effektiver zu bekämpfen und voller Energie aufzuwachen.

- *Nutzen Sie eine Zeitschaltuhr für das Licht im Schlafzimmer.* Einer der Fans von *Miracle Morning* hat uns verraten, dass er das Licht in seinem Schlafzimmer über eine Zeitschaltuhr steuert, wie man sie online oder im Baumarkt bekommt. Wenn sein Wecker klingelt, geht im Schlafzimmer das Licht an. Was für eine tolle Idee! Es ist viel leichter, wieder wegzudösen, wenn es dunkel ist. Wenn das Licht angeht, wissen Körper und Geist, dass es Zeit zum Aufstehen ist. Wenn Sie keine Zeitschaltuhr benutzen, sollten Sie unbedingt das Licht einschalten, sobald Sie Ihren Wecker ausgeschaltet haben.

- *Nutzen Sie eine Zeitschaltuhr für die Heizung im Schlafzimmer.* Eine *Miracle-Morning-Anhängerin* hat uns erzählt, dass sie im Winter einen Timer für ihre Schlafzimmerheizung benutzt und sie jeden Tag eine Viertelstunde vor dem Aufwachen einschalten lässt. Nachts stellt sie eine kühlere Temperatur ein, aber zum Aufstehen hat sie es lieber warm, damit sie nicht mehr so stark in Versuchung kommt, einfach wieder unter die Decke zu kriechen.

Natürlich können Sie sich auch selbst Schritte für Ihre fünfstufige Anti-Schlummer-Aufwachstrategie ausdenken oder sie an Ihre persönlichen Bedürfnisse anpassen. Wenn Sie Lust haben, Ihre Erkenntnisse mit anderen zu teilen, würden wir uns sehr freuen, sie zu hören.

Bitte posten Sie sie unter www.MyTMMCommunity.com in die *Miracle-Morning-Community*.

Fangen Sie sofort an!

Jetzt müssen Sie sich entscheiden.

Dies ist ein wichtiger Wendepunkt für jeden Leser von *Miracle Morning*. Sie müssen sich entscheiden, ob Sie bereit sind, die Kraft des Morgens zu entdecken und an der Sache dranzubleiben.

Entweder wachen Sie morgen früh auf und fühlen sich inspiriert, Ihr Leben neu zu organisieren und damit die Kluft zwischen Ihrem aktuellen Dasein und einem Leben ohne finanzielle Sorgen, wie Sie es sich wünschen, zu verkleinern.

Oder Sie können weitermachen wie bisher und auf das Beste hoffen.

Wenn Sie dazu bereit sind, können Sie jetzt *sofort* anfangen. Denken Sie daran: Eine effektive, festgelegte Strategie, Ihren AML jeden Morgen zu erhöhen, ist der Schlüssel dazu, jeden Tag konsequent und einfach aufzustehen. Zögern Sie also nicht! Diese drei Dinge können Sie jetzt sofort tun.

Sie brauchen nicht einmal auf den Morgen oder die Schlafenszeit zu warten.

1. *Stellen Sie jetzt Ihren Wecker dreißig bis sechzig Minuten früher als normal und nehmen Sie sich fest vor, ihn die nächsten dreißig Tage so zu lassen.* Das ist alles – nur dreißig bis sechzig Minuten für die nächsten dreißig Tage, ab sofort. Außerdem sollten Sie jetzt in Ihren Kalender schreiben, dass Sie *morgen früh* den ersten *Miracle Morning* machen werden. Warten Sie nicht, bis Sie dieses Buch zu Ende gelesen haben, das ist nur eine Ausrede, damit Sie nicht gleich anfangen müssen.

2. *Melden Sie sich in der Miracle-Morning-Community auf www.MyTMMCommunity.com an.* Dort finden Sie Unterstützung durch über 200.000 gleich gesinnte Frühaufsteher, von denen einige schon seit Jahren außergewöhnliche Ergebnisse mit dem *Miracle Morning* erzielen.

3. *Finden Sie jemanden, dem Sie über Ihren Miracle Morning Rechenschaft ablegen.* Bitten Sie jemanden – Ihren Partner oder Ihre Partnerin, einen Freund, eine Freundin, einen Kollegen, eine Kollegin oder jemanden, den Sie in der *Miracle-Morning-Community* kennengelernt haben – mit Ihnen auf diese Abenteuerreise zu gehen, damit Sie sich gegenseitig Mut machen und unterstützen können und damit Sie jemanden haben, dem Sie Rechenschaft schuldig sind, dass Sie durchhalten, bis der *Miracle Morning* für Sie zur lebenslangen Gewohnheit wird.

Wenn Sie Widerstreben verspüren, kann das damit zusammenhängen, dass Sie in der Vergangenheit schon mal versucht haben, etwas zu verändern, es aber nicht durchgehalten haben. Hier ist ein Vorschlag für Sie: Gehen Sie direkt zu Kapitel 13 „Die 30-Tage-*Miracle-Morning-Herausforderung*". Dieses Kapitel wird Ihnen helfen, die Geisteshaltung und die Strategie zu finden, mit der Sie Ihren inneren Schweinehund besiegen können. Außerdem zeigt es Ihnen die effektivste Methode, eine Gewohnheit zu ändern und es auch durchzuhalten. Das ist die erste Reise, auf die Sie sich begeben werden, wenn Sie mit diesem Buch fertig sind, und Sie können gerne schon einmal einen Blick in die Zukunft werfen. Stellen Sie es sich einfach als einen Anfang vor, bei dem Sie das Ziel bereits vor Augen haben.

Ihre erste Investition

Das erste Kapitel sollte Ihnen klargemacht haben, wie wertvoll die Morgenstunden sind. Alle Belege – und das Wort von Tausenden, die Anhänger des *Miracle Morning* geworden sind – deuten auf eine einzige, kraftvolle Idee hin:

Was wäre, wenn der Morgen nicht nur die Art ist, wie man seinen Tag beginnt, sondern die *Art, wie man ihn erschafft*? Wie Sie Ihren Tag beginnen, könnte der entscheidende Faktor dafür sein, wie Sie Ihr ganzes Leben gestalten. Wenn man freudig aufwacht und einen zielgerichteten, kraftvollen, produktiven Morgen erschafft, bringt man sich damit in die richtige Position, den ganzen Tag zu gewinnen.

Trotzdem starten viele Menschen in den Tag, indem sie zögern, die Schlummertaste drücken und bis zum letzten Moment unter der bequemen Decke ausharren, bevor sie sich durchringen können, endlich aufzustehen. Es mag nicht offensichtlich sein, aber dieses scheinbar harmlose Verhalten schickt vielleicht schon eine schädliche Botschaft ans Unterbewusstsein. Es programmiert den unbewussten Glauben in unsere Psyche, dass wir nicht einmal genug Selbstdisziplin haben, um morgens aus dem Bett zu kommen, geschweige denn, um alles andere zu tun, was nötig wäre, um das zu erreichen, was wir uns im Leben vorgenommen haben – darunter auch, uns finanziellen Wohlstand aufzubauen.

Wenn der Wecker morgens zu klingeln beginnt, sollten Sie das als die erste gute Gelegenheit des Tages betrachten. Ihnen wurde ein neuer Tag geschenkt, die Herausforderung, eine disziplinierte Entscheidung für das Aufstehen zu treffen, und die Gelegenheit, Zeit in Ihre persönliche Entwicklung zu investieren, damit Sie zu genau der Person werden können, die Sie sein müssen, um sich das Leben zu erschaffen, das Sie wollen. Und das können Sie alles schaffen, während der Rest der Welt noch schlummert.

Das ist der erste Investitionslehrsatz auf dem Weg zum Reichtum: Jeden Morgen nur ein paar Augenblicke lang Disziplin zu halten – die ersten Sekunden, in denen Sie sich entscheiden, dass Sie aufstehen wollen, statt im Bett zu bleiben – das ist eine Disziplin, die sich für den Rest Ihres Lebens auszahlen wird.

***

Wenn mich jemand fragt, wie ich mich zum Morgenmenschen verändert habe – und dabei mein ganzes Leben umgekrempelt habe –, erzähle ich immer, dass ich es in fünf einfachen Schritten nach und nach geschafft habe. Fünf einfache Anti-Schlummer-Schlüsselgewohnheiten, die mir dabei geholfen haben, morgens viel leichter aufzuwachen als je zuvor – sogar *sehr früh am Morgen*. Ohne diese Strategie würde ich immer noch jeden Morgen den Wecker überhören und weiterschlafen oder dösen. Schlimmer noch, ich hätte mich nie von dem einschränkenden Gedanken gelöst, ich sei nun mal kein Frühaufsteher.

Und damit hätte ich mir eine Menge Gelegenheiten entgehen lassen.

Ich weiß, es sieht geradezu unmöglich aus. Aber glauben Sie einem ehemals Schlummersüchtigen: Sie schaffen das. Und zwar auf die gleiche Weise, wie ich es geschafft habe.

Das ist das Wichtigste, was es zu bedenken gilt, wenn es ums Aufstehen geht: *Man kann seine Gewohnheiten ändern.* Wie die meisten Millionäre werden auch Frühaufsteher nicht geboren, sondern sie machen sich selbst dazu. Das schaffen Sie, und Sie brauchen dazu auch nicht die Willenskraft eines Marathonläufers bei Olympia. Ich wage sogar zu behaupten, dass Sie Ihren Morgen lieben lernen werden, wenn das frühe Aufstehen nicht mehr nur etwas ist, das Sie tun, sondern ein Teil von Ihnen selbst.

Noch nicht überzeugt? Stellen Sie Ihre Zweifel ein wenig zur Seite und probieren Sie den fünfstufigen Prozess morgen einmal aus. Er könnte Ihr Leben genauso verändern wie meines. Fangen Sie heute damit an und halten Sie es dreißig Tage durch, den Wecker auf dreißig bis sechzig Minuten früher zu stellen als sonst, damit Sie aufstehen können, wann Sie wollen, nicht, wann Sie müssen. Es wird Zeit, jeden Tag mit einem *Miracle Morning* zu beginnen, damit Sie zu der Person werden, die Sie sein müssen, um sich in außergewöhnlichem Maß um sich selbst, Ihre Kinder und Ihre Familie zu kümmern.

Was Sie mit dieser zusätzlichen Stunde anfangen sollen? Davon handelt das nächste Kapitel. Fangen Sie doch einfach damit an, am *Miracle Morning* dieses Buch weiterzulesen, bis Sie den ganzen Ablauf kennen.

Morgenmillionäre

In fünfundneunzig Prozent aller Fälle schlafe ich nachts acht Stunden, also brauche ich in fünfundneunzig Prozent aller Fälle auch keinen Wecker, um morgens aufzuwachen. Natürlich wach zu werden ist meines Erachtens eine großartige Art, den Tag zu beginnen.

Ein großer Teil meines Morgenrituals dreht sich darum, was ich nicht mache. Wenn ich aufstehe, schaue ich nicht zuerst auf mein Smartphone. Stattdessen nehme ich mir, wenn ich wach bin, eine Minute Zeit, um tief durchzuatmen, Dankbarkeit zu empfinden und meine Vorsätze für den Tag zu fassen.

Mit der Zeit haben sich meine Gewohnheiten leicht verändert. Als ich noch in Los Angeles wohnte, ging ich morgens gern spazieren oder wandern. Ich experimentiere gern und bin mir sicher, dass ich schon bald etwas Neues entdecken werde, das Teil meiner Morgenroutine werden soll.

An die Schlummertaste glaube ich nicht. An den Tagen, an denen ich meinen Wecker benutzen muss, stelle ich ihn genau auf die Zeit, zu der ich aufstehen muss.

ARIANA HUFFINGTON

3. DIE LIFE S.A.V.E.R.S.

Sechs Methoden, die Sie davor schützen, Lebenspotenzial zu vergeuden

Jeden Morgen die Life S.A.V.E.R.S. zu nutzen ist,
als würde ich Raketentreibstoff in meinen Körper,
meinen Geist und meine Seele pumpen –
und das jeden Tag, bevor er überhaupt richtig anfängt.

ROBERT KIYOSAKI
Bestsellerautor von *Rich Dad Poor Dad*

Als Hal zum zweiten Mal in seinem Leben ganz unten ankam (das erste Mal war, als er bei einem Autounfall für sechs Minuten klinisch tot war, das zweite Mal, als sein Unternehmen in der Finanzkrise von 2008 Pleite machte), fühlte er sich verloren und depressiv. Methoden anzuwenden, die er schon kannte, half ihm nicht weiter. Nichts, was er tat, verbesserte seine Situation. Also begann er, nach der schnellsten und effektivsten Strategie zu suchen, mit der er wieder erfolgreich werden konnte. Er suchte die besten Methoden zur persönlichen Entwicklung, die von den erfolgreichsten Menschen der Welt benutzt werden.

Diese Suche führte Hal zu einer Liste von sechs bewiesenen Methoden zur persönlichen Entwicklung, die über alle Zeiten Gültigkeit haben. Sie bescherten den Menschen, die sie anwandten, zuverlässig die besten Resultate.

Zunächst versuchte Hal herauszufinden, ob darunter eine oder zwei waren, die ihm schneller Erfolg verschaffen konnten als die anderen. Der wahre Durchbruch kam allerdings erst, als er sich eine einfache Frage stellte: „*Was passiert eigentlich, wenn ich alle sechs Methoden anwende?*"

Also tat er genau das. Nach nur zwei Monaten, in denen er alle sechs Methoden so gut wie jeden Tag angewandt hatte, erzielte er damit Ergebnisse, die an ein Wunder grenzten. Er hatte sein Einkommen mehr als verdoppelt und hatte sich von jemandem, der Joggen hasste und nie mehr als eine Meile gelaufen war, zu einem Menschen entwickelt, der für einen 52-Meilen-Ultramarathon trainierte. Die sechs Methoden halfen ihm nicht nur, sich wieder aufzurappeln, sondern zeigten ihm außerdem den besten Weg, seine körperlichen, geistigen, emotionalen und spirituellen Fähigkeiten voll auszuschöpfen.

Ich hatte einen ähnlichen geschäftlichen Durchbruch. Gott sei Dank musste ich dafür keinen Autounfall überstehen, aber meine Erfahrung krempelte mein Leben ebenso von Grund auf um. Ich wusste zu diesem Zeitpunkt schon, dass mein Vermögen zuverlässig wuchs, wenn ich die Kontrolle über meinen Morgen übernahm, aber der wahre Unterschied kam nicht nur daher, früh aufzustehen. Das Geheimnis ist, früh aufzustehen und ein paar *ganz bestimmte Dinge* zu tun. Die Verbindung zwischen dem Morgen und meinem Status als Millionär lag in genau sechs Methoden begründet – einem Morgenritual, das Hal als Life S.A.V.E.R.S. bezeichnet.

Lassen Sie mich noch einmal zusammenfassen. Bisher haben wir gesehen, dass die Morgenstunden wichtig sind. Wir haben Ihnen das Werkzeug an die Hand gegeben, mit dem Sie sich zum Morgenmenschen entwickeln können.

Die offensichtliche Frage lautet nun: *Was fangen Sie mit dieser Zeit an?*

In diesem Kapitel beantworten wir genau diese Frage.

Warum die S.A.V.E.R.S. funktionieren

Bei den S.A.V.E.R.S. handelt es sich um einfache, aber zutiefst wirksame tägliche Morgenrituale, die Ihnen garantieren, dass Sie sich weiterentwickeln werden. Sie geben Ihnen den Raum, den Sie brauchen, um wahre Klarheit zu erlangen – eine Art Überblick von ganz oben, wo Sie nicht durch Kleinkram gestört werden. Aus dieser Position können Sie Ihr Leben optimal nach Ihren eigenen Vorstellungen gestalten und leben. Die S.A.V.E.R.S. sind so gestaltet, dass Sie jeden Morgen den Höhepunkt Ihres körperlichen, geistigen, emotionalen und spirituellen Befindens erreichen und dieses Befinden konstant verbessern können. Sie werden sich konstant fantastisch fühlen und stets Höchstleistungen erzielen.

Ich weiß, was Sie jetzt denken: *„Ich habe keine Zeit. Wie soll ich denn noch sechs weitere Dinge tun, wenn ich es gerade so schaffe, morgens rechtzeitig aus der Tür zu kommen?"* Glauben Sie mir, so ging es mir auch einmal. Vor dem *Miracle Morning* wachte ich oft auf und fand gleich als erstes pures Chaos vor. Genau wie Sie hatte ich gerade genug Zeit, mich anzuziehen, etwas zu essen und aus dem Haus zu stürmen, um mich der ersten Pflicht des Tages zu stellen.

Im Moment sieht es vielleicht so aus, als könnten Sie gerade alles in den Morgen quetschen, was Sie tun müssen und dabei alles ignorieren, was Sie gerne machen würden. Aber vor dem *Miracle Morning* hatte ich auch nie Zeit. Dagegen habe ich jetzt mehr Zeit, mehr Wohlstand und mehr Frieden als je zuvor.

Hier ist das Geheimnis, das Sie am eigenen Leib erfahren müssen: Ihr *Miracle Morning wird Ihnen mehr Zeit verschaffen.* Die Life S.A.V.E.R.S.

sind ein Werkzeug, das Sie benutzen können, um Ihren wahren Kern wiederzufinden und mit einem Ziel aufzuwachen, statt ständig Ihren Pflichten hinterherzulaufen. Die Methoden helfen Ihnen dabei, Ihre Prioritäten klarer zu erkennen und den produktivsten Ablauf für Ihr Leben zu finden. Wenn Sie mehr Zeit in diesem Zustand verbringen, schaffen Sie jeden Tag ein bisschen mehr, müssen sich um immer weniger Notfälle kümmern und haben zunehmend mehr Energie.

Mit anderen Worten: Die Life S.A.V.E.R.S. rauben Ihnen keine Zeit aus Ihrem Tag, sondern sie schenken Ihnen letzten Endes sogar noch mehr Zeit.

Jeder Buchstabe in S.A.V.E.R.S. steht für eine Methode, wie sie die erfolgreichsten Menschen auf der Welt anwenden. Berühmte Filmstars, Weltklasse-Athleten, CEOs und Unternehmer – es ist so gut wie unmöglich, einen Menschen zu finden, der dauerhaft Höchstleitungen erbringt und sich nicht mindestens einen der S.A.V.E.R.S. zu eigen gemacht hat.

Deshalb ist der *Miracle Morning* so wirkungsvoll: Sie machen sich die wegweisenden Vorteile von nicht nur einer, sondern gleich sechs Methoden zunutze, die sich über jahrhundertelange Evolution des menschlichen Bewusstseins herausgebildet haben. Darüber hinaus nutzen Sie sie in einem übersichtlichen, voll auf Sie anpassbaren Morgenritual.

Das sind die sechs S.A.V.E.R.S.:

- **S**ilence – Stille
- **A**ffirmations – Affirmationen
- **V**isualization – Visualisierung
- **E**xercise – Bewegung
- **R**eading – Lesen
- **S**cribing – Schreiben

Glauben Sie es mir: Die S.A.V.E.R.S. sind ein zutiefst machtvolles Werkzeug, wenn Sie Wohlstand erlangen wollen. Diese sechs Methoden anzuwenden wird Ihre persönliche Entwicklung beschleunigen, indem sie die Wirkung Ihres neu entdeckten *Miracle-Morning-Rituals* noch steigern. Sie können sie problemlos auf Ihr Leben, Ihr Unternehmen und Ihre persönlichen Ziele anpassen. Und Sie können gleich morgen früh damit anfangen.

Schauen wir uns die S.A.V.E.R.S. noch einmal im Detail an.

S wie Silence – Stille

Für die meisten Leute beginnt der Tag so, wie er früher auch für mich begonnen hat: mit dem Klingeln eines Weckers.

Das erste Geräusch, das sie – und Sie vielleicht auch – jeden Tag hören, ist das unangenehme Schrillen des Weckers oder Handys.

Und das ist nur der erste „Lärm", mit dem sie bombardiert werden: Man greift nach dem nächsten Bildschirm, auf dem das Geplärre von E-Mails, Anrufen, sozialen Medien, SMS und Nachrichten warten.

Wenn wir uns die Zeit nehmen, einen Schritt zurückzutreten und uns das Ganze mal anzuschauen, verwundert es nicht, dass wir unsere Tage oft damit verbringen, den ganzen Tag von A nach B zu hetzen und ständig darum kämpfen, die Kontrolle nicht zu verlieren.

Ist es dann ein Wunder, dass wir uns überfordert fühlen?

Der erste der S.A.V.E.R.S. ist *Stille*. Hier haben Sie die Möglichkeit zu lernen, wie viel es ausmacht, jeden Tag mit friedlicher, zielgerichteter Stille anzufangen, die Ihren Stresslevel sofort herunterfährt und Ihnen die Klarheit bringt, die Sie brauchen, um sich auf das wirklich Wesentliche zu konzentrieren.

„Stille" bedeutet natürlich nicht nur *Nichts*. Ganz im Gegenteil. Die Stille eines *Miracle Morning* ist achtsam. Sie können sich aussuchen, welche der Methoden Sie dafür am liebsten nutzen. Hier sind ein paar Vorschläge für den Anfang:

- Meditation
- Gebet
- Reflexion
- Tiefenatmung
- Dankbarkeit

Viele der erfolgreichsten Menschen auf der ganzen Welt umgeben sich jeden Tag mit Stille. Es überrascht Sie wahrscheinlich nicht, dass Fernsehstar Oprah Winfrey ein großer Fan von Stille ist – oder dass sie außerdem fast alle der anderen Life S.A.V.E.R.S. anwendet.

Die Musikerin Katy Perry praktiziert transzendentale Meditation, ebenso wie Sheryl Crow und Sir Paul McCartney. Film- und Fernsehstars wie Jennifer Aniston, Ellen DeGeneres, Jerry Seinfeld, Howard Stern, Cameron Diaz, Clint Eastwood und Hugh Jackman haben alle schon in Interviews über ihre Meditationsmethoden gesprochen. Sogar die berühmten Milliardäre Ray Dalio und Rupert Murdoch führen ihren finanziellen Erfolg darauf zurück, dass sie sich täglich mit Stille umgeben. Sie sind also in guter (und stiller) Gesellschaft, wenn Sie dasselbe versuchen.

In einem Interview mit der Zeitschrift *Shape* rät die Schauspielerin und Sängerin Kristen Bell: „Machen Sie jeden Morgen zehn Minuten meditatives Yoga. Wenn Sie ein Problem haben – mit dem Straßenverkehr, mit Ihrem Freund oder bei der Arbeit – hilft Meditation immer allem dabei, sich so zu entfalten wie es soll."

Fürchten Sie sich nicht davor, Ihren Horizont zu erweitern. Meditation nimmt viele verschiedene Formen an. Angelina Jolie zum Beispiel erzählte in der Zeitschrift *Stylist* einmal: „Meine Meditation ist es, eine Stunde mit den Kindern auf dem Boden zu sitzen und zu malen oder Trampolin zu springen. Finden Sie etwas, das Sie lieben, das Sie glücklich macht, dann finden Sie auch Ihre persönliche Meditation."

Die Vorzüge der Stille

Stress ist eine der häufigsten Nebenwirkungen eines vielbeschäftigten Lebens, und der Weg zum Reichtum ist da natürlich keine Ausnahme. Ständig ist man von Ablenkung durch andere Leute umgeben, die einem die Zeit stehlen, und von wichtigen Brandherden, um die man sich dringend kümmern muss. Man hat Kollegen, Angestellte und Familienmitglieder um sich herum, die alle instinktiv zu wissen scheinen, wie sie uns am besten auf die Palme bringen. Und wir sind alle viel schneller auf dieser Palme, wenn wir den Tag schon gestresst angefangen haben.

Übermäßiger Stress hat verheerende Auswirkungen auf unsere Gesundheit. Er löst bei uns den Instinkt aus zu kämpfen oder zu fliehen, der wiederum eine ganze Bandbreite von giftigen Hormonen durch unseren Körper jagt, die sich dort tagelang festsetzen können. Der Website PsychologyToday.com zufolge „ist das Stresshormon Cortisol Staatsfeind Nummer eins, was unsere Gesundheit betrifft. Wissenschaftler wissen schon seit Jahren, dass ein erhöhter Cortisolspiegel sich negativ auf Lernfähigkeit und Erinnerungsvermögen auswirkt, dass er das Immunsystem ausbremst und die Knochendichte reduziert, dass er aber auch für Gewichtszunahme, erhöhten Blutdruck, einen hohen Cholesterinspiegel und Herzkrankheiten verantwortlich ist. Die Liste ist lang. Chronischer Stress und ein erhöhter Cortisolspiegel erhöhen das Risiko für Depressionen und andere psychische Krankheiten und verringert sogar die Lebenserwartung."

Das ist kein Problem, wenn man sich dieser Art von Stress nur ab und zu aussetzt, aber die meisten von uns schlagen sich fast die ganze Zeit mit dieser Form von Belastung auseinander. Wie oft am Tag stellen Sie fest, dass Sie in einer Stresssituation stecken? Wie oft müssen Sie sich mit unmittelbaren Problemen auseinandersetzen, die Sie von Ihrer Vision oder Ihrem Plan ablenken? Wenn Sie den ganzen Tag lang Cortisol ausschütten, ist es Ihre erste Verteidigungslinie, den Morgen mit etwas Stille und Ruhe zu beginnen.

Stille in Form von Meditation senkt Ihren Cortisolspiegel, baut damit Stress ab und verbessert Ihre Gesundheit. Eine wichtige Studie, die von verschiedenen Gruppen durchgeführt wurde, darunter auch die National Institutes of Health, die American Medical Association, die Mayo Clinic und Wissenschaftler von den Universitäten von Harvard und Stanford, hat gezeigt, dass Meditation Stress abbaut und gegen hohen Blutdruck hilft. Eine Studie von Dr. Norman Rosenthal, einem weltbekannten Psychiater, der eng mit der David-Lynch-Stiftung zusammenarbeitet, hat erst kürzlich sogar gezeigt, dass das Herzkrankheitsrisiko von Menschen, die meditieren, um 30 % sinkt.

Eine andere Harvard-Studie hat herausgefunden, dass nur acht Wochen Meditation ausreichen, um „die Dichte des Hirnoberflächengewebes im Hippocampus zu erhöhen, die für Lernen und Gedächtnis wichtig ist und zu Strukturen führen können, die mit Selbstwahrnehmung, Mitgefühl und Selbstbeobachtung verbunden sind."

Meditation hilft Ihnen, einen Gang zurückzuschalten und sich auf sich selbst zu konzentrieren, wenigstens für einen Moment. „Ich habe angefangen zu meditieren, weil ich das Gefühl hatte, dass ich mein Leben davon abhalten muss, mir ständig davonzulaufen", sagt die Sängerin Sheryl Crow. „Meditation hat mir also dabei geholfen, meinen Tag zu verlangsamen." Sie widmet bis heute zwanzig Minuten ihres Morgens und zwanzig Minuten am Abend ausschließlich der Meditation.

Stille eröffnet Ihnen einen Raum, in dem Sie sozusagen Ihre eigene Sauerstoffmaske anlegen können, bevor Sie anderen helfen. Wenn Sie anfangen, Stille zu praktizieren, können Sie dadurch Klarheit und inneren Frieden finden, Stress abbauen, Ihr Denkvermögen verbessern und Ihr Selbstbewusstsein vergrößern – und das alles gleichzeitig.

Geführte Meditationen und Meditation mit Apps

Mit Meditation verhält es sich wie mit den meisten anderen Dingen: Wenn man es noch nie getan hat, kann es sich am Anfang schwierig oder peinlich anfühlen. Wenn Sie noch nie meditiert haben, würde ich Ihnen empfehlen, mit einer geführten Meditation anzufangen.

Hier sind ein paar meiner Lieblings-Meditations-Apps, die sowohl für iPhone und iPad als auch für Android-Geräte verfügbar sind:

- Headspace
- Calm
- Omvana
- Simply Being
- Insight Timer
- Oak

Zwischen diesen Meditationsapps gibt es kleine, aber wichtige Unterschiede, darunter auch die Stimme des Sprechers bzw. der Sprecherin.

Wenn Sie kein Gerät besitzen, auf das Sie Apps herunterladen können, suchen Sie doch einfach bei YouTube oder Google nach dem Stichwort „geführte Meditation". Sie können auch gleich nach der richtigen Laufzeit (z. B. „geführte Meditation fünf Minuten") oder dem passenden Thema (z. B. „geführte Meditation verbessertes Selbstbewusstsein") suchen.

Ihre Miracle-Morning-Meditation

Wenn Sie sich bereit dafür fühlen, ohne Anleitung zu meditieren, können Sie für Ihren *Miracle Morning* diese Schritt-für-Schritt-Meditation nutzen, auch wenn Sie es noch nie zuvor ausprobiert haben. Bevor Sie anfangen ist es wichtig, dass Sie sich darauf einstellen und Ihre Erwartungen festlegen. Nutzen Sie die Zeit, um Ihre Gedanken zu beruhigen und den ewigen

Drang, ständig über etwas nachzudenken, loszulassen – Vergangenes noch einmal Revue passieren zu lassen oder sich Sorgen um die Zukunft zu machen, aber dabei nie ganz hier im Augenblick zu sein. In dieser Zeit dürfen Sie Ihre Stressfaktoren vergessen, sich eine Pause davon gönnen, permanent auf Ihren Problemen herumzukauen und sich ganz auf den aktuellen Moment konzentrieren. Es ist außerdem eine Zeit, in der Sie ganz bei sich selbst und Ihrem innersten Kern sind und tiefer in sich selbst einzutauchen als nur zu sehen, was Sie besitzen, was Sie tun oder in welche Schubladen Sie gesteckt wurden, bis Sie selbst angefangen haben, sie zu verinnerlichen. Wenn Ihnen das seltsam und esoterisch vorkommt, ist das auch okay. So ging es mir auch. Ich würde trotzdem vorschlagen, dass Sie es einmal ausprobieren. Es ist ganz einfach:

- Suchen Sie sich einen Ort, an dem Sie bequem sitzen können: auf der Couch, auf einem Stuhl, auf dem Boden oder auf einem Kissen.
- Setzen Sie sich aufrecht im Schneidersitz hin. Sie können die Augen schließen oder einen Punkt auf dem Boden anschauen, ungefähr einen halben Meter vor Ihnen.
- Konzentrieren Sie sich zunächst auf Ihre Atmung. Atmen Sie tief und langsam ein und aus. Atmen Sie dabei durch die Nase ein und durch den Mund wieder aus. Wenn Sie richtig effektiv atmen, spüren Sie es in Ihrem Bauch, nicht in Ihrer Brust.
- Fangen Sie jetzt an, möglichst gleichmäßig zu atmen: Atmen Sie drei Sekunden lang ein und zählen Sie im Kopf mit („einundzwanzig, zweiundzwanzig, dreiundzwanzig"), halten Sie drei Sekunden lang die Luft an und atmen Sie dann langsam über drei Sekunden aus. Spüren Sie, wie Ihre Gedanken und Gefühle sich beruhigen, während Sie sich auf Ihre Atmung konzentrieren.
- Sie werden feststellen, dass Gedanken vorbeikommen werden, während Sie versuchen, Ihren Geist zu beruhigen. Nehmen Sie sie

wahr und lassen Sie sie wieder gehen, während Sie sich weiter auf Ihren Atem konzentrieren.

- Lassen Sie zu, vollkommen im Augenblick zu existieren. Konzentrieren Sie sich darauf, einfach nur zu sein. Nichts zu denken, nichts zu tun, nur zu sein. Achten Sie weiterhin auf Ihren Atem und stellen Sie sich vor, dass Sie positive, liebevolle und friedliche Energie einatmen, während Sie gleichzeitig alle Sorgen und allen Stress ausatmen. Genießen Sie die Stille. Genießen Sie den Augenblick. Atmen Sie. Seien Sie.

- Wenn Sie merken, dass dennoch weiter Gedanken auf Sie einprasseln, kann es hilfreich sein, wenn Sie sich auf ein einziges Wort, einen Satz oder ein Mantra konzentrieren, das Sie immer wieder innerlich wiederholen, während Sie ruhig weiteratmen. Sie könnten zum Beispiel so etwas ausprobieren: (beim Einatmen) „Ich atme Selbstbewusstsein ein …" (beim Ausatmen) „Ich atme Furcht aus." Natürlich können Sie die Wörter *Selbstbewusstsein* und *Furcht* durch andere ersetzen. *Selbstbewusstsein* kann zum Beispiel auch jeder andere Begriff sein, von dem Sie mehr in Ihrem Leben haben wollen (Liebe, Kraft, Energie usw.), statt *Furcht* können Sie auch etwas anderes nehmen, das Sie loslassen müssen (Stress, Sorgen, Unzufriedenheit usw.).

Meditation ist ein Geschenk, das Sie sich selbst jeden Tag machen. Viele Anhänger des *Miracle Morning* haben im Lauf der Zeit festgestellt, dass sie diesen Teil der Routine am liebsten mögen. Die Zeit, in der Sie meditieren, ist eine Zeit, in der Sie Dankbarkeit und Freiheit von allem empfinden dürfen, was Ihnen jeden Tag Stress und Sorgen bereitet.

Sie können sich Ihre tägliche Meditation wie eine Auszeit von Ihren Problemen vorstellen. Die sind zwar immer noch da, wenn Sie fertig meditiert haben, aber Sie werden merken, dass Sie mehr bei sich selbst sind und sie deshalb auch besser lösen können.

Für viele Menschen ist dieser Schritt einer, von dem sie glauben, sie könnten ihn einfach weglassen und gleich mit den aktiveren, fassbareren Aspekten der S.A.V.E.R.S. loslegen. Widerstehen Sie dieser Versuchung. Wie auch immer Sie Ihre Stille gestalten, übersehen Sie diesen Schritt nicht.

Denken Sie daran: Welche Form der Stille Sie sich gönnen, liegt ganz bei Ihnen. Sie können es sich selbst aussuchen. Ich persönlich nehme mir meine Stille im Bett, damit ich meine Frau nicht störe, die oft zusammen mit mir aufwacht. Aber seien Sie gewarnt, die Stille im Bett zu suchen ist nichts für Anfänger, insbesondere, wenn Sie leicht eindösen, während Sie im Dunkeln liegen.

Wenn Sie Probleme beim Aufwachen haben, sollten Sie sich lieber an die fünf Schritte aus Kapitel 2 halten. Ich jedenfalls liege jeden Morgen im Bett und konzentriere mich auf das, für das ich dankbar bin, um jeden Tag Dankbarkeit für alles zu empfinden, was ich habe. Ich glaube zutiefst daran, dass Dankbarkeit ein wichtiger Bestandteil eines großartigen Lebens ist. Dankbarkeit eröffnet Räume, mehr zu schaffen und verdrängt andere, weniger produktive Emotionen.

Ich liege also morgens da, schließe meine Augen und mache mir bewusst, welches Glück ich mit meinen Kindern, meiner Gesundheit und der meiner Familie und meinen tollen Partnern im Geschäft und im Leben habe. Jeder davon ist ein Baustein meines Wohlstands und meines wertvollen Lebens, und dafür bin ich dankbar.

A wie Affirmations – Affirmationen

Haben Sie sich schon mal gefragt, warum manchen Menschen einfach alles zu gelingen scheint und sie dabei Leistungen erreichen, von denen Sie nicht einmal träumen können? Oder warum es bei anderen genau andersherum läuft, die sich jede gute Gelegenheit entgehen lassen, wenn sie überhaupt eine bekommen?

Es hat sich immer wieder gezeigt, dass der Grund dafür im Mindset, also in der Geisteshaltung des Menschen liegt.

Als Geisteshaltung bezeichnen wir die Gesamtheit aus Überzeugungen, Einstellungen und emotionaler Intelligenz einer Person. In ihrem Bestseller *Selbstbild: Wie unser Denken Erfolge oder Niederlagen bewirkt* schreibt Carol Dweck, PhD: „Seit zwanzig Jahren zeigt meine Forschung, dass die Art, wie Sie sich selbst betrachten, Ihren Lebenswandel tiefgreifend beeinflusst."

Ihre Geisteshaltung ist ein äußerst wichtiger Bestandteil der Erschaffung von Wohlstand. Sie zeigt sich unbestreitbar in Ihrer Sprache, Ihrem Selbstbewusstsein und Ihrem Auftreten. Ihre Geisteshaltung beeinflusst einfach *alles*. Zeigen Sie mir einen Menschen mit erfolgreicher Geisteshaltung und ich zeige Ihnen einen zukünftigen Millionär.

Ich weiß allerdings aus Erfahrung, dass es schwierig sein kann, sich die richtige Geisteshaltung zu erhalten – das Selbstvertrauen, die Begeisterung und die Motivation –, wenn man sich der Achterbahnfahrt aussetzt, die zum Reichtum führt. Das liegt zu einem nicht unwesentlichen Teil daran, dass wir unsere Geisteshaltung oft akzeptieren, ohne bewusst darüber nachzudenken. Unbewusst wurden wir darauf programmiert, auf eine bestimmte Art zu denken, zu glauben, zu handeln und mit uns selbst zu reden.

Diese Programmierung stammt aus vielen Quellen, darunter auch aus dem, was andere uns sagen, was wir uns selbst sagen, sowie aus unseren guten und schlechten Erfahrungen im Leben. Sie zeigt sich in jedem Bereich unseres Lebens, auch darin, wie wir uns im Umgang mit Geld fühlen, was wir darüber denken und wie wir damit umgehen. Das bedeutet: Wenn wir bessere Finanzen wollen, brauchen wir eine bessere geistige Programmierung.

Affirmationen sind die Methode, mit der Sie genau das erreichen können. Sie erlauben es Ihnen, Ihre Ziele bewusster zu verfolgen und verleihen Ihnen gleichzeitig den Mut und die positive Geisteshaltung, die Sie brauchen, um diese Ziele auch zu erreichen. Wenn Sie sich immer wieder sagen, wer Sie sein wollen, was Sie erreichen wollen und wie Sie es schaffen können, verändern Sie damit Ihre unterbewussten Überzeugungen und Ihr Verhalten. Wenn Sie auf neue Arten denken und handeln, werden sich Ihre Affirmationen schon bald in die Wirklichkeit umsetzen.

Es ist wissenschaftlich belegt, dass Affirmationen – wenn sie richtig eingesetzt werden – eine der wirksamsten Methoden sind, sich selbst schnell zu der Person zu machen, die man sein muss, um alles zu erreichen, was man sich im Leben wünscht. Trotzdem werden Affirmationen oft als etwas Negatives angesehen. Viele Leute haben sie ausprobiert und waren dann enttäuscht. Es gibt jedoch eine Methode, Affirmationen einzusetzen, bei der positive Ergebnisse so gut wie garantiert sind.

Warum Affirmationen nach der alten Methode nicht wirken

Unzählige sogenannte Experten und Gurus lehren schon seit Jahrzehnten Affirmationen auf Arten, die erwiesenermaßen nicht funktionieren und dafür sorgen, dass viele Menschen daran scheitern. Hier sind zwei der häufigsten Probleme mit Affirmationen:

Problem Nummer 1: Sich selbst zu belügen funktioniert nicht

„Ich bin ein Millionär." Im Ernst?
„Ich habe 7 Prozent Körperfett." Stimmt das?
„Ich habe dieses Jahr alle meine Ziele erreicht." Wirklich?

Affirmationen auf der Basis zu entwickeln, dass Sie bereits etwas erreicht oder geworden sind, ist wahrscheinlich der Hauptgrund dafür, dass sie bei vielen Menschen nicht funktionieren.

Bei dieser Technik lehnt Ihr Unterbewusstsein jedes Mal die Affirmation, die nicht in der Wahrheit begründet ist, ab. Als intelligenter, nicht von Wahnvorstellungen besessener Mensch können Sie ja auch gar nicht davon profitieren, sich immer wieder selbst in die Tasche zu lügen. Die Wahrheit wird sich immer durchsetzen.

Problem Nummer 2: Passive Sprache bringt keine Ergebnisse

Viele Affirmationen sind so formuliert, dass Sie Ihnen ein leeres Versprechen von etwas liefern, das Sie sich wünschen. Betrachten wir doch zum Beispiel eine sehr beliebte Geld-Affirmation, die von vielen weltberühmten Gurus gelehrt wird:

Ich bin ein Geldmagnet. Geld fließt mir einfach und reichlich zu.

Diese Art von Affirmation sorgt vielleicht dafür, dass Sie sich in dem Moment gut fühlen, weil Sie Ihre Geldsorgen vorübergehend verdrängen können, aber sie verschafft Ihnen kein Einkommen. Menschen, die sich untätig hinsetzen und darauf warten, dass das Geld wunderbarerweise von selbst zu ihnen kommt, werden keine Millionäre.

Um die Art von Reichtum zu erlangen, die Sie sich wünschen (oder jedes andere gewünschte Ergebnis), müssen Sie tatsächlich etwas tun. Ihr Handeln muss auf das erwünschte Ergebnis ausgerichtet sein. Und bei der Affirmation müssen Sie sowohl Ihr Ziel als auch Ihren Weg dorthin formulieren und bestätigen.

In vier Schritten zur Miracle-Morning-Affirmation (die tatsächlich wirkt)

Hier sind ein paar einfache Schritte, wie Sie zielorientierte *Miracle-Morning-Affirmationen* entwickeln und anwenden können, die Ihre bewussten und unbewussten Gedanken umprogrammieren und Ihr bewusstes Denken darauf ausrichten, Ihr Handeln zu verbessern, damit Sie Ergebnisse erzielen und Ihre privaten und geschäftlichen Erfolge in Höhen heben können, die Sie so noch nie erfahren haben.

Erster Schritt: Erkennen Sie das Ziel, dem Sie sich verschrieben haben, und warum es Ihnen wichtig ist

Es wird Ihnen sicher aufgefallen sein, dass ich Sie nicht frage, was Sie wollen. Jeder will irgendetwas, aber wir bekommen nicht das, was wir wollen, sondern das, dem wir uns voll und ganz verschrieben haben. Sie wären gern Millionär? Willkommen im nicht besonders exklusiven Club. Aber wenn Sie sich zu 100 Prozent dem Ziel verschreiben, Millionär zu werden, indem Sie die dafür nötigen Schritte identifizieren und durchführen, bis Sie Ihr Ziel erreicht haben? Dann könnte etwas daraus werden.

Übung:
Schreiben Sie zuallererst ein bestimmtes, außergewöhnliches Ergebnis auf – eines, das Sie herausfordert, das Ihr Leben signifikant verbessern würde und dem Sie sich vollkommen verschreiben würden –, auch wenn Sie noch gar nicht wissen, wie Sie es erreichen können. Dann verstärken Sie Ihren Entschluss, indem Sie den Grund hinzufügen, den zwingenden Grund, der Sie bei der Stange halten wird.

Beispiele:
Ich werde mich zu 100 Prozent darauf konzentrieren, dass ich so gesund wie möglich lebe, damit ich genug Energie habe, mich ganz meinem Geschäft und meinen Mitmenschen zu widmen.

Oder …
Ich widme mich dem Ziel, mein Einkommen in den nächsten zwölf Monaten von ______ € auf _____ € zu verdoppeln, damit ich meiner Familie finanzielle Sicherheit bieten kann.

Zweiter Schritt: Benennen Sie, was Sie tun werden und wann Sie es tun werden

Eine Affirmation aufzuschreiben, die nur bestätigt, was Sie wollen, ohne auch gleichzeitig zu beschreiben, was Sie dafür zu tun bereit sind, ist fast völlig nutzlos. Es kann sogar kontraproduktiv sein, weil es Ihr Unterbewusstsein dazu verleiten kann zu glauben, das Ergebnis könnte automatisch eintreten, ohne dass Sie etwas dafür tun müssen.

Übung:
Benennen Sie spezifische Handlungen, Aktivitäten oder Gewohnheiten, die Sie brauchen, um Ihr Wunschziel zu erreichen und legen Sie dabei auch deutlich fest, wann und wie oft Sie die notwendigen Handlungen durchführen werden.

Beispiele:
Um sicherzustellen, dass ich so gesund wie möglich bleibe, werde ich hundertprozentig sicher an fünf Tagen pro Woche ins Fitnessstudio gehen und jeden Tag zwischen 6 und 7 Uhr mindestens zwanzig Minuten auf dem Laufband laufen.

Oder …
Um zu garantieren, dass sich mein Einkommen verdoppelt, werde ich an fünf Tagen pro Woche zwischen 8 und 9 Uhr doppelt so viele Akquiseanrufe machen wie bisher, also vierzig statt zwanzig, egal, was passiert.

Je präziser Sie Ihre Handlungen beschreiben, desto besser.

Achten Sie darauf, dass Sie auf jeden Fall aufschreiben, wie oft, wie häufig und wie lange Sie die Handlungen durchführen werden.

Dritter Schritt: Sprechen Sie Ihre Affirmationen jeden Morgen (mit Gefühl) laut aus

Denken Sie daran, dass Ihre *Miracle-Morning-Affirmationen* nicht nur dazu dienen, sich besser zu fühlen. Diese schriftlichen Absichtserklärungen sollen strategisch eingesetzt werden, um Ihr Unterbewusstsein mit Überzeugungen und einer Geisteshaltung neu zu programmieren, die Sie brauchen, um Ihre Wunschziele zu erlangen, und gleichzeitig Ihr bewusstes Denken zu steuern, damit Sie sich auf Ihre obersten Prioritäten konzentrieren und die Schritte unternehmen, die Sie dahin bringen werden.

Damit Ihre Affirmationen ihre Wirkung entfalten, ist es allerdings wichtig, dass Sie mit Ihren Emotionen in Berührung sind, wenn Sie sie aufsagen. Eine Affirmation gedankenlos herunterzubeten, ohne dabei auf Ihre Gefühle zu hören, wird Sie nicht viel weiter bringen. Sie sind selbst dafür zuständig, authentische Emotionen in sich zu finden, zum Beispiel Vorfreude und Entschlossenheit, und diese Emotionen jedes Mal in Ihre Affirmation einfließen zu lassen, wenn Sie sie laut aussprechen.

Sie müssen bestätigen, wer Sie sein wollen, um die Dinge zu tun, die Sie tun müssen, um das zu bekommen, was Sie wollen.

Ich wiederhole es noch einmal: Es ist keine Zauberei; diese Strategie funktioniert, wenn Sie Kontakt mit der Person aufnehmen, die Sie werden müssen, bevor Sie Ihre Ziele erreichen können. Wer Sie sind, ist wichtiger für Ihren Erfolg als alles, was Sie jemals tun können.

Übung:
Nehmen Sie sich jeden Tag während Ihres *Miracle Morning* Zeit, Ihre Affirmationen laut zu lesen, um Ihr Unterbewusstsein zu programmieren und Ihr bewusstes Denken auf das zu fokussieren, was Ihnen am wichtigsten ist und was Sie bereit sind, dafür zu unternehmen. Sie haben richtig gelesen:

Das müssen Sie jeden Tag tun. Nur ab und zu Ihre Affirmationen zu lesen ist so effektiv wie nur ab und zu Sport zu treiben. Resultate sehen Sie nur, wenn Sie es zu einem Teil Ihrer täglichen Routine machen.

Ein hervorragender Ort, sich seine Affirmationen vorzulesen, ist unter der Dusche. Laminieren Sie Ihren Zettel und legen Sie ihn dort bereit, sodass Sie ihn jeden Tag vor Augen haben. Legen Sie ihn an einen Ort, wo er Sie ständig daran erinnert: im Auto unter die Sonnenblende, zuhause an den Spiegel geklebt. Je öfter Sie Ihre Affirmationen sehen, desto leichter wird es Ihrem Unterbewusstsein fallen, sie anzunehmen und dadurch Ihr Denken und Handeln zu ändern. Sie können sie sogar mit einem Whiteboardmarker direkt auf den Spiegel schreiben.

Vierter Schritt: Passen Sie Ihre Affirmationen ständig an

Während Sie wachsen und sich dabei verbessern und entwickeln, sollte das Gleiche auch für Ihre Affirmationen gelten. Wenn Ihnen ein neues Ziel, ein neuer Traum oder ein neues außergewöhnliches Ergebnis einfällt, fügen Sie es einfach zu Ihren Affirmationen hinzu.

Ich persönlich habe Affirmationen für jeden wichtigen Bereich meines Lebens (Finanzen, Gesundheit, Glück, Beziehungen, Kinder usw.) und passe sie jedes Mal an, wenn ich etwas Neues lerne. Ich bin immer auf der Suche nach Zitaten, Strategien und Philosophien, die ich hinzufügen kann, um meine Geisteshaltung weiter zu verbessern. Denken Sie einfach jedes Mal, wenn Ihnen ein inspirierendes Zitat oder ein philosophischer Ansatz, der Sie anspricht, begegnet: „Wow, in diesem Bereich könnte ich mich noch mächtig verbessern" und erweitern Sie Ihre Affirmationen entsprechend.

Ein paar Sätze und Affirmationen benutze ich besonders häufig. Am liebsten sind mir solche, die den kommenden Tag besser aussehen lassen. Ich starte gerne optimistisch in den Tag. Deshalb nutze ich einfache Affirmationen wie:

Heute wird ein toller Tag.
Heute wird alles so laufen, wie ich es mir wünsche.
Heute werde ich ein guter Mensch sein und dafür gute Resultate sehen.

Vergessen Sie nicht, dass Ihre Affirmationen auf Sie selbst zugeschnitten und in der ersten Person formuliert sein müssen. Außerdem müssen sie so präzise wie möglich sein, damit sie ihre Auswirkung auf Ihr Unterbewusstsein entfalten. Kurz gesagt drücken Ihre neuen Affirmationen die großen Ziele aus, denen Sie sich verschrieben haben, und warum sie Ihnen so wichtig sind. Von noch größerer Bedeutung ist es jedoch, dass Sie darin formulieren, was Sie sich vornehmen, dafür zu tun, und wann Sie es tun wollen. Nur so können Sie sicherstellen, dass Sie das hohe Maß an Erfolg erreichen und halten können, das Sie im Leben wollen (und verdienen).

Affirmationen, durch die Sie zum erfolgreichen Schöpfer von Reichtum werden

Zusätzlich zu der oben aufgeführten Formel, mit der Sie Ihre eigenen Affirmationen erschaffen können, gebe ich Ihnen eine Liste von Beispielen an die Hand, die Sie vielleicht inspirieren. Falls Sie eine oder mehrere davon ansprechen, können Sie sie gern zu einem Teil Ihrer eigenen Affirmationen machen.

- Ich bin es genauso wert, Reichtum zu erlangen, wie jeder andere Mensch auf der Welt. Ich verdiene es genauso und ich kann es genauso gut schaffen. Heute werde ich das mit meinem Handeln beweisen.

- Wo ich bin, kommt daher, wer ich war, aber wohin ich gehe, hängt allein davon ab, wer zu sein ich mich ab sofort entscheide.

- Ich verspreche mir selbst, dass ich mir jeden Tag dreißig bis sechzig Minuten Zeit für meinen *Miracle Morning* und die Life S.A.V.E.R.S. nehme, damit ich mich weiter zu der Person entwickeln kann, die ich sein muss, um alles im Leben zu erreichen, das ich mir wünsche.

- Ich konzentriere mich jeden Tag darauf, etwas Neues zu lernen und meine Fähigkeiten zu verbessern, und ich verspreche mir selbst, dass ich dafür jeden Monat mindestens ein Buch lesen oder wiederlesen werde.

- Ich verspreche mir selbst, dass ich ständig und für immer besser in den Aufgaben werde, die nötig sind, damit mein Tag optimal verläuft.

- Ich werde jede Woche und jeden Monat eine bestimmte Zeit „ausgestöpselt“ verbringen, um mir meine Konzentrationsfähigkeit, meine körperliche und geistige Gesundheit und meine Perspektive zu erhalten.

- Ich verspreche mir selbst, dass ich jeden Tag 20 Minuten lang Sport treiben werde.

Das sind nur ein paar Beispiele für Affirmationen. Sie können sie gerne verwenden, wenn sie Sie ansprechen, aber ideal ist es, wenn Sie sich nach der oben beschrieben Formel Ihre eigenen erschaffen. Alles, was Sie sich selbst mit Gefühl regelmäßig selbst sagen, wird in Ihr Unterbewusstsein einprogrammiert, hilft Ihnen, neue Überzeugungen zu finden, und zeigt sich in Ihrem Tun.

Die Aussicht, dass es möglich sein kann, Dinge, die Sie bisher einschränken, gewissermaßen neu zu programmieren und dabei ganz neue Verhaltensweisen zu entwickeln, ist spannend. Sie können Ihre Programmierung jederzeit ändern. Warum also nicht *jetzt sofort*?

V wie Visualization – Visualisierung

Visualisierung ist schon seit langem eine beliebte Methode für Spitzensportler. Olympiateilnehmer und andere Menschen, die in vielen Bereich Höchstleistungen erbringen, nutzen die Kraft der Visualisierung jeden Tag, um ihre Leistungen noch zu verbessern. Es ist ebenso bekannt, dass erfolgreiche Unternehmer und Leistungsträger im Finanzbereich diese Kraft häufig für sich nutzen.

Wenn man etwas visualisiert, nutzt man seine Fantasie, um ein fesselndes Bild der eigenen Zukunft zu erschaffen. Dieses Bild hilft Ihnen, klarer zu sehen, und motiviert Sie dazu, die nötigen Schritte zu unternehmen, um Ihre Vision wahr werden zu lassen.

Wenn Sie gerne ein paar faszinierende Hintergrundinformationen darüber hätten, warum Visualisierung so wirksam ist, googeln Sie einfach mal „Spiegelneuronen". Neuronen sind Zellen, die das Gehirn mit anderen Körperteilen verbinden. Spiegelneuronen aktivieren sich, wenn wir etwas tun oder beobachten, wie jemand anders etwas tut. Dieser Forschungsbereich der Neurologie ist noch relativ jung, aber diese Zellen scheinen uns zu erlauben, unsere eigenen Fähigkeiten zu verbessern, indem wir anderen

Menschen dabei zusehen oder uns vorstellen, selbst etwas zu tun. Manche Studien deuten darauf hin, dass erfahrene Gewichtheber ihre Muskelmasse allein dadurch vergrößern können, indem sie es visualisieren. Das ist die Kraft von Spiegelneuronen. Das Gehirn kann in bestimmter Hinsicht nicht zwischen einer lebhaften Visualisierung und einer tatsächlichen Erfahrung unterscheiden.

Wenn Sie bisher immer skeptisch waren, was Visualisierungen angeht, sollten Sie sich verdeutlichen, dass wissenschaftliche Erkenntnisse dafür sprechen, sich zumindest auf die Sache einzulassen.

Was visualisieren Sie?

Hal hat Visualisierungen eingesetzt, um ein kniffliges Ziel zu erreichen, das weit jenseits seines Wohlfühlbereichs lag. Er hasste Joggen, aber er hat sich selbst (öffentlich) versprochen, dass er einen 52 Meilen langen Ultramarathon laufen würde. Während seiner fünf Trainingsmonate hat er *Miracle-Morning-Visualisierungen* benutzt, um sich vorzustellen, wie er seine Laufschuhe bindet und loslegt – mit einem Lächeln im Gesicht und beschwingtem Schritt.

Als es dann daran ging, zu trainieren, hatte er sich schon so weit programmiert, dass er das Training als angenehm und positiv empfand.

Sie können visualisieren, was Sie wollen – einen wichtigen Schritt auf dem Weg zum Reichtum oder eine Fähigkeit, die Sie noch nicht in dem Maß besitzen, in dem Sie sie gerne hätten.

Sie können sich sogar Tätigkeiten vorstellen, die Sie gewohnheitsmäßig nur ungern tun und häufig verschieben, sodass Sie diese Tätigkeit emotional ganz neu erfahren. Ihrer Fantasie sind keine Grenzen gesetzt, aber es gibt ein paar Methoden, die dafür sorgen, dass Ihre Versuche von größerem Erfolg gekrönt sind.

Drei einfache Schritte für die Miracle-Morning-Visualisierung

Visualisierung ist der perfekte Partner der Affirmation – der natürliche nächste Schritt in Ihrer Morgenroutine. Unmittelbar nach dem Lesen Ihrer Affirmationen ist der perfekte Zeitpunkt, sich vorzustellen, wie Sie ideal im Einklang mit ihnen leben. Hier sind die drei Schritte, denen Tausende von Anhängern des *Miracle Morning* folgen.

Erster Schritt: Vorbereitung

Manche Menschen lassen bei der Visualisierung gerne Instrumentalmusik im Hintergrund laufen, zum Beispiel Klassik oder Barock (Johann Sebastian Bach ist sehr beliebt). Wenn Sie mit Musik experimentieren wollen, ist es wichtig, dass Sie sie nicht zu laut drehen. Mich persönlich lenkt alles zu sehr ab, was einen Text hat.

Setzen Sie sich jetzt bequem hin, auf einen Stuhl, aufs Sofa oder mit einem Kissen auf den Boden. Atmen Sie tief durch. Schließen Sie die Augen, schieben Sie Ihre Gedanken auf die Seite und lassen Sie alles los, was Sie einschränkt, während Sie sich darauf vorbereiten, die Wohltat der Visualisierung zu erfahren.

Zweiter Schritt: Visualisieren Sie, was Sie wirklich wollen

Vielen Menschen fällt es schwer, Erfolg zu visualisieren, weil sie unterbewusst Angst davor haben. Manche Leute tun es nur widerstrebend, andere fühlen sich sogar schuldig, weil sie 95 % der Menschheit hinter sich lassen, wenn sie erfolgreich werden.

Dieses berühmte Zitat von Marianne Williamson ist eine große Hilfe für jeden, der mentale oder emotionale Hindernisse verspürt, wenn er etwas zu visualisieren versucht: „Unsere tiefste Angst ist nicht, dass wir nicht genug sind. Unsere tiefste Angst ist es, dass wir unendlich viel Macht haben. Unser inneres Licht jagt uns Angst ein, nicht unsere innere Dunkelheit. Wir fragen uns selbst: ‚Wer bin ich, dass ich genial, wunderschön, talentiert und wunderbar bin?' Aber wer sind Sie, dass Sie es nicht sind? Sie sind ein Kind Gottes. Es hilft der Welt nicht weiter, wenn Sie sich klein machen. Selbst zu schrumpfen, damit andere Menschen sich in unserer Gegenwart nicht unsicher fühlen, hat nichts mit Erleuchtung zu tun. Wir sollten alle glänzen, so wie es Kinder tun. Wir sind geboren, um die Gnade Gottes, die in uns wohnt, in dieser Welt erfahrbar zu machen. Und das gilt nicht nur für manche Menschen, es gilt für jeden einzelnen von uns. Wenn wir unser eigenes Licht leuchten lassen, geben wir damit unbewusst anderen die Erlaubnis, es ebenfalls zu tun. Wenn wir uns von unserer eigenen Angst befreien, befreit unsere Gegenwart automatisch auch andere."

Ihr volles Potenzial im Leben auszuschöpfen, ist das größte Geschenk, das Sie denen machen können, die Sie lieben – und denen, die Sie führen. Wie gestaltet sich das für Sie? Was wollen Sie wirklich? Vergessen Sie Logik, Einschränkungen und praktische Überlegungen. Wenn Sie alles erreichen könnten, beruflich und privat, wie sähe das dann aus?

Sehen, fühlen, hören, berühren, schmecken und riechen Sie Ihre Vision in jeder Einzelheit. Beziehen Sie alle Ihre Sinne ein, um Ihre Visualisierung so wirksam wie möglich zu machen. Je lebendiger Ihre Vision Ihnen vor Augen steht, desto größer wird Ihr Antrieb, die nötigen Schritte zu unternehmen, um sie wahr werden zu lassen.

Dritter Schritt: Stellen Sie sich vor, was Sie tun und wie viel Spaß es Ihnen macht

Sobald Sie ein klares Bild davon erschaffen haben, was Sie wollen, können Sie anfangen, sich genau vorzustellen, was Sie tun müssen, um Ihre Vision mit allergrößter Selbstsicherheit und Freude wahr werden zu lassen. Visualisieren Sie sich selbst bei den Tätigkeiten, die auf Sie zukommen (Sport, Schreiben, Verkaufen, Präsentieren, Vorträge, Anrufe, E-Mails schreiben usw.). Stellen Sie sich vor, wie Sie bei Ihrer Präsentation für die Venture-Capital-Gesellschaft selbstbewusst auftreten, um sich ihre Unterstützung zu sichern, und spüren Sie, wie es sich anfühlen wird. Sehen und spüren Sie, wie Sie auf dem Laufband lächeln, weil Sie so stolz darauf sind, dass Sie die Selbstdisziplin aufgebracht haben, bei der Stange zu bleiben. Anders ausgedrückt: Visualisieren Sie sich selbst, wie Sie tun, was Sie müssen, und wie es Ihnen jede Menge Spaß macht, insbesondere dann, wenn es um Tätigkeiten geht, die Sie normalerweise nur ungern tun. Stellen Sie sich vor, wie es aussehen und sich anfühlen würde, wenn Sie dabei stattdessen Freude empfinden würden.

Stellen Sie sich die Entschlossenheit vor, die sich auf Ihrem Gesicht abzeichnet, während Sie Ihr Unternehmen immer weiter vergrößern, mehr Verkäufe erfolgreich abschließen oder effektive Investitionen tätigen. Visualisieren Sie die Reaktionen Ihrer Kollegen, Angestellten, Kunden und Geschäftspartner auf Ihre optimistische Grundhaltung und Ihre positive Ausstrahlung. Sich selbst als eine Person zu sehen, die alles im Griff hat, ist der erste Schritt dahin, eine solche Person zu werden.

Abschließende Gedanken zur Visualisierung

Wenn Sie Ihre Affirmationen und Ihre Visualisierungsübungen jeden Tag kombinieren, kurbeln Sie damit die Programmierung Ihres Unterbewusstseins so richtig an, damit Sie bald schon durch Höchstleistungen zum Erfolg kommen. Durch tägliche Visualisierungen richten Sie Ihre Gedanken, Gefühle und Taten auf Ihre Vision aus. Dadurch wird es leichter, die nötige Motivation zu finden, um langfristig richtig zu handeln.

Visualisierung ist eine hervorragende Methode, um selbstbeschränkende Überzeugungen und Gewohnheiten wie ständiges Aufschieben zu überwinden und Sie dazu zu bringen, sich leichter mit den Handlungen zu beschäftigen, die Sie auf dem Weg zu Ihren großen Zielen benötigen.

In „Lektion II: Sie als Millionär" gehen wir noch einmal näher auf Visualisierungen ein und helfen Ihnen, Ihre Millionärsvision zu entwickeln. Dabei verwenden wir genau die Herangehensweise, die ich bis heute benutze.

E wie Exercise – Bewegung

Bewegung sollte einen festen Bestandteil Ihres *Miracle Morning* darstellen. Schon ein paar Minuten Bewegung pro Tag verbessern Ihre Gesundheit, Ihr Selbstvertrauen und Ihre emotionale Balance entscheidend und helfen Ihnen dabei, klarer zu denken und sich länger zu konzentrieren. Sie werden außerdem sehr schnell feststellen, wie viel mehr Energie Sie haben, wenn Sie sich täglich bewegen.

Eben Pagan und Tony Robbins, beide Experten für Persönlichkeitsentwicklung und Unternehmer, die sich ihr Vermögen von mehreren Millionen selbst aufgebaut haben, sind sich einig, dass der Schlüssel zum Erfolg darin liegt, jeden Morgen mit einem Erfolgsritual zu beginnen. Beide schwören in ihren jeweiligen Ritualen auf irgendeine Art von Frühsport. Eben sagt über die Vorzüge von Sport am Morgen: „Es ist wichtig, dass Sie jeden Morgen Ihren Puls und Ihren Kreislauf in Schwung bringen und die Lunge mit Sauerstoff füllen." Er fährt fort: „Machen Sie Ihren Sport nicht nur abends oder im Lauf des Tages. Wenn Sie sich lieber zu diesen Tageszeiten bewegen, sollten Sie trotzdem darauf achten, dass Sie morgens wenigstens 10 bis 20 Minuten lang Hampelmänner oder andere Aerobicübungen machen." Hey, wenn das für Eben und Tony funktioniert, dann wird das für Sie und mich auch passen.

Wenn Sie jetzt denken, Sie müssten gleich anfangen, für einen Triathlon oder einen Marathon zu trainieren, kann ich Sie beruhigen. Es reicht, wenn Sie sich nur ein wenig mehr bewegen als bisher, vor allem dann, wenn Sie bisher noch gar nichts machen – die Ergebnisse werden Sie überraschen. Wenn Sie bereits Sport treiben, muss der neue Frühsport Ihre aktuelle Bewegung am Nachmittag oder Abend auch nicht ersetzen; Sie können immer noch zur gewohnten Zeit ins Fitnessstudio gehen. Die Vorzüge, wenn Sie sich auch nur fünf Minuten zusätzlich am Morgen bewegen, sind jedoch nicht zu übersehen: Ihr Blutdruck und Blutzuckerspiegel werden sich verbessern und gleichzeitig sinkt das Risiko, an Herzkrankheiten, Osteoporose, Krebs und Diabetes zu erkranken. Am wichtigsten ist allerdings wahrscheinlich, dass Sie nach einer Runde Frühsport mit mehr Energie in den Tag starten, was Ihnen dabei helfen wird, Ihren anspruchsvollen Tagesplan abzuarbeiten.

Wie wäre es zum Beispiel mit einem Spaziergang oder einem Yogavideo auf YouTube, dem Sie folgen? Sie können sich auch einen Life S.A.V.E.R.S.-Partner suchen, mit dem Sie früh am Morgen Squash spielen können. Oder vielleicht probieren Sie mal die hervorragende App „7-Minuten-Workout“ aus, die Ihnen in sieben Minuten ein umfassendes Ganzkörpertraining verschafft. Sie haben die Wahl; suchen Sie sich einen Sport aus und machen Sie ihn einfach.

Reich zu werden schafft man nicht im Sitzen. Sie brauchen eine schier unerschöpfliche Energiequelle, wenn Sie das Beste aus den Herausforderungen machen wollen, die Ihnen begegnen. Täglicher Frühsport ist die beste Methode, sie zu erlangen.

Bewegung fürs Gehirn

Falls Ihnen Ihre körperliche Fitness völlig egal sein sollte, sollten Sie bedenken, dass Bewegung Sie außerdem klüger macht. Dr. Steven Masley, ein Arzt und Ernährungsexperte aus Florida, der sich in seiner Praxis auf Manager spezialisiert hat, erklärt den direkten Zusammenhang zwischen Bewegung und geistigen Fähigkeiten:

„Wenn wir über Hirnleistung sprechen, stellen wir schnell fest, dass die aerobe Kapazität die beste Methode ist, zu messen, wie schnell Ihr Gehirn funktioniert. Wie schnell Sie einen Hügel hinauf laufen können, steht in einem direkten Zusammenhang dazu, wie schnell Ihr Gehirn funktioniert und auf neue Eindrücke und Herausforderungen reagiert.“

Masley hat ein Wellnessprogramm für Unternehmen erfunden, das auf der Arbeit mit über 1000 Patienten basiert. „Im Durchschnitt verbessert sich die Hirngeschwindigkeit der Teilnehmer an diesem Programm um 25 bis 30 Prozent."

Hal hat Yoga für seine Bewegung gewählt und kurz nach der Erfindung des *Miracle Morning* damit angefangen. Seither praktiziert er es regelmäßig und mit wachsender Begeisterung. Ich dagegen mache meistens ein paar Kraftübungen mit Hanteln und gehe mit dem Hund Gassi. Wenn ich unterwegs bin, mache ich oft Liegestütze. Ich versuche, 100 davon zu machen – aber nicht auf einmal!

Abschließende Gedanken zur Bewegung

Sie wissen wahrscheinlich schon, dass Sie regelmäßig Sport treiben müssen, wenn Sie gesund bleiben und mehr Energie bekommen wollen. Das ist schließlich allgemein bekannt. Was aber nicht so bekannt ist, ist, wie einfach es ist, Ausreden zu finden. Die zwei häufigsten sind: „Ich habe keine Zeit" und „Ich bin zu müde", aber die Liste ist natürlich noch viel länger. Sie können sich praktisch unendlich viele verschiedene Ausreden ausdenken. Je kreativer Sie sind, desto mehr fallen Ihnen ein.

Das ist das Schöne daran, Bewegung zu einem Teil des *Miracle Morning* zu machen: Sie kümmern sich darum, bevor Sie von Ihrem Tag erschöpft sind und einen ganzen Tag lang Zeit hatten, sich Ausreden auszudenken. Weil der *Miracle Morning* jeden Tag als Erstes kommt, ist er eine todsichere Methode, den Ausreden auszuweichen und Bewegung zu einer täglichen Angewohnheit zu machen.

Haftungsausschluss: Es sollte sich von selbst verstehen, aber wir weisen vorsichtshalber darauf hin, dass Sie mit Ihrem Hausarzt sprechen sollten, bevor Sie anfangen, Sport zu treiben, insbesondere dann, wenn Sie Schmerzen, Beschwerden oder Behinderungen usw. haben. Es ist möglich, dass Sie Ihre sportlichen Betätigungen Ihren persönlichen Bedürfnissen anpassen oder sogar ganz darauf verzichten müssen.

R wie Reading – Lesen

Eine der schnellsten Methoden, alles zu erreichen, was Sie wollen, ist, sich erfolgreiche Vorbilder zu suchen. Welches Ziel Sie sich auch immer gesteckt haben, es ist sehr wahrscheinlich, dass es da draußen einen Experten gibt, der das gleiche oder ein ähnliches Ziel bereits erreicht hat. Tony Robbins drückt es so aus: „Erfolg hinterlässt Spuren."

Glücklicherweise teilen einige der Allerbesten ihre Geschichten in schriftlicher Form. Das bedeutet, dass all diese Baupläne für ein erfolgreiches Unternehmen nur darauf warten, von jemandem angewandt zu werden, der sich die Zeit nimmt, sie zu studieren. Bücher sind eine schier unerschöpfliche Quelle von Hilfe und praktischen Anleitungen, die Sie jederzeit zu Rate ziehen können.

Wenn Sie schon viel lesen, ist das super. Aber wenn Sie bisher Teil der Mehrheit in unserer Gesellschaft sind, die damit zufrieden ist, morgens ein- und abends auszustempeln und so wenig wie möglich für einen Lohn der Mittelklasse zu tun, tun sich Ihnen hier ungeahnte Möglichkeiten auf.

Lesen bringt Ihnen vielleicht keine greifbaren Ergebnisse (zumindest nicht sofort), aber es gibt schließlich so viele andere Beschäftigungen, die uns in niedrigschwellige, wenig produktive Richtungen ziehen. Die bringen uns aber langfristig viel weniger als die konsequente Gewohnheit, die Nase in ein Buch zu stecken.

Sie wollen ein Unternehmen gründen? Mehr verkaufen? Den perfekten Mitarbeiter finden? Durch Immobilien reich werden? Sich besser fühlen? Effizienter, reicher, weiser, glücklicher, erfolgreicher oder einfach nur jemand werden, der es voll drauf hat? Sie Glückspilz! All das sind Dinge, die Sie in Büchern finden können.

Manchmal höre ich jemanden sagen: „Ich habe so viel zu tun, ich komme nicht zum Lesen." Das kann ich verstehen. So etwas habe ich auch einmal geglaubt. Aber jetzt rufe ich mir ins Gedächtnis, was mein Mentor mir beigebracht hat: „Die größten Denker in der Geschichte der Menschheit haben Jahre damit verbracht, das Beste, was sie wissen, auf ein paar Buchseiten einzudampfen, die man für ein paar Dollar kaufen und in ein paar Stunden lesen kann, und damit verkürzt man seine Lernkurve um Jahrzehnte. Aber ich verstehe schon: Sie haben keine Zeit." Autsch.

Auch Sie haben jeden Tag eine, zehn oder sogar zwanzig Minuten Zeit, um sich wertvolle Inhalte zu gönnen, die Ihr Leben anreichern. Nutzen Sie einfach einige der Strategien, die wir weiter vorne in diesem Buch beschrieben haben, verbringen Sie etwas weniger Zeit auf Facebook, bevor Sie mit dem Tagesgeschäft beginnen oder lesen Sie, während Sie zu Mittag essen und nähren Sie gleichzeitig Ihren Körper und Ihren Geist.

Hier sind ein paar Bücher, die Hal und ich für den Anfang empfehlen. Sie werden sehen, wenn Sie erst einmal mit Lesen angefangen haben, werden Sie nie wieder aufhören wollen.

- *Wealth Can't Wait* von David Osborn & Paul Morris
- *The Art of Exceptional Living* von Jim Rohn
- *The One Thing: Die überraschend einfache Wahrheit über außergewöhnlichen Erfolg* von Gary Keller und Jay Papasan
- *Die 7 Wege zur Effektivität: Prinzipien für persönlichen und beruflichen Erfolg* von Stephen R. Covey
- *Perfekt! Der überlegene Weg zum Erfolg* von Robert Greene
- *Die 4-Stunden-Woche: Mehr Zeit, mehr Geld, mehr Leben* von Timothy Ferriss
- *Visionary Business: An Entrepreneur's Guide to Success* von Marc Allen
- *Das überforderte Gehirn: Mit Steinzeitwerkzeug in der Hightech-Welt* von Adam Gazzaley und Larry D. Rosen
- *Die Kreativitäts-AG: Wie man die unsichtbaren Kräfte überwindet, die echter Inspiration im Wege stehen* von Ed Catmull und Amy Wallace
- *Wie der Mensch denkt, so lebt er* von James Allen
- *Cashflow Quadrant – Rich Dad Poor Dad* von Robert T. Kyosaki

- *Das Lebensspiel und seine Regeln* von Florence Scovel Shinn
- *The Compound Effect* von Darren Hardy
- *Gier. Neuroökonomie: Wie wir ticken, wenn es ums Geld geht* von Jason Zweig
- *Taking Life Head On: How to Love the Life You Have While You Create the Life of Your Dreams* von Hal Elrod
- *Denke nach und werde reich* von Napoleon Hill
- *Vision to Reality: How Short Term Massive Action Equals Long Term Maximum Results* und *Business Dating: Applying Relationship Rules in Business for Ultimate Success* von Honorée Corder
- *In meinem Element. Wie wir von erfolgreichen Menschen lernen können, unser Potenzial zu entdecken* von Sir Ken Robinson und Lou Aronica
- *Spirit Led Instead: The Little Tool Book of Limitless Transformation* von Jenai Lane

Bücher sind Werkzeuge, mit denen Sie Ihre Beziehungen verändern, Ihr Selbstwertgefühl steigern und Ihre Kommunikationsfähigkeit verbessern können, aus denen Sie lernen können, wie man gesund lebt und jeden anderen Lebensbereich, den Sie sich vorstellen können, besser macht – und deshalb gehören sie auf jeden Fall in Ihren Werkzeugkasten, wenn Sie reich werden wollen. Gehen Sie doch mal in Ihre örtliche Bücherei oder in einen Buchladen oder schauen Sie bei Amazon.de vorbei. Dort finden Sie mehr Bücher als Sie glauben, zu jedem Lebensbereich, den Sie verbessern möchten.

Eine vollständige Liste von Hals Lieblingsbüchern zum Thema Persönlichkeitsentwicklung – darunter auch die, die den größten Einfluss auf seinen Erfolg und sein Glück hatten – finden Sie auf der Liste mit Leseempfehlungen auf TMMBook.com.

Wie viel sollte ich lesen?

Ich empfehle Ihnen, dass Sie sich mindestens zehn Seiten am Tag vornehmen (es ist aber auch okay, mit fünf Seiten am Tag anzufangen, wenn Sie langsam lesen oder noch nicht so viel Spaß daran haben). Zehn Seiten scheinen erst mal nicht besonders viel zu sein, aber rechnen wir es doch mal durch. Wenn Sie jeden Tag zehn Seiten lesen, kommen Sie im Jahr auf 3.650 Seiten – also ungefähr achtzehn Bücher mit jeweils 200 Seiten, die Ihnen helfen, sich selbst erheblich zu verbessern und erfolgreicher zu werden. Und das alles in nur zehn bis fünfzehn Minuten am Tag, oder vielleicht fünfzehn bis dreißig Minuten, wenn Sie nicht so schnell lesen.

Glauben Sie, dass sich Ihre Geisteshaltung verbessern wird, dass Ihr Selbstbewusstsein steigt und dass Sie weitere Strategien lernen können, um insgesamt erfolgreicher zu werden, wenn Sie in den nächsten zwölf Monaten achtzehn Bücher über private und/oder berufliche Weiterentwicklung lesen? Dass Sie zu einer besseren, fähigeren Version der Person werden können, die Sie jetzt schon sind? Und dass sich das direkt auf Ihren beruflichen Erfolg auswirken wird? Dann liegen Sie genau richtig! Jeden Tag zehn Seiten zu lesen ist nur wenig Aufwand, aber die Früchte, die es trägt, sind enorm.

Ich selbst lese deutlich mehr, seit ich Hörbücher für mich entdeckt habe. Morgens lese ich immer gedruckte Bücher oder E-Books, aber Hörbücher erlauben es mir, damit weiterzumachen, wenn ich spazieren gehe, Sport treibe oder Auto fahre.

Abschließende Gedanken zum Lesen

Denken Sie am besten bereits an das Ergebnis, wenn Sie loslegen. Was erhoffen Sie sich von einem bestimmten Buch? Nehmen Sie sich jetzt einen Moment Zeit und stellen Sie sich diese Frage zu diesem Buch. Sie müssen sich nicht zwingen, ein Buch von Anfang bis Ende durchzulesen; Sie müssen es nicht einmal ganz zu Ende lesen. Denken Sie daran, dass dies *Ihre eigene* Lesezeit ist. Schauen Sie ins Inhaltsverzeichnis, um keine Teile zu übersehen, die Sie besonders interessieren, und zögern Sie nicht, ein Buch wegzulegen und ein anderes zur Hand zu nehmen, wenn es Ihnen nicht zusagt. Es gibt da draußen so unendlich viele interessante Informationen, da brauchen Sie keine Zeit auf mittelmäßige Bücher zu verschwenden.

Viele Anhänger des *Miracle Morning* nutzen die morgendliche Lesezeit auch für religiöse Texte wie die Bibel und die Torah.

Wenn Sie ein Buch nicht von einem Freund oder aus einer Bibliothek ausgeliehen haben, sollten Sie dies nutzen und Passagen, Sätze oder einzelne wichtige Wörter unterstreichen, einkreisen und markieren, dem Buch Eselsohren zufügen und Randnotizen machen. Wenn Sie das Buch so markieren, können Sie jederzeit zu ihm zurückkehren und gezielt die wichtigsten Ideen, Lehrsätze und Inspirationen finden, ohne dass Sie es noch einmal komplett lesen müssen. Auf einem E-Book-Reader können Sie solche Hervorhebungen ganz leicht sortieren, sodass Sie sie jedes Mal sehen, wenn Sie das Buch durchblättern. Oder Sie können sogar direkt in die Liste Ihrer Notizen und Markierungen gehen.

Halten Sie die wichtigsten Ideen, Einsichten und denkwürdigen Passagen in einem Journal fest. So bauen Sie sich Ihre eigene Zusammenfassung Ihrer Lieblingsbücher auf, in der Sie in nur ein paar Minuten die wichtigsten Inhalte nachschlagen können.

Gute Bücher über Persönlichkeitsentwicklung mehrmals zu lesen ist eine sehr wirksame Strategie, die leider oft unterschätzt wird. Dabei kommt es nur sehr selten vor, dass man den gesamten Wert eines Buchs schon beim ersten Lesen vollständig verinnerlicht. Um ein Meister einer Disziplin zu werden, muss man üben. Ich habe einige Bücher schon dreimal gelesen und schlage mehrmals im Jahr etwas darin nach. Versuchen Sie es doch einmal mit diesem Buch! Nehmen Sie sich vor, dass Sie es gleich noch einmal anfangen, wenn Sie damit fertig sind, um mehr zu lernen und sich selbst mehr Zeit zu schenken, um Ihren *Miracle Morning* zu perfektionieren.

Am wichtigsten ist es jedoch, dass Sie das, was Sie lesen, schnell in die Praxis umsetzen, indem Sie sich Zeit nehmen, das umzusetzen, was Sie lesen, noch *während Sie es lesen.* Am besten haben Sie beim Lesen Ihren Kalender offen neben sich liegen und tragen sofort Zeiten ein, in denen Sie die Inhalte des Buchs ausführen werden. Werden Sie nicht zu einem Junkie der Persönlichkeitsentwicklung, der alles liest, aber nichts davon umsetzt. Ich kenne viele Menschen, die sehr stolz darauf sind, wie viele Bücher sie gelesen haben, als wäre das schon ein Wert an sich. Mir persönlich wäre es lieber, ein gutes Buch zu lesen und anzuwenden, als zehn Bücher zu lesen und dann nichts anderes zu tun, als das elfte Buch anzufangen. Lesen ist zwar eine großartige Methode, sich Wissen, Einsichten und Strategien anzueignen, aber was Sie im Leben und bei der Arbeit wirklich voranbringt, ist, diese neuen Strategien auch in der Praxis zu testen.

S wie Scribing – Schreiben

Der Schreibteil Ihres *Miracle Morning* erlaubt Ihnen, schriftlich festzuhalten, wofür Sie dankbar sind und Ihre Gedanken, Ideen, Inspirationen, Erfolge und gelernten Lektionen ebenso wie andere Bereiche für Potenzial, persönliche Entwicklung und Verbesserungen aufzuschreiben.

Die meisten Menschen, die den *Miracle Morning* praktizieren, führen jeden Tag während ihrer Morgenroutine fünf bis zehn Minuten lang Tagebuch. Wenn Sie Ihre Gedanken aus dem Kopf holen und auf Papier bannen, verschafft Ihnen das sofort einen besseren Überblick, mehr Klarheit und wichtige Einsichten, die Ihnen sonst vielleicht entgangen wären.

Wenn es Ihnen genauso geht wie Hal früher, haben Sie wahrscheinlich zumindest ein paar angefangene und dann nie wieder angefasste Notiz- und Tagebücher. Für ihn wurde das Schreiben erst zu einer seiner liebsten täglichen Gewohnheiten, als er anfing, den *Miracle Morning* anzuwenden. Tony Robbins sagt häufig: „Ein lebenswertes Leben ist es auch wert, festgehalten zu werden."

Tägliches Schreiben ermöglicht es Ihnen, Ihre Gedanken konstruktiv zu ordnen. Aber was noch wichtiger ist, sind die Einsichten, zu denen Sie gelangen, wenn Sie Ihre Journale noch einmal von Anfang bis Ende durchgehen – insbesondere, wenn das Jahr zu Ende geht.

Es ist nicht leicht, in Worte zu fassen, wie unglaublich konstruktiv es ist, seine alten Tagebücher noch einmal durchzulesen. Michael Maher, der Co-Autor von *The Miracle Morning for Real Estate Agents*, ist ein glühender Anhänger der Life S.A.V.E.R.S. Ein Teil seiner Morgenroutine besteht darin, das, was er zu schätzen weiß, und seine Affirmationen in einem Buch festzuhalten, das er sein „Segensbuch" nennt. Er hat die besten Worte dafür gefunden:

„Was wir zu schätzen wissen, … weiß uns auch zu schätzen. Es ist an der Zeit, dass wir unseren unstillbaren Hunger nach dem, was wir wollen, durch eine unendliche Dankbarkeit für und Lust auf das ersetzen, was wir schon haben. Schreiben Sie auf, wofür Sie dankbar sind, bleiben Sie dankbar und anerkennend, dann bekommen Sie mehr von dem, was Sie brauchen: bessere Beziehungen, höheren materiellen Wohlstand und mehr Glück."

Täglich Tagebuch zu führen bringt viele wertvolle Vorteile mit sich. Hier sind einige meiner liebsten:

- **Mehr Klarheit:** Tagebuch zu führen wird Ihnen helfen, Ihre Vergangenheit und Ihre aktuellen Lebensumstände klar zu sehen und zu verstehen, damit Sie sich den kommenden Herausforderungen besser stellen können. Gleichzeitig können Sie dabei Ideen sammeln, Prioritäten setzen und Ihre Handlungen jeden Tag besser planen, damit Sie Ihre Zukunft besser gestalten können.

- **Überblick über Ihre Ideen:** Schreiben Sie Ihre Ideen auf! Dadurch halten Sie sie fest und können sie besser ordnen und ausbauen. Außerdem können Sie dadurch die wichtigen Ideen nicht verlieren, die Sie in einem kommenden passenden Moment umsetzen wollen.

- **Lernen durch Wiederholung:** Ein Tagebuch ist der perfekte Platz, um das festzuhalten, zu reflektieren und zu wiederholen, was Sie gelernt haben, sei es durch Erfolge oder durch Fehler, die Sie gemacht haben.

- **Aufzeichnung von Fortschritten:** Ihre alten Tagebücher vom letzten Jahr oder der letzten Woche noch einmal hervorzuholen und zu lesen zeigt Ihnen überdeutlich, wie viele Fortschritte Sie in der Zwischenzeit gemacht haben, was sich unglaublich positiv auswirkt. Das ist eine der angenehmsten Erfahrungen, die man machen kann. Gleichzeitig öffnet es einem die Augen und verleiht mehr Selbstvertrauen. Diese Erfahrung ist durch nichts anderes zu ersetzen.

- **Verbesserung des Gedächtnisses:** Man glaubt ja oft, dass man sich schon an alles erinnern wird, aber wenn Sie schon mal ohne Einkaufszettel im Supermarkt waren, wissen Sie, dass das einfach nicht stimmt. Wenn wir etwas aufschreiben, erhöhen wir damit die Wahrscheinlichkeit, dass wir uns daran erinnern. Und wenn wir doch etwas vergessen sollten, können wir einfach noch mal zurückblättern und es erneut nachlesen.

Wirksames Tagebuchschreiben

Diese drei einfachen Schritte helfen Ihnen dabei, mit dem Aufschreiben anzufangen oder Ihren aktuellen Schreibprozess effektiver zu gestalten:

1. Wählen Sie ein Format. Sie sollten sich vorab entscheiden, ob Sie lieber ein traditionelles Papiertagebuch führen wollen oder ob Sie besser mit einem digitalen Tagebuch zurechtkommen (auf dem Computer oder als App auf dem Handy oder Tablet). Wenn Sie sich nicht entscheiden können, probieren Sie beides einmal aus und legen Sie sich dann fest.

2. Besorgen Sie sich ein Tagebuch. Es ist nicht so, als wäre alles andere nicht auch wirksam, aber wenn es um ein „echtes" Tagebuch aus Papier geht, spricht einiges für ein hübsches, langlebiges Buch, das Sie sich auch gerne anschauen – idealerweise werden Sie es ja für den Rest Ihres Lebens behalten. Ich kaufe gern schöne, ledergebundene Bücher mit linierten Seiten, aber es ist Ihr Tagebuch, also suchen Sie sich eines aus, das Ihnen zusagt. Manche Menschen haben lieber leere Seiten, damit sie kleine Zeichnungen einfügen oder Gedankenlandkarten erschaffen können. Andere mögen Kalender mit einer Seite pro Tag, weil es ihnen hilft, bei der Stange zu bleiben.

Hier sind ein paar der beliebtesten Papiertagebücher der TMM-Facebookgruppe:

- *The Five-Minute Journal* (FiveMinuteJournal.com) ist bei Leistungsträgern sehr beliebt. Es enthält Denkanstöße für jeden Tag, zum Beispiel „Ich bin dankbar für …“ oder „Was würde diesen Tag besonders gut machen?“. Es lässt sich in fünf Minuten oder weniger ausfüllen und enthält ein Feld für den Abend, mit dem man den Tag noch einmal Revue passieren lassen kann.

- *The Freedom Journal* (TheFreedomJournal.com) enthält einen strukturierten, täglichen Prozess, der darauf ausgerichtet ist, Ihnen bei genau einer Sache zu helfen: in 100 Tagen Ihr wichtigstes Ziel zu erreichen. Erschaffen wurde es von John Lee Dumas von Entrepreneurs On Fire, speziell als Werkzeug dafür, sich ein bestimmtes Ziel nach dem anderen zu setzen und zu erreichen.

- *The Plan: Your Legendary Life Planner* wurde von Freunden von uns designt und ist ein System und Planer, der es erleichtert, Ziele zu setzen und Gewohnheiten nachzuverfolgen, wenn man sein Leben bereits im Gleichgewicht hat und sich ernsthaft der Aufgabe widmen will, die Meisterschaft über alle Lebensbereiche zu erlangen.

- *The Miracle Morning Journal* (MiracleMorningJournal.com) ist so formatiert, dass es Sie beim *Miracle Morning* unterstützt, Ihnen hilft, organisiert zu bleiben und regelmäßig Rechenschaft abzulegen, und Ihre S.A.V.E.R.S. täglich aufzuzeichnen. Sie können sich auf TMMbook.com eine Leseprobe des *Miracle Morning Journal* herunterladen und ausprobieren, ob es etwas für Sie ist.

Wenn Ihnen ein digitales Journal lieber ist, haben Sie ebenfalls viele Möglichkeiten. Hier sind einige meiner Favoriten:

- *The Five-Minute Journal* hält zusätzlich noch eine App für iPhones bereit, die das gleiche Format hat wie die Papierversion, in die Sie aber außerdem Fotos Ihrer täglichen Einträge hochladen können. Darüber hinaus schickt Ihnen die App morgens und abends hilfreiche Erinnerungen daran, dass Sie Einträge machen sollten.

- *Day One* (DayOneApp.com) ist eine sehr beliebte Tagebuch-App und eignet sich optimal für Sie, wenn Sie keine vorgegebene Struktur möchten und Wert darauf legen, so viel schreiben zu können, wie Sie wollen. In Day One finden Sie leere Seiten für Ihre täglichen Einträge. Wenn Sie also gern längere Tagebucheinträge schreiben wollen, ist diese App vielleicht genau richtig für Sie.

- *Penzu* (Penzu.com) ist ein Online-Journal, für das Sie kein iPhone, iPad oder Androidgerät benötigen. Alles, was Sie brauchen, ist ein Computer.

Am wichtigsten bei der Auswahl ist dabei natürlich, was Sie sich von einem Tagebuch wünschen und welche Funktionen es für Sie haben sollte. Wenn Ihnen keine dieser digitalen Versionen zusagt, googeln Sie einfach nach „Online-Journal" oder suchen Sie in Ihrem App-Store nach einem „Tagebuch". So bekommen Sie eine breite Auswahl an Möglichkeiten.

3. Schreiben Sie täglich. Ich halte zwei Dinge in meinem Tagebuch fest: meine Gedanken und meine Ziele. Wenn ich mich morgens zum Schreiben hinsetze und mein Gehirn schon sehr fleißig war – je nachdem, was gerade sonst im meinem Leben passiert – schreibe ich viel oder eben nur wenig. Meistens schreibe ich ein bis zwei Seiten und brauche dafür fünf bis dreißig Minuten, je nach Tagesform.

Es gibt fast unendlich viel, über das Sie schreiben können – Notizen zu dem Buch, das Sie gerade lesen, eine Liste der Dinge, für die Sie dankbar sind, oder Ihre obersten drei bis fünf Prioritäten für den Tag sind ein guter Anfang. Schreiben Sie alles auf, was dafür sorgt, dass Sie sich gut fühlen und dass Ihr Tag optimal verläuft. Machen Sie sich dabei keine Gedanken um Grammatik, Rechtschreibung oder Zeichensetzung. Ihr Tagebuch ist ein Raum für ungebremste Phantasie. Also legen Sie Ihrem inneren Kritiker einen Maulkorb an und überarbeiten Sie nichts – schreiben Sie einfach drauflos!

Passen Sie die S.A.V.E.R.S. Ihren Bedürfnisse an

Ich weiß, an manchen Tagen werden Sie es nicht schaffen, einen ganzen *Miracle Morning* auf einmal zu machen. Teilen Sie die Life S.A.V.E.R.S. also ruhig so auf, wie es Ihnen am besten passt. Ich möchte ein paar Ideen mit Ihnen teilen, die Ihnen helfen, die Life S.A.V.E.R.S. genau auf Ihren Zeitplan und Ihre Bedürfnisse abzustimmen. Ihre aktuelle Morgenroutine erlaubt Ihnen vielleicht nur eine sechs, zwanzig oder dreißig Minuten lange Variante des *Miracle Morning*, aber Sie können sich auch vornehmen, am Wochenende eine längere Version zu machen. Der sechzig Minuten lange *Miracle Morning* mit den Life S.A.V.E.R.S. hat für viele Menschen diese oder eine ähnliche Struktur:

Stille: 10 Minuten
Affirmationen: 5 Minuten
Visualisierung: 5 Minuten
Bewegung: 10 Minuten
Lesen: 20 Minuten
Schreiben: 10 Minuten

Sie können auch die Reihenfolge abändern, wenn Sie wollen. Ich zum Beispiel setze gleich nach meiner Stillezeit den Wasserkocher auf und beginne dann zu schreiben. Danach lese ich gerne erst mal meine Ziele durch, was Teil meiner Leseroutine darstellt. Den Rest meiner Lesezeit verbringe ich mit einem Buch. Und erst dann treibe ich Sport.

Hal dagegen fängt seinen Tag am liebsten mit einer Weile friedlicher, zielgerichteter Stille an, damit er langsam aufwachen, seine Gedanken sammeln und seine Energie konzentrieren kann.

Denken Sie daran, der *Miracle Morning gehört ganz Ihnen*. Probieren Sie ruhig verschiedene Abfolgen aus, um die zu finden, die am besten zu Ihnen passt. Der beste *Miracle Morning* ist nämlich einer, den man auch macht.

Abschließende Gedanken zu den Life S.A.V.E.R.S.

Alles ist so lange schwer, bis es einfach wird. Jede neue Erfahrung ist so lange unbequem, bis wir uns daran gewöhnen. Je länger Sie die Life S.A.V.E.R.S. anwenden, desto natürlicher und normaler werden sie sich anfühlen. Als Hal zum ersten Mal versuchte zu meditieren, hätte er beinahe gleich wieder das Handtuch geworfen, weil seine Gedanken rasten wie ein Rennwagen und völlig unkontrolliert von einem Thema zum nächsten sprangen. Heute liebt er Meditation, und auch wenn er immer noch kein Meister darin ist, sagt er, dass er nicht schlecht darin ist.

Mir ging es so ähnlich, als ich mit den *Miracle-Morning-Affirmationen* anfangen wollte. Ich musste mir ein paar aus *The Miracle Morning* klauen, bevor ich den Mut fand, ihnen meine eigenen Affirmationen hinzuzufügen. Mit der Zeit begegneten mir immer mehr Dinge, die ich als tiefschürfend empfand, also fügte ich sie meinen Affirmationen hinzu und passte den Rest, den ich schon hatte, auf mich an. Mittlerweile sind meine Affirmationen alle sehr bedeutend für mich persönlich und sie täglich aufzusagen ist viel wirksamer als am Anfang.

Ich empfehle Ihnen, sofort mit den Life S.A.V.E.R.S. anzufangen, damit Sie sie so schnell wie möglich als bekannt und bequem empfinden können. Damit haben Sie schon einen Vorsprung, wenn Sie die 30-Tage-*Miracle-Morning-Herausforderung* in Kapitel 13 beginnen.

Der 6-Minuten-Miracle-Morning

Wenn es trotzdem noch Ihr größtes Problem ist, genug Zeit für einen *Miracle Morning* zu finden, kann ich Ihnen helfen. Der *Miracle Morning* lässt sich nämlich problemlos herunterbrechen, bis er in die Zeitspanne passt, die Sie zur Verfügung haben. Sie können in nur sechs Minuten einen ganzen *Miracle Morning* schaffen und von allen Vorzügen der Life S.A.V.E.R.S. profitieren. Ich würde Ihnen zwar nicht empfehlen, Ihren *Miracle Morning* jeden Tag in sechs Minuten zu absolvieren, aber für diese Tage, an denen man rein gar keine Zeit hat, ist es eine tolle Abkürzung, jeden der S.A.V.E.R.S. eine Minute lang zu machen:

- Minute eins (S): schließen Sie die Augen und gönnen Sie sich einen Moment friedlicher, zielgerichteter Stille, um den Kopf klar zu bekommen und Ihre Mitte für den Tag zu finden.

- Minute zwei (A): Lesen Sie Ihre wichtigste Affirmation laut vor, um zu verstärken, was Sie erreichen wollen, warum es Ihnen wichtig ist, was Sie tun müssen, um es zu erreichen und – vor allem – wann Sie die entsprechenden Handlungen genau vornehmen werden.

- Minute drei (V): Visualisieren Sie, wie Sie die wichtigste Herausforderung des kommenden Tages problemlos meistern, und beschränken Sie sich dabei auf diese eine.

- Minute vier (E): Stehen Sie auf und machen Sie 50 bis 60 gute, altmodische Hampelmänner oder legen Sie sich hin und machen Sie so viele Liegestütze und/oder Rumpfbeugen, wie Sie können –

Hauptsache, Sie regen damit Ihren Puls an und bringen Ihren Körper in Schwung.

- Minute fünf (R): Schnappen Sie sich das Buch, das Sie gerade lesen, und lesen Sie einen Absatz oder eine Seite.

- Minute sechs (S): Nehmen Sie Ihr Journal zur Hand und notieren Sie eine Sache, für die Sie dankbar sind und ein wichtiges Ziel für den kommenden Tag.

Jetzt sehen Sie sicher schon, wie die S.A.V.E.R.S. Sie schon in nur sechs Minuten auf den Tag vorbereiten können – und falls Sie später noch einmal die Gelegenheit haben, sich um einen oder mehrere S.A.V.E.R.S. zu kümmern, können Sie es ja immer noch nachholen. Die Sechs-Minuten-Übung ist auf jeden Fall eine tolle Methode, eine Art Mini-Gewohnheit aufzubauen, die Ihnen auch an einem gestressten Morgen Selbstsicherheit, bessere Laune und einen höheren Energielevel verleiht.

Eine andere Mini-Gewohnheit, die Sie sich zu eigen machen können, ist vorerst mit nur einem der Life S.A.V.E.R.S. anzufangen und nach und nach die anderen fünf hinzuzufügen, wenn Sie anfangen, sich daran zu gewöhnen, früher aufzuwachen. Denken Sie daran, dass das Ziel ist, Ihnen mehr Zeit zu verschaffen, in der Sie an Ihren persönlichen Zielen und Ihrer Geisteshaltung arbeiten können. Wenn Sie sich also überfordert fühlen, kann das Ganze nicht funktionieren. In einer solchen Situation sollten Sie auf keinen Fall vergessen, dass es *viel wichtiger ist, überhaupt etwas zu tun, als etwas besonders lange zu tun.* Gewöhnen Sie sich an, sich überhaupt Zeit für sich selbst zu nehmen, und weiten Sie die Gewohnheit mit der Zeit immer weiter aus.

Mein persönlicher *Miracle Morning* ist inzwischen zu einem täglichen Erneuerungs- und Inspirationsritual geworden, das ich liebe. Selbst die verkürzte Version, die nur ein paar Minuten dauert, ist besser, als es ganz auszulassen.

Mit den S.A.V.E.R.S. haben wir Ihnen jetzt alle Werkzeuge an die Hand gegeben, die Sie brauchen, um zum Morgenmenschen zu werden. Sie verstehen, wie wichtig die Morgenstunden sind, Sie wissen, wie Sie früher aus den Federn kommen und Sie haben gelernt, was Sie mit der neu gefundenen Zeit am Morgen anfangen können.

Jetzt wird es Zeit, einen Gang hochzuschalten. Im Teil II werden wir das Warum und Wie des Frühaufstehens hinter uns lassen und uns den Grundsätzen und Methoden zuwenden, die besonders wichtig sind, wenn Sie Millionär werden wollen.

Morgenmillionäre

Ich stehe jeden Morgen um halb fünf auf, führe meine drei Hunde Gassi und treibe Sport. Gegen Viertel vor sechs koche ich in einer 8-Tassen-Cafétière von Bodum Kaffee für meine Frau und mich. Zuhause ist das mit Abstand die beste Methode, guten Kaffee zu kochen.

HOWARD SCHULZ, Vorstandsvorsitzender von Starbucks

TEIL II:

WAS MACHT SIE ZUM MILLIONÄR?

Sechs Methoden zum Wohlstandsaufbau

für zukünftige Millionäre

4. LEKTION I: DIE ZWEI TÜREN

Wählen Sie Wohlstand

Die meisten von uns haben zwei Leben.
Unser äußeres Leben und das ungelebte Leben in unserem Inneren.

STEVEN PRESSFIELD
Autor von *The War of Art*

Stellen Sie sich vor, Sie machen bei einer Gameshow mit.

Nachdem Sie sich bis ins Finale durchgeschlagen und alle Ihre Kontrahenten ausgeschaltet haben, stehen Sie jetzt vor der Tür, hinter der der Hauptpreis wartet. Die Zuschauer im Studio, die Sie die ganze Zeit lautstark angefeuert haben, sind leise und gespannt. Jetzt gibt es nur noch Sie, den Moderator und die letzte Aufgabe.

Der Moderator greift zum Mikrofon. „Willkommen im Finale", legt er los. „Es war ein langer Weg bis hierher, aber Sie haben es geschafft. Wenn Sie jetzt noch diese letzte Aufgabe schaffen, gehört Ihnen unser großer Hauptpreis: Wir bezahlen all Ihre Schulden und Sie bekommen eine Million Euro. Sie müssen nicht einmal Steuern dafür bezahlen."

Wow, geht es Ihnen durch den Kopf. *Genau davon habe ich immer geträumt.*

„Wenn Sie diese Runde gewinnen", fährt der Moderator mit einer dramatischen Geste fort, „dann sind Sie *Millionär*!"

Aus dem Zuschauerraum braust tosender Applaus. Dann verdunkeln sich die Scheinwerfer und auf der Bühne hebt sich ein Vorhang.

Im Licht von zwei Spotlights sehen Sie zwei Türen.

Nervöses Flüstern brandet durchs Publikum.

„Hinter einer dieser Türen erwartet Sie der große Hauptpreis", verkündet der Moderator.

Super, denken Sie. *Die Chance ist fifty-fifty. Das kann ich schaffen.*

Sie öffnen den Mund, um etwas zu sagen, aber der Moderator fällt Ihnen ins Wort. „Warten Sie! Das ist noch nicht alles."

Sie fragen sich, *was jetzt noch kommen könnte.*

Trommelwirbel.

Der Moderator deutet mit großer Geste auf eine der beiden Türen. „Der Hauptpreis wartet … *links*!" Lichter blinken. Musik ertönt. Die Zuschauer überschlagen sich schier vor Begeisterung.

Als sich der Saal wieder etwas beruhigt, sind Sie dran. „Ähm", sagen Sie leise, „haben Sie mir gerade *verraten*, welche der Türen ich wählen soll?"

„Genau", sagt der Moderator und strahlt Sie an.

„Also … muss ich mich einfach nur dafür entscheiden?"

„Das ist richtig“, antwortet der Moderator. „Wenn Sie Millionär werden wollen, müssen Sie sich *nur dafür entscheiden.*“

Ungefähr jetzt sollte Ihr Wecker klingeln und Sie aus diesem ziemlich schrägen Traum aufwecken.

Aber so seltsam es auch klingen mag, das ist genau die Wahl, die Sie und alle anderen haben. Die gleiche Wahl, vor der auch jeder Millionär einmal stand, der sich sein Vermögen selbst erwirtschaftet hat. Genau wie Sie musste er sich einer Entscheidung stellen, die gar nicht so unähnlich ist wie die in unserer fiktionalen Gameshow. Eine Entscheidung, die letzten Endes auf diese eine Frage hinausläuft: *Wollen Sie reich werden oder nicht?*

Was am Anfang Ihrer Reise entscheidend ist, ist nämlich nicht, was hinter der Tür wartet. Es ist die bewusste *Entscheidung.*

Ihr anderes Leben: Der Weg, den Sie (noch) nicht gegangen sind

Die meisten Menschen leben ihr ganzes Leben auf der falschen Seite einer tiefen Kluft zwischen dem, was sie sind und dem, was sie *werden* können.

Diese Trennlinie schmerzt uns oft. Tief drinnen wissen wir, dass wir mehr erreichen können – dass wir mehr tun, sein und haben können.

Was uns daran schmerzt, ist nicht die Tatsache, dass wir zum Beispiel nicht reich sind, sondern dass wir wissen, dass wir es sein *könnten.* Dieses unerfüllte Potenzial frustriert uns.

Und diese Frustration wiederum führt dazu, dass wir viel zu viel Zeit darauf verschwenden, darüber nachzudenken, was wir tun sollten, um unsere Ziele zu erreichen, und uns nicht genug Zeit dafür nehmen, diese Dinge a*uch zu tun.* Wir wissen nicht selten genau, was wir tun müssten. Wir *handeln* nur nicht konsequent nach dem, *was wir wissen.*

In solchen Fällen ist es leicht zu glauben, es gäbe ein Geheimnis, das wir einfach nicht kennen. Wenn Sie sehen, wie andere Höchstleistungen erbringen, kann es sich so anfühlen, als wüssten alle anderen Bescheid, als wüssten sie etwas, das Sie selbst nicht wissen. Es muss doch einfach eine Abkürzung geben, eine Methode oder eine unerschöpfliche Quelle der Willenskraft, aus der diese Menschen schöpfen, die Sie selbst aber niemals besitzen werden.

Das ist nicht wahr.

Meiner Erfahrung nach ist der Hauptunterschied zwischen Millionären und allen anderen, dass *die Millionäre sich aktiv dafür entschieden haben, wohlhabend zu sein*. Das ist der erste Schritt, mit dem Sie die Kluft zwischen Ihrer aktuellen finanziellen Situation und der, die Sie sich wünschen, überwinden können: *Entscheiden Sie sich!*

Das „Geheimnis“, wenn es denn eines gibt, ist, dass diese Entscheidung nicht das bedeutet, was Sie glauben.

Wählen, nicht wollen

Kürzlich baten mich ein paar Freunde um Rat. Sie wollten in Immobilien investieren, um Geld zu verdienen, und dachten, ich hätte vielleicht ein paar Ratschläge parat.

Ich kenne mich ziemlich gut mit solchen Sachen aus. Das Vermögen, das ich mir aufgebaut habe, basiert größtenteils auf Immobilien. Ich habe daraus ein Unternehmen gemacht, das jedes Jahr Abschlüsse im Wert von Milliarden Dollar tätigt.

Meine Freunde hatten im Lauf der Zeit 70.000 Dollar Startkapital angespart und wollten sich jetzt auf die Reise zum Wohlstand machen, indem sie 35.000 davon für ein Seminar ausgeben wollten, das ihnen beibringen sollte, „Immobilien zu kaufen, zu sanieren und weiterzuverkaufen", wie sie es mir erklärten.

Und jetzt standen sie bei mir in der Küche und fragten mich, was ich von einem solchen Programm halte.

Ich wusste aber, dass sie eigentlich etwas ganz anderes wissen wollten. Meine Freunde hatten etwas mit fast allen anderen Bewohnern dieses Planeten gemeinsam: Sie *wollten* reich sein. Sie wollten Millionäre sein. Was sie mich also wirklich fragen wollten, war: „Wie kann ich reich werden, ohne allzu viel dafür tun zu müssen?"

Ich nehme mal an, Sie kennen die Antwort.

Meine Freunde sind sehr nette Menschen. Und sie wollen wirklich gern reich werden. Leider fehlt ihnen das, was fast alle Millionäre gemeinsam haben: *Sie haben sich nicht entschieden*, reich zu werden.

Damit sind sie nicht allein. Viele Leute, die glauben, dass sie gern Millionäre wären, *wünschen sich das gar nicht wirklich*. „Ich werde reich" ist eine ganz andere Aussage als „Ich will reich werden". Beim Wollen geht es um das Ergebnis. Es hat viel mit Träumen und Lottospielen zu tun. Man stellt sich immer wieder auf die Plätze, aber man ist nie fertig und prescht schon gar nicht los.

Sich zu entscheiden bedeutet, eine Wahl zu treffen, zu planen und zu handeln. Auf dem Weg zum Reichtum kann jedes dieser drei Elemente ab und zu schwierig werden. Man muss schwere Entscheidungen treffen. Schwierige Pläne schmieden. Und viele, viele Dinge tun, die einem nicht leichtfallen.

Aber in jedem dieser Momente treffen Sie eine Entscheidung. Sie können jeden Morgen aufwachen und das tun, was Sie immer machen, oder Sie können sich dafür entscheiden, reich zu werden. Sie können immer wieder

Entscheidungen treffen, die Sie zum Wohlstand führen oder solche, die nur weiter ausdrücken, dass Sie gerne reich wären.

Wollen ist wünschen, nichts weiter. *Sich zu entscheiden* ist der erste Schritt auf dem Weg zum zielführenden Handeln.

Reich werden zu wollen ist der Grund, warum Menschen ihr Geld in Programmen zum schnellen Geldverdienen verpulvern. Meine Freunde hatten 70.000 Dollar angespart und wollten jetzt jemandem *die Hälfte* davon geben, damit er ihnen beibringt, wie man Immobilien kauft und gewinnbringend weiterverkauft. Stattdessen hätten sie einfach jeden Tag ein bisschen früher aufstehen und drei gute Bücher über den Handel mit Immobilien lesen können – kostenlos oder zumindest für relativ kleines Geld.

Im Zusammenhang mit dem *Wunsch nach Reichtum* ist es nur der Versuch, schnell und einfach reich zu werden, wenn man jemandem viel zu viel Geld für Informationen bezahlt, die man auch umsonst haben könnte, nicht mehr und nicht weniger.

Im Zusammenhang mit der *Wahl des Reichtums* sieht die Sache etwas drastischer aus: Jemandem die Hälfte seines Kapitals für etwas zu überlassen, das man auch umsonst oder sehr günstig bekommen könnte, ist hier bekannt als *50 Prozent seines Geldes verlieren.*

Der Wunsch nach Reichtum treibt viele unerfahrene Anleger dazu, an der Börse Tagesgeschäfte machen. Sie glauben, das wäre der einfache Weg. Wer sich nur wünscht, reich zu werden, kann sein Geld genauso gut in einen einarmigen Banditen stecken oder einen Lottoschein kaufen.

Meine Freunde wollten nicht durch Immobilienhandel reich werden – zumindest noch nicht. Sie wollten, dass ihnen jemand verrät, wie man ohne viel Aufwand Geld verdient. Sie wollten das „Geheimnis" erfahren, wie man erfolgreich mit Immobilien handelt. Damit konnte ich ihnen leider nicht dienen. Und das kann auch sonst niemand.

Was ich ihnen aber sagen konnte, und was ich jetzt auch Ihnen sage, ist, dass Reichtum früh morgens anfängt. Reichtum beginnt in dem Moment, wenn Sie morgens die Augen aufschlagen und sich jeden Tag aufs Neue entscheiden, dass Sie zumindest einen Teil Ihrer Zeit, Ihrer Energie und Ihrer Ressourcen darauf verwenden werden, reich zu werden.

Das ist kein Geheimnis und auch keine Abkürzung.

Es ist keine besondere Technik. Das sind alles Anzeichen, dass *man sich wünscht*, reich zu sein, sich aber nicht dafür entschieden hat.

Aber wie sieht eine solche Entscheidung aus? Schließlich sollten Sie genau wissen, worauf Sie sich einlassen, wenn Sie bei unserer Gameshow die Tür mit der Million wählen.

Entscheidung 1: Vermögen aufbauen

Zunächst müssen wir das Wort *Millionär* einmal näher bestimmen.

Im Gegensatz zu dem, was viele Leute glauben, macht es nicht zwangsläufig reich, *viel Geld zu verdienen*. Es schadet sicher nicht, aber nicht einmal ein Gehalt von über einer Million Euro im Jahr macht einen zum Millionär.

In der Klatschpresse können Sie jede Menge Geschichten über Sportler und Stars lesen, die im Lauf ihrer Karriere viele Millionen verdienten, heute aber komplett pleite sind.

Wenn Sie im Jahr eine sechsstellige Summe verdienen, aber das zehnfache davon an Schulden für Ihre Immobilienfinanzierung und Ihre Kreditkartenabrechnungen haben, und wenn Sie sonst nichts besitzen, *dann sind Sie kein Millionär.*

Ein Millionär ist man nur dann, wenn man über eine Million Euro in Aktivposten besitzt.

Wenn Sie es noch ein bisschen genauer wissen wollen: Die Zahl, die Sie anpeilen sollten, ist eine Million Euro NIPR (Not Including Primary Residence, also ohne Ihren Hauptwohnsitz). Da Sie ja immer ein Dach über dem Kopf brauchen, ist es schlauer, sich ein Vermögen aufzubauen, bei dem Ihr Zuhause nicht mitzählt.

Was wir in diesem Buch mit „Millionär" meinen

Es wird jeden Tag jemand zum Millionär.

Viele Angehörige der Mittelschicht schaffen es einfach nur, indem sie sparen und investieren.

Wenn Sie ganz passiv zum Millionär werden wollen, reicht es, wenn Sie Ihr Gehalt voll ausnutzen, sparsam leben und jeden Euro, den Sie übrig haben, investieren. Dann schaffen Sie es mit der Zeit auch.

In diesem Buch geht es aber nicht um passives Investieren. Der *Miracle Morning* soll Ihnen dabei helfen, das Steuer selbst in die Hand zu nehmen. Sie müssen nicht früh aufstehen, um Ihr aktuelles Gehalt voll zu nutzen – dafür reicht schon ein Anruf in der Personalabteilung oder bei Ihrem Finanzberater. Dieses Buch soll Sie aktiv machen, nicht passiv.

In diesem Buch geht es darum, täglich etwas zu tun. Folglich bedeutet es auch, zu handeln, wenn man sich entscheidet, Millionär zu werden:

- Gründen Sie eine Firma oder helfen Sie einer bestehenden beim Wachsen.
- Investieren Sie in Immobilien oder ein anderes Gebiet, das Ihnen vielversprechend erscheint.
- Behalten Sie Ihren Job, aber fangen Sie eine Nebentätigkeit an, die Sie mit der Zeit zu einem eigenen Unternehmen ausbauen können.

Wenn Sie Ihr Vermögen langsam und mit traditionellen Mitteln aufbauen wollen, ist das völlig in Ordnung. Nutzen Sie Ihren Morgen jeden Tag dafür. Aber in diesem Buch wollen wir noch einen Schritt weiter gehen.

Die erste Entscheidung auf dem Weg zum Millionär ist es, *sich zu entscheiden, ein Vermögen aufzubauen.*

Entscheidung 2: Strategisch denken

Im zweiten Kapitel haben wir Ihnen einen fünfstufigen Prozess vorgestellt, der Ihnen hilft, früher aufzustehen. Viele tausend Menschen haben ihn bereits verwendet, um ihren inneren Schweinehund zu überwinden. Der Prozess ist aus genau einem Grund so wirkungsvoll: Er besteht aus einer Reihe von Tätigkeiten, die nur ein Ziel haben. Er wurde geschaffen, um Ihnen aus den Federn zu helfen, indem er Ihre Motivation steigert. Insofern ist der Prozess das Gegenteil davon, den Wecker zu stellen und das Beste zu hoffen.

Das wäre ein Wunsch. Der Prozess ist eine *Entscheidung.*

Wenn Sie sich *entscheiden*, reich zu werden, werden Sie schnell etwas merken. Am Anfang ist es vielleicht noch leise und subtil, aber mit der Zeit werden Sie feststellen, dass *all Ihre Entscheidungen und Taten vor dem Hintergrund stattfinden, dass Sie ein Vermögen aufbauen wollen.* Sobald Sie die erste Entscheidung getroffen haben, Ihr Geld zu vermehren, werden Sie beginnen, alles, was Sie tun, durch diese Brille zu sehen. Das bedeutet aber auch, dass Sie anfangen werden, strategischer über Ihr Leben und Ihr Geld zu denken.

Lassen Sie mich ein Beispiel geben. Stellen Sie sich vor, Sie hätten sich nicht zum Ziel gesetzt, Millionär zu werden, sondern einen schlanken und gesunden Körper zu bekommen. Wenn Sie dieses Ziel komplett verinnerlicht hätten, sich also dafür entschieden hätten, statt es sich *nur zu wünschen*, müsste sich Ihre ganze Denkweise dadurch verändern.

- Wenn Sie einkaufen gehen, müssten auf dem Einkaufszettel mehr gesunde Lebensmittel stehen.

- Wenn Sie die Wahl haben, zu Fuß zu gehen, statt das Auto zu nehmen, würden Sie Schusters Rappen vorziehen.

- Wenn Sie morgen früh aufwachen, wäre Ihr erster Gedanke: „Nein, es ist gesünder, aufzustehen und mich zu bewegen."

Wenn Sie sich ganz der Vision eines gesünderen Lebens verschrieben hätten, müssten Sie anfangen, alle weiteren Entscheidungen, die Sie im Leben treffen, anders zu sehen.

So ähnlich verhält es sich auch, wenn Sie *sich entschieden haben,* Millionär zu werden: Sie betrachten alles aus diesem Blickwinkel.

Wenn Sie darüber nachdenken, sich ein Haus zu kaufen, entscheiden Sie sich vielleicht für eines mit einer zusätzlichen Wohnung, die Sie vermieten können, um die Kosten zu senken und mehr Geld für Investitionen übrig zu haben.

Wenn Sie die Wahl haben, einen Neuwagen zu leasen, den Sie sich gerade so leisten können, oder ein älteres Auto zu fahren, richtet sich Ihre Entscheidung nach dem, was besser zu Ihrem Plan passt, reich zu werden, und nicht nach dem, was Ihre Nachbarn fahren.

Und wenn Sie morgens aufwachen, denken Sie: „Nein, ich schlafe jetzt nicht aus. Es macht mich reicher, aufzustehen und an meinem Plan zu arbeiten, wie ich Millionär werde."

Ebenso, wie Sie Ihre Denkweise verändern müssen, wenn Sie gesünder leben wollen, müssen Sie strategisch vorgehen, wenn Sie sich entscheiden, Millionär zu werden. Sie müssen Ihr Leben durch eine neue Brille betrachten. Vermögensaufbau muss zu einer Priorität werden.

Entscheidung 3: Investieren

Für viele Menschen sieht es recht einfach aus, reich zu werden. Sie denken: *Wenn ich nur sparsam genug bin und hart genug arbeite, habe ich bestimmt irgendwann eine Million Euro zusammen.*

Für diese Leute bedeutet Millionär zu sein, eines Tages in sein Sparbuch zu schauen und dort eine siebenstellige Summe vorzufinden. Das ist alles.

In Wirklichkeit ist es jedoch sehr schwer, durch reines Ansparen reich zu werden. Es ist möglich, wenn man genug verdient, aber dann hat man in aller Regel auch einen etwas teureren Lebenswandel.

Tatsächlich müssen Sie Ihre Ressourcen *für sich arbeiten lassen.* Investieren Sie Ihr Geld, Ihre Zeit und Ihre Energie auf Arten, die Ihnen ein *Vielfaches* Ihres Einsatzes zurückbringen.

Geld auf dem Sparbuch vermehrt sich nicht (oder zumindest nicht sehr schnell). Es wird nur dann mehr, wenn Sie neues Geld dazulegen. Länger zu arbeiten verschafft Ihnen nicht mehr Zeit, es bedeutet nur, dass Sie weniger Zeit für Ihr Zuhause, Ihre Familie und Ihre Freunde haben.

Die Reichen entscheiden sich für Dinge, *die ihren Einsatz multiplizieren.* Sie entschließen sich dafür, das, was sie haben, einzusetzen: es zu investieren, Mitarbeiter einzustellen und ihre Zeit so zu verwenden, dass sie das Beste daraus machen.

Dazu finden Sie weiter hinten im Buch noch ein ganzes Kapitel. Für den Augenblick reicht es, dass Sie mit dem *Miracle Morning* bereits eine der bestmöglichen Methoden gefunden haben, Ihre Zeit gewinnbringend einzusetzen.

Sie haben schon damit angefangen, als Sie dieses Buch aufgeschlagen haben.

Entscheidung 4: Sich verändern

Es ist schon fast ein Klischee, aber ich sage es trotzdem noch einmal: *Das, was Sie hierher gebracht hat, wird Sie nicht dorthin bringen, wo Sie sein wollen.*

Es ist nämlich immer noch wahr und wert, näher betrachtet zu werden.

Wie Sie heute leben – Ihre Arbeit, Ihre Gesundheit, Ihre Beziehungen zu anderen Menschen und Ihre Finanzen – ist das Resultat von Entscheidungen, die Sie in der Vergangenheit getroffen haben.

Ihre aktuelle Arbeitsstelle haben Sie, weil Sie sich irgendwann einmal dafür *entschieden* haben. Und, ob Sie es wahrhaben wollen oder nicht, weil Sie sich seither jeden Tag erneut dafür entscheiden.

Sie können sich einreden, dass Sie die Arbeit, die Sie machen, machen *müssen*, aber in Wahrheit *müssen Sie es gar nicht*. Es ist eine Entscheidung.

Haben Sie vielleicht ein paar Kilo zu viel auf den Rippen?

Das liegt daran, dass Sie in den letzten Tagen, Wochen, Monaten und Jahren Tausende von kleinen *Entscheidungen* getroffen haben, die Sie an diesen Punkt gebracht haben.

Was ist mir Ihrem Partner oder Ihrer Partnerin, oder mit Ihren engsten Freunden und Freundinnen? Alles Menschen, für die Sie sich *entschieden* haben.

Ihre Möbel, die Lebensmittel in Ihrem Kühlschrank, der Wagen, den Sie fahren. Alles *Entscheidungen*. Sie resultieren alle ausschließlich aus Ihrem Verhalten in der Vergangenheit.

Das Gleiche gilt für Ihr Vermögen.

Wenn Sie noch nie auch nur einen Groschen gespart haben, ist das eine Entscheidung. Wenn Sie zehn Prozent Ihres Einkommens angespart haben, statt fünfzehn, ist das eine Entscheidung. Wie Sie investieren oder nicht investieren, Jahr für Jahr … alles Entscheidungen.

Wenn Sie sich umschauen, stellen Sie fest, dass alles, *was Sie gerade umgibt, das Ergebnis dessen ist, wie Sie in der Vergangenheit gedacht, entschieden und gehandelt haben.*

Daran ist nichts besonders esoterisch oder versponnen. Es ist einfach eine Frage von Ursache und Wirkung. Sie haben Dinge geglaubt und gedacht und auf Arten gehandelt, die so gut wie alles erschaffen haben, was jetzt unmittelbar vor Ihnen liegt.

Das alles zeigt uns Folgendes: Wenn Sie in der *Gegenwart* nicht reich sind, liegt das zum größten Teil an Ihrem Denken und Handeln in der *Vergangenheit.*

Wenn Sie allerdings in *Zukunft* reich werden wollen, müssen Sie die Art, wie Sie denken und handeln, ändern – ab sofort und dauerhaft. Sie kennen ja bestimmt die Definition von Wahnsinn: immer wieder das Gleiche zu tun, aber jedes Mal ein anderes Ergebnis zu erwarten.

Ich möchte in aller Deutlichkeit sagen, dass das nicht nur ein Lippenbekenntnis ist. Wenn Sie sich seit einem Jahr jeden Tag anders verhalten hätten, wie stark hätte Ihr Leben sich dadurch verändert?

- Hätten Sie den gleichen Körper?
- Hätten Sie die gleiche Arbeit?
- Hätten Sie gleich viel *Geld*?

Wenn Sie Millionär werden wollen, ist die wichtigste Entscheidung, die Sie treffen können – und damit auch die, die für den Rest dieses Buches unser Kernthema darstellt – dass Sie sich dafür entscheiden, *sich zu verändern.*

Natürlich ist es nicht leicht, sich zu ändern. Fragen Sie irgendwen, wie es mit seinen guten Vorsätzen für das neue Jahr aussieht. Wahrscheinlich können Sie in dieser Hinsicht auch vor der eigenen Haustür kehren. Ich habe selbst auch schon jede Menge hochtrabender Pläne geschmiedet, wie ich mich verändern wollte, die aber nicht funktioniert haben. Aber die Pläne, die ich *umsetzen* konnte, waren die, für die ich mich fest entschieden habe.

Die vier oben aufgeführten Entscheidungen passieren nicht nur einmal. Sie werden sich jeden Tag aufs Neue dafür entscheiden müssen. Das ist der Preis, den Sie für Ihren Reichtum bezahlen müssen.

- Sie können nicht Ihr ganzes Geld ausgeben oder nur wenig verdienen und hoffen, dass Sie ein Vermögen aufbauen.

- Sie können nicht erwarten, dass Sie reich werden, wenn Sie Ihr ganzes Geld auf einem Sparbuch sammeln.

- Sie werden auch nicht reich, wenn Sie Entscheidungen treffen, bei denen Sie außer Acht lassen, dass Sie ein Vermögen aufbauen wollen.

- Und Sie können nicht erwarten reich zu werden, *ohne sich zu verändern.*

Diese Entscheidungen werden Ihnen nicht immer leichtfallen. Aber Sie können es schaffen. Sie haben genauso gute Chancen, diese Entscheidungen zu fällen und durchzuhalten wie jeder andere auch.

Warum Millionär? Wie Sie sich bei der Stange halten

Viele Menschen sagen: „Geld ist die Wurzel allen Übels." Das ist falsch.

Ich meine das nicht moralisch. Ich meine damit, dass sie das Zitat falsch verwenden. Es handelt sich dabei um einen Bibelvers – 1. Buch Timotheus

6:10, um genau zu sein – und der lautet eigentlich: „Denn eine Wurzel alles Bösen ist die Geldliebe, nach der einige getrachtet haben und von dem Glauben abgeirrt sind und sich selbst mit vielen Schmerzen durchbohrt haben."

Wenn man nur das Geld liebt, wenn man nichts anderes will als Geld, und wenn man nur um des Reichtums willen reich werden möchte, dann wird das sicherlich nichts.

Klar, man kann so eine Menge Geld verdienen. Und natürlich kann man es auch genießen. Aber wenn Sie nicht noch etwas mehr auf Lager haben, als dass Sie Geld lieben, dann müssen Sie auf dem Weg dorthin einige wichtige Brücken hinter sich abbrechen. Brücken wie Ihre Gesundheit oder Beziehungen zu anderen Menschen. Und am Ende Ihres Lebens werden Sie sich verzweifelt wünschen, Sie hätten noch mehr dieser Brücken.

Was ich damit sagen will: Nichts führt so schnell zu negativen Ergebnissen, wie dem Geld hinterherzujagen, *ohne einen Grund* dafür zu haben.

Ich selbst war nie hinter dem Geld her. Ich mag Geld, aber für mich war die Herausforderung immer wichtiger. Einfach, weil sie da war, wie der Mount Everest. Wie ein Berg.

Geld ist ein nettes Nebenprodukt eines Lebens, das ganz darauf ausgerichtet ist, sich Herausforderungen zu stellen, an ihnen zu wachsen und Dinge zu tun, die einem morgens helfen, hochmotiviert aus dem Bett aufzuspringen. Geld ist ein Werkzeug, ein Mittel – kein Selbstzweck.

Kann mehr Geld Sie glücklich machen? Mit Sicherheit. Glück bedeutet ja unter anderem, ein erfülltes und interessantes Leben zu führen, und das ist zum Teil von wirtschaftlichen Faktoren abhängig. Wenn es einen tieferen Sinn hat, glaube ich daran, dass ein Leben in finanziellem Wohlstand erfüllter ist als ein Leben ohne Reichtum. Das gilt aber nur, wenn dieser Wohlstand auch aus den richtigen Gründen entsteht.

Das Problem mit den richtigen *Gründen* ist natürlich, dass man sie leicht aus den Augen verliert. Es ist ganz einfach, die Motivation zu vergessen, die uns zu Anfang dazu getrieben hat, ein paar Kilo abzunehmen, eine Firma zu gründen oder diese ganz besondere Person zu einem romantischen Dinner einzuladen. Deshalb brauchen Sie nicht nur einen *Anfangsimpuls*, sondern ein ganzes Netz, das Sie dabei unterstützt. Ähnlich wie die Treffen der *Anonymen Alkoholiker* oder die Wiegegruppen der *Weight Watchers*® brauchen auch Sie eine Struktur, die Sie auf Ihrem Weg zum Reichtum unterstützt.

Und diese Struktur ist der *Miracle Morning*. Die Morgenstunden sind Ihr Prüfstein, wenn es um das „Warum" geht. Sie sind eine tägliche Chance, Raum zu schaffen – Raum für Träume, für Ziele und für Optimismus. Raum, um sich daran zu erinnern, *warum* Sie sich für Reichtum entschieden haben, und was diese Entscheidung für Sie bedeutet.

Deshalb ist der Morgen besonders wichtig für Millionäre. Weil sie ohne ihn den Kontakt zu den Gründen verlieren, aus denen sie ursprünglich überhaupt reich werden wollten.

Welche Tür wählen Sie?

Da wären wir also. Die Bühne ist bereit. Sie stehen vor den beiden Türen. Sie wissen genau, was sich dahinter verbirgt.

Die Zuschauer warten auf Ihre Entscheidung.

Alles, was Sie tun müssen, ist, eine Tür zu *wählen*.

Für welche werden Sie sich entscheiden?

Morgenmillionäre

Es heißt, STEVE JOBS habe sich jeden Morgen im Spiegel angesehen und sich gefragt: „Wenn heute der letzte Tag meines Lebens wäre, wäre ich dann zufrieden mit dem, was ich heute machen werde?“

Wenn die Antwort an zu vielen Tagen hintereinander „Nein“ war, wusste er, dass sich etwas ändern musste.

5. LEKTION II: SIE ALS MILLIONÄR

Zukunftsvisionen statt blinder Flecken

Das oberste Prinzip ist, dass man sich selbst nichts vormachen darf – auch wenn man selbst die am leichtesten zu täuschende Person ist.

RICHARD P. FEYNMAN, theoretischer Physiker

Die Sache ist natürlich nicht ganz so einfach. Wenn es nur eine kleine Entscheidung dafür bräuchte, wären wir alle Millionäre.

Sind wir aber nicht. Nicht mal annähernd.

Und das liegt daran, dass die Wahl des Reichtums zwar ein wichtiger Schritt auf dem Weg zum Wohlstand ist, aber nicht der einzige. Wenn man wirklich Millionär werden will, muss man alle Schritte des Weges gehen, nicht nur *einen*.

Ich rede immer wieder mit Menschen, denen es schwerfällt, ihre finanzielle Situation zu verbessern.

Meistens höre ich dann Sätze wie:

„Ich würde ja gerne mehr verdienen, aber ich weiß nicht, wie ich es anstellen soll."

„Ich arbeite bis zur Erschöpfung, aber reich macht es mich nicht."

„Manche Leute haben einfach ein Händchen für Geld. Ich nicht."

Das kommt Ihnen wahrscheinlich zumindest teilweise bekannt vor. Und das ist okay – diese Hindernisse sind real, damit sind Sie nicht allein. Meine Antwort darauf ist jedoch immer die Gleiche: „Willkommen in der Box."

Willkommen in der Box ist natürlich nur eine Abkürzung für ein viel größeres Konzept, das meiner Meinung nach vielleicht das wichtigste ist, das Sie auf dem Weg zum Millionär verinnerlichen müssen. Die *Box* erklärt, warum manche Menschen nicht reich werden, obwohl sie sich durchaus dafür *entschieden* haben. Sie erklärt, warum sie sich manchmal so fühlen, als hätten sie keine Chance, ein bestimmtes Einkommen oder Vermögen zu überschreiten, und warum harte Arbeit allein oft nicht ausreicht, um direkt reicher zu werden.

Natürlich fragt mich jeder gleich, was die Box ist.

Um das zu verstehen, müssen wir uns erst mal über Krustentiere unterhalten.

Einsiedlerkrebse und Millionäre

Sie kennen sicherlich den Einsiedlerkrebs – ein Krustentier aus der gleichen Klasse wie die allseits beliebten (und leckeren) Hummer und Shrimps.

Anders als andere Krustentiere haben sich ausgewachsene Einsiedlerkrebse allerdings an das Leben an Land angepasst. Sie atmen feuchte Luft, kein Wasser. Und anders als Hummer und andere Krustentiere haben Einsiedlerkrebse keine eigene harte Schale.

Einsiedlerkrebse haben zwar Außenskelette, aber im Vergleich zu anderen Krustentieren sind sie außen relativ weich, also leichte Beute für andere Tiere. Deshalb hat die Evolution dafür gesorgt, dass sie sich *fremde* Panzer borgen. Wenn Sie am Strand einen Einsiedlerkrebs kriechen sehen, sitzt er unweigerlich in einer Schale, die einmal einem anderen Tier gehört hat.

Wenn Einsiedlerkrebse wachsen, müssen sie neue Panzer finden, in die sie hineinpassen. Wie Goldfische in einem Glas sind sie durch ihre Umgebung eingeschränkt. Interessanterweise sind allerdings nicht alle Einsiedlerkrebse gleich. Manche bleiben länger in ihrer Schale als andere. Manche wechseln so gut wie nie den Panzer, andere ziehen im Lauf der Zeit immer wieder um. Manche hören irgendwann im Lauf ihres Lebens ganz auf, sich zu verändern und verbringen den Rest ihrer Tage in der gleichen Schale.

Bei Menschen ist es gar nicht so anders. Wir haben zwar keinen Panzer, aber wir haben „Boxen" – Einstellungen, Überzeugungen und Gewohnheiten, die wir uns im Lauf der Zeit zulegen und die wir wieder ablegen, wenn wir darüber hinausgewachsen sind.

In unserer Kindheit und Jugend, während wir körperlich und geistig wachsen, wechseln wir oft die Box. Sobald wir aber das Erwachsenenalter erreicht haben, findet dieser Prozess lange nicht mehr so häufig statt. Je älter wir werden, desto stärker wird unsere Neigung, immer das Gleiche mit den gleichen Menschen zu machen.

Wir fallen in gleiche Routinen und, das ist noch viel wichtiger, unsere Meinungen und unser Denken werden immer eingefahrener. Wie die ängstlichsten Einsiedlerkrebse richten wir uns in einem mentalen „Panzer" ein und tun uns schwer damit, ihn wieder zu verlassen.

Diese Tendenz hat Auswirkungen auf alle Bereiche unseres Lebens, von der Karriere über die Urlaubsplanung bis hin zu unseren Beziehungen zu anderen. Sie ist jedoch besonders relevant, wenn es darum geht, ein Vermögen aufzubauen.

Was Sie hierher gebracht hat

Die Box besteht aus den Überzeugungen, Erfahrungen, Gedanken, Fähigkeiten und Gelegenheiten, die Ihre Lebenswirklichkeit bilden. Sie ist unsichtbar, aber ihre Auswirkungen können Sie überall um sich herum in der realen Welt erkennen.

Die Box, in der Sie gerade sitzen, passt Ihnen zweifellos ganz gut. Sie sind hineingewachsen und fühlen sich darin wohl. Alles in Ihrer Box liefert meistens vorhersehbare Ergebnisse ab. Ihre aktuelle Wohnung, Ihre Freunde, Ihr Job oder Ihr Unternehmen, Ihr Auto – all diese Dinge sind das Ergebnis von dem, was Sie in der *Vergangenheit* gedacht, geglaubt oder getan haben. Sie sind das Ergebnis Ihrer Box. Alles, was Sie bisher getan haben, war durch die Wahrnehmung Ihrer Box und Ihrer Denkmuster gefiltert, die Ihnen helfen zu entscheiden, wie Sie leben wollen – mit positiven und negativen Auswirkungen.

Das gilt allerdings genauso für Ihr Einkommen. Die Box, mit der Sie aktuell arbeiten, ist die gleiche Box, die zu Ihrem aktuellen Einkommen, Kontostand und Vermögen geführt hat. Wenn Sie daran etwas ändern wollen, brauchen Sie eine neue Box.

Wenn ein Einsiedlerkrebs mehr Platz will oder braucht, lässt er sein altes Haus zurück und zieht in ein neues. Damit begibt er sich allerdings in Gefahr. Der weiche, „nackte" Einsiedlerkrebs setzt sich dabei den Gefahren seiner Umwelt aus. Das ist ein Risiko. Aber für den Krebs ist es ein Risiko, das er eingehen muss, wenn er ein schöneres Zuhause will.

Wie ein Einsiedlerkrebs können auch Sie nur bis zu einem gewissen Grad wachsen, wenn Sie einfach da bleiben, wo Sie sind. Für den Einsiedlerkrebs ist jeder Tag, an dem er sich nicht verändert, ein Tag, an dem sich nichts ändert. Das gilt auch für Sie. Ihre momentane Box schränkt Sie ein. Auch wenn es ein riskanter Schritt ist, Sie werden Ihre Box erweitern müssen, wenn Sie neue Ergebnisse produzieren wollen.

Wenn Sie sich ein anderes Leben – eine andere Lebenswirklichkeit – wünschen, als Sie es gerade haben, werden Sie Ihre Überzeugungen, Ihre Gedanken und Ihre Handlungsweisen ändern müssen. So lange Sie mit den Einschränkungen Ihrer aktuellen Box leben, werden Sie weiterhin immer die gleichen Ergebnisse erzielen. Genau wie der Einsiedlerkrebs werden Sie etwas verändern müssen, wenn Sie einen größeren Panzer wollen.

Eine größere Box bauen

Sie können der Box niemals vollständig *entkommen*. Ihre Sicht auf die Welt wird immer durch Ihre Überzeugungen und Erfahrungen aus der Vergangenheit gefiltert sein. Ihr Gehirn wird Sie immer ein wenig aufs Glatteis führen und dafür sorgen, dass Sie die Wirklichkeit nie vollständig erkennen können. Das geht uns allen so. Was Sie aber tun können, ist, Ihre Box zu *erweitern*. Dafür gibt es zwei Methoden.

Die erste ist, dass Sie sich bewusst machen, wo Ihr Denken voreingenommen ist – insbesondere dann, wenn es um Geld und Reichtum geht. Eingefahrene Denkweisen beeinträchtigen Ihr Urteilsvermögen, schränken Sie ein und halten Sie an Ort und Stelle fest. Sie sind wie blinde Flecken im Gehirn. Voreingenommenheit sorgt dafür, dass Sie nicht immer klar sehen können, wann Sie die Verdrahtungen in Ihrem eigenen Gehirn auf den Holzweg führen.

Die zweite Methode, Ihre Box zu erweitern, ist, sich ein anderes Leben vorzustellen – die Vision einer neuen Box zu entwerfen, in der Sie mehr Wohlstand besitzen. Einer, in der Sie Millionär sind. Einer, in der Sie sich wie ein Einsiedlerkrebs eine neue, bessere Schale gesucht haben.

Die alte Box: Prüfen Sie die Vorurteile, die Ihre finanzielle Situation formen

Eine der wichtigsten Erkenntnisse über das menschliche Leben, die in den letzten Jahrzehnten entstanden ist, ist meines Erachtens die, dass wir die

Welt nicht so sehen, wie sie ist. Wir können die Wirklichkeit nicht erkennen. Stattdessen sehen wir eine von unserem Gehirn beeinflusste Version der Realität, die für jeden von uns einzigartig ist.

Falls das für Sie ein wenig weit hergeholt klingt, sollten Sie wissen, dass es sich dabei nicht um pseudowissenschaftliche Erkenntnisse handelt. Alles, was wir zu wissen und denken glauben, wird von unserem Gehirn erschaffen, das ist neurowissenschaftlich belegt. Die Farbe Rot ist zum Beispiel nur eine Interpretation des Gehirns, wenn Sie Licht wahrnehmen. *Ihres eigenen* Gehirns. Das bedeutet, dass Sie vielleicht nicht das gleiche Rot sehen wie alle anderen.

Dieser „Hirnfilter", durch den wir die Welt wahrnehmen, verzerrt unsere Sicht der Wirklichkeit. Er zeigt uns Dinge auf eine Art, die uns allein zu eigen ist, und führt uns oft ein wenig auf Abwege. *Besonders* dann, wenn es um Geld geht. Sie brauchen sich deshalb nicht schlecht zu fühlen. Wir *alle* haben Vorurteile, ohne Ausnahme. Indem Sie sich ihrer bewusst werden, können Sie die Einschränkungen Ihrer aktuellen Box besser erkennen und verstehen, was Sie daran hindert, sie zu vergrößern.

Es gibt *viele* Arten von Vorurteilen. Hier sind ein paar, die besonders häufig sind, wenn es darum geht, sich ein Vermögen aufzubauen.

Abneigung gegen Verluste

Unser Gehirn ist so verdrahtet, dass wir Verluste scheuen. Niemand verliert gerne, aber wir Menschen haben eine so tiefe Abneigung dagegen, dass *es uns mehr ausmacht zu verlieren, als uns über einen Gewinn zu freuen.* Hundert Dollar zu verdienen fühlt sich gut an, hundert Dollar zu verlieren erscheint uns aber gleich viel schlimmer.

Das führt dazu, dass wir uns an Dinge klammern, die wir schon besitzen, und es macht uns risikoscheu, wenn es um Geld geht. Ein Vermögen aufzubauen geht aber nicht, ohne ein paar Risiken einzugehen. Wenn Sie eine zu hohe Abneigung gegen Verluste haben, wird es Ihnen schwerfallen, schnell zum Millionär zu werden.

Versunkene-Kosten-Trugschluss

Dieser Denkfehler steht mit der Abneigung gegen Verluste in enger Beziehung und sorgt dafür, dass wir immer wieder Ressourcen auf etwas verschwenden, das es nicht wert ist. Wenn Sie denken: „Ich habe schon so viel in diese Sache investiert, ich kann jetzt nicht damit aufhören", dann sind Sie diesem Trugschluss zum Opfer gefallen. Denken Sie daran: Ressourcen, die Sie für etwas aufgewendet haben, sind weg. Sie können sie nicht wieder zurückholen.

Status-Quo-Vorliebe

Wir haben die Tendenz, dass alles so bleibt wie immer. Wie Krebse, die nie den Panzer wechseln, finden wir das Altbekannte tröstlich. Veränderungen machen uns nervös, deshalb wäre es uns lieber, sie zu vermeiden – das geht aber nicht.

Zeitentwertung

Das bezieht sich auf die Tendenz, unmittelbare Belohnungen stärker zu gewichten als solche, die uns erst in Zukunft erwarten. Wenn Sie *jetzt* eine ganze Packung Eiscreme essen und sich erst *später* Gedanken um Ihre Gesundheit machen, haben Sie den Wert Ihres zukünftigen Ichs gesenkt. Finanziell zeigt sich das in der Unfähigkeit, Belohnungen aufzuschieben – also lieber sofort Geld auszugeben, als es später für höhere Zinsen zu investieren.

Vogel-Strauß-Effekt

Das kennen wir alle: die Tendenz, uns vor der Wirklichkeit zu verstecken. Haben Sie schon einmal eine Kreditkartenabrechnung ungeöffnet liegen lassen, weil Sie sich nicht damit auseinandersetzen wollten, wie viele Schulden Sie gemacht haben? Oder haben Sie es aufgeschoben, sich um ein geschäftliches Problem zu kümmern, obwohl Sie *wussten*, dass es ein Problem war? Dann haben Sie diesen Effekt bereits am eigenen Leib erfahren.

Andere Box-Filter

Zusätzlich zu diesen bekannten tiefsitzenden Vorurteilen, die von Psychologen und Wirtschaftswissenschaftlern entdeckt wurden, gibt es unzählige weitere, „inoffizielle" Vorurteile – Glaubenssätze und Denkmuster, die Sie durch Ihre Erziehung, Ihr Umfeld, Ihre Kultur und viele andere Faktoren verinnerlicht haben.

Darunter sind Überzeugungen wie die, dass harte Arbeit sich unweigerlich auszahlt, egal, ob Sie auch nur einen Gedanken darauf verwenden, *klug* zu arbeiten (dazu finden Sie in Kapitel 7 mehr), oder der Glaube daran, dass alle Reichen gierig sind und Geld die Wurzel allen Übels ist.

All das wirkt sich negativ auf Ihren zukünftigen Wohlstand aus.

Wir alle haben Überzeugungen in Bezug auf Geld – ein Geldbewusstsein, das direkten Einfluss darauf nimmt, wie leicht es uns fällt, reich zu werden. Ihre Aufgabe ist es jetzt, diese Überzeugungen ans Tageslicht zu bringen und zu entscheiden, welche davon Sie behindern und welche neuen Überzeugungen Sie sich zulegen sollten, um Ihrem Ziel vom Reichtum näher zu kommen.

Vorurteile kann man nur abbauen oder verändern, indem man sie sich bewusst macht. Erst dann können Sie es überhaupt bemerken, wenn eines davon Ihr Handeln bestimmt. Das geht natürlich nicht ganz ohne Übung, aber dafür haben Sie ja jetzt den Morgen.

Wenn Sie noch mehr darüber erfahren möchten, wie Ihr Gehirn Ihre finanzielle Box beeinflusst, empfehle ich Ihnen das hervorragende Buch *Gier. Neuroökonomie: Wie wir ticken, wenn es ums Geld geht* von Jason Zweig.

Die neue Box: Erschaffen Sie Ihre Millionärsvision

In unserem Buch *Wealth Can't Wait* beschreiben mein Co-Autor und ich den Unterschied zwischen Ihrer „Luftarbeit“ und Ihrer „Bodenarbeit“. Bodenarbeit sind die Dinge, die täglich von Ihnen verlangen, dass Sie sich hineinhängen, damit überhaupt etwas getan wird.

Die meisten Menschen denken an Bodenarbeit, wenn sie das Wort „Arbeit“ hören – Verkäufe, die sie abschließen, Nägel, die sie einschlagen, Wörter, die sie schreiben, oder Notfälle, um die sie sich kümmern. Bodenarbeit ist die Arbeit, mit der wir unser Gehalt verdienen, so schwer sie uns manchmal fällt.

Verstehen Sie mich nicht falsch: Bodenarbeit ist unverzichtbar. Sie werden nicht zum Millionär, wenn Sie nur herumsitzen. Aber viele Menschen kennen nur ihre Bodenarbeit, deshalb bleiben sie auch oft auf dieser Stufe hängen. Ihre Bodenarbeit findet immer innerhalb der Box statt.

Mit Luftarbeit verhält es sich ganz anders. Dabei handelt es sich um eine Ansicht Ihres Lebens von ganz oben, aus fünfzehntausend Metern Höhe, von oben vom Berggipfel, Tausende Kilometer weit.

Luftarbeit enthält Ihre Taktiken und Pläne, die Sie reich machen sollen – eine von ganz weit oben betrachtete Perspektive Ihres Lebens, die sicherstellt, dass Ihre ganze wichtige Bodenarbeit an der richtigen Stelle stattfindet. Am besten ist es, wenn Ihre Luftarbeit dazu führt, dass Sie Ihre Box vergrößern.

Diese beiden Arten von Arbeit gehen untrennbar Hand in Hand.

Wenn Sie nur Luftarbeit machen und dabei nie auf dem Boden der Tatsachen stehen, bauen Sie nur Luftschlösser. Das passiert zum Beispiel, wenn Sie sich nicht für die Tür mit den Reichtümern entscheiden, sondern nur *hoffen*, irgendwann reich zu werden.

Andererseits ist es jedoch genauso problematisch, wenn Sie nur am Boden arbeiten und die Luft vernachlässigen. Dann strampeln Sie sich nämlich jeden Tag ab und arbeiten immer härter – nur um dann am Ende festzustellen, dass die ganze Arbeit nicht dazu geführt hat, dass Sie ein nennenswertes Vermögen aufgebaut haben. Im schlimmsten Fall führt die ganze schöne Arbeit zu gar nichts.

Im nächsten Kapitel werden wir uns darum kümmern, Ziele zu definieren, die eines Millionärs würdig sind, und Pläne zu schmieden, mit denen Sie sie erreichen. Aber Ziele, Pläne und Wohlstand gehören alle in einen größeren Kontext: in die höchste Form der Luftarbeit, in das, was wir *Leben* nennen. Sie müssen alle auf eine Art zusammenspielen, die zu dem Leben passt, das Sie sich wünschen. Sie können sich für Reichtum entscheiden, so viel Sie wollen. Wenn er nicht in Ihr Leben passt, werden Sie ihn nie erreichen oder ihn nicht lange behalten.

Um sicherzustellen, dass Sie die richtige Wahl getroffen haben und dass die finanziellen Ziele, die Sie sich setzen, zu Ihnen passen, ist es wichtig, möglichst genau zu definieren, wie Ihr Leben aussehen soll. Das nenne ich Ihre *Vision*, den höchsten Punkt Ihrer Luftarbeit.

Auf den letzten Seiten meines jährlichen Journals setze ich mir Ziele, die ich innerhalb eines Jahres erreichen will. Dieses Journal nehme ich überallhin mit. Es ist mein Notizbuch, meine To-Do-Liste und meine allgemeine Gedankensammelstelle. Am Ende des Jahres stellt es eine Art Aufzeichnung dar, was ich in den letzten zwölf Monaten gedacht habe.

Ohne meine Vision ist das jedoch alles vergebliche Liebesmüh. Meine Ziele spielen sich in aller Regel in einem Rahmen von ungefähr zwölf Monaten ab, aber darüber hinaus habe ich auch sowohl eine Fünf- als auch eine Dreißig-Jahres-Vision meines *Lebens*.

Diese Visionsdokumente – der Höhepunkt meiner Luftarbeit – haben eine ganz besondere äußere Form. Hier stelle ich Ihnen meinen Prozess dafür vor.

Ein Brief von einem gar nicht so mysteriösen Millionär

Stellen Sie sich vor, Sie erhalten einen Brief von einem erfolgreichen Millionär, in dem diese Person nicht nur ein Leben im Wohlstand beschreibt, das Ihnen perfekt erscheint, sondern Ihnen auch Tipps gibt, wie Sie es auch dorthin schaffen können und Sie dazu ermuntert, es zu versuchen. Dieser Brief wäre sicherlich zu gleichen Teilen faszinierend und wertvoll.

Genau diese Technik nutze ich, um meine zukünftige Vision zu erschaffen, nur, dass der reiche Mensch dabei *ich selbst* bin. Ich schreibe mir selbst einen Brief, als blickte ich aus der Zukunft (in meinem Fall meistens aus fünf oder dreißig Jahren in der Zukunft) zurück. In diesem Brief beschreibe ich mein Leben und wie ich es dorthin geschafft habe. Außerdem ermutige ich mein jüngeres Ich und gebe ihm wichtige Tipps.

Das können Sie auch! Lassen Sie Ihr glückliches, gesundes und reiches zukünftiges *Ich* einen Brief an Sie schreiben. Das fühlt sich zunächst vielleicht ein wenig seltsam an, aber wenn Sie sich selbst *aus* der Zukunft schreiben, verleiht Ihnen das eine ganz andere Perspektive, als wenn Sie aus der Gegenwart versuchen, sich die Zukunft vorzustellen. Dazu müssen Sie sich *in die Person hineinversetzen, die Sie einmal werden*, statt sich nur Ihre zukünftigen Lebensumstände vorzustellen. Sie werden sich nicht mehr wünschen, irgendwann reich zu werden, sondern Sie werden spüren, wie es sich anfühlt.

Hier sind meine Lieblingsmethoden, einen großartigen Brief von meinem zukünftigen, wohlhabenden Ich an mein gegenwärtiges Ich zu schreiben:

1. Stellen Sie sich die Zukunft vor, als wären Sie schon dort

Wenden Sie die Visualisierungstechniken aus den S.A.V.E.R.S. an, die wir in Kapitel 3 beschrieben haben, und stellen Sie sich eine perfekte Zukunft für sich selbst vor. Wie sieht Ihr Leben aus? Was umgibt Sie? Wie läuft Ihr Unternehmen? Wohin hat es sich entwickelt? Wie steht es mit Ihren

Beziehungen zu anderen und Ihrer Gesundheit? Führen Sie sich all das vor Augen.

2. Erschaffen Sie Ihre Vision ohne Furcht und Zweifel

Es kostet Sie nichts, eine mutige Vision zu erschaffen, die Sie inspiriert. Denken Sie daran: Sie schreiben über etwas, das *bereits passiert* ist. Das lässt keinen Platz für Zweifel.

3. Schreiben Sie im Präsens

Beschreiben Sie Ihr Leben, wie es in der Zukunft stattfindet, aber tun Sie es, als wäre es Ihre Gegenwart. Sagen Sie nicht: „Ich werde ein großes Haus und ein florierendes Unternehmen besitzen", sondern schreiben Sie diese Dinge so auf, wie sie in der *Gegenwart* Ihres zukünftigen Ichs existieren.

Sie können sich selbst auch Trost zusprechen oder Ratschläge geben. Manchmal hilft es Ihnen dabei, zu merken, was Sie im Moment zurückhält, wenn Sie sich Ihr zukünftiges Ich vorstellen.

4. Bringen Sie Ihre Vision mit Ihren Emotionen in Einklang

Schreiben Sie nichts in Ihre Vision, das Sie nicht stark bewegt. Wenn man ohne Beschränkungen Brainstorming betreibt, ist es leicht, sich von Dingen mitreißen zu lassen, die nicht so wichtig sind – von privaten Inseln und Garagen für zwölf Autos. Das ist nicht schlimm, aber nehmen Sie solche Dinge nicht in Ihre Vision auf, *wenn sie Ihnen nicht wirklich sehr wichtig sind.*

5. Machen Sie sich keine Gedanken darüber, wie Ihre Vision Wirklichkeit wird

Wenn Sie anfangen, sich eine Zukunft vorzustellen, die sich wesentlich von Ihren aktuellen Lebensumständen unterscheidet, werden Sie bald nachdenken, wie Sie sich diese Zukunft erschaffen können. Solche Gedanken blockieren Ihre Vision in der Mehrzahl der Fälle unnötig.

Stellen Sie sich zum Beispiel vor, wie Sie schreiben: „Ich schreibe dir aus unserem Ferienhaus in Frankreich, wo wir jedes Vierteljahr für drei Wochen Urlaub machen." Einen kurzen Augenblick lang sind Sie ganz aufgeregt – schließlich wollten Sie *schon immer* in Frankreich wohnen.

Doch dann holt Sie die Wirklichkeit ein. *Wie soll ich mir je ein Haus in Frankreich leisten können? Und wer kümmert sich darum, wenn ich nicht dort bin? Außerdem kann ich mir doch nicht jedes Vierteljahr drei Wochen freinehmen. Das ist doch alles total verrückt!*

Und schon schreiben Sie eine Vision, für die Sie sich begeistern können, zu einer *vernünftigeren* Version um.

Um Vernunft geht es aber bei Visionen nicht. In Ihrer Vision geht es um das Leben, das Sie wollen, nicht darum, wie Sie es bekommen. Vergessen Sie das *Wie* für einen Augenblick. Vor Ihnen liegen doch ohnehin Wochen, Monate und Jahre, in denen Sie sich mit dem *Wie* auseinandersetzen müssen. Jetzt ist nicht der Zeitpunkt, sich das Leben, *das Sie wollen, vorzustellen*, jetzt dürfen Sie komplett *hineinschlüpfen.*

Vergessen Sie nicht: Dies ist die Zukunft und Sie sind Millionär. Wie sieht Ihr Leben aus? Was wollen Sie Ihrem Ich mitteilen, das noch kein Millionär ist?

Wenn Sie über Ihre Lebensvision nachdenken, ohne sich Einschränkungen aufzuerlegen, ist das der erste Schritt hinaus aus Ihrer Box. Sie können diese Vision vielleicht nicht unmittelbar umsetzen, aber sie ohne Scheuklappen zu betrachten ist der erste Schritt in die richtige Richtung.

Zurück zur Gegenwart

Wenn Sie Ihre Vision erschaffen haben, ohne sich darum zu sorgen, wie Sie sie erreichen können, ist es an der Zeit, sich den ersten praktischen Schritten zuzuwenden.

Verlassen Sie dafür Ihren fünfzehntausend Meter hohen Aussichtspunkt noch nicht. Wir sind noch lange nicht wieder am Boden, wo es um konkrete Ziele und Pläne geht. Behalten Sie einen klaren Kopf und eine breite Sichtweise. Denken Sie aber erst einmal darüber nach, wie und wo Sie anfangen können, Ihre Zeit, Ihre Energie und Ihre Fähigkeiten am besten einzusetzen, um sich auf dem Weg zum Reichtum weiterzubringen.

In seinem Buch *Der Weg zu den Besten: Die sieben Management-Prinzipien für dauerhaften Unternehmenserfolg* beschreibt Jim Collins etwas, das er das „Igel-Prinzip" nennt: die Schnittmenge aus drei Kreisen als die Stelle, auf die sich Unternehmen konzentrieren sollten, wenn sie erfolgreich bleiben wollen.

Ich schlage ein ähnliches Konzept für Personen vor. Prüfen Sie drei Kreise Ihres Lebens und schauen Sie, wo sie sich überlappen, dann finden Sie die Stelle, auf die Sie sich konzentrieren sollten, um Ihr Vermögen aufzubauen.

Das sind die drei Kreise:

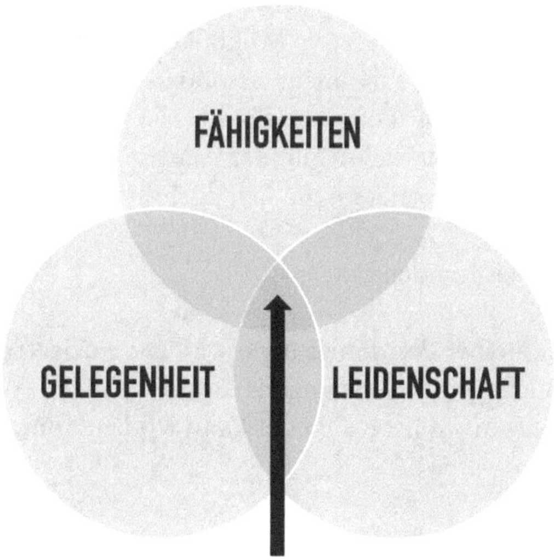

Der ideale Ansatzpunkt, um ein Vermögen aufzubauen

Fähigkeiten

Fähigkeiten zu haben bedeutet, etwas außergewöhnlich gut zu können und sich stetig weiterzuentwickeln. Sie können das lukrativste Unternehmen oder die steilste Karriere der Welt haben, aber wenn Sie nicht die Fähigkeit besitzen, auf so hohem Niveau zu arbeiten und sich dabei ständig weiterzubilden, werden Sie davon nicht reich.

Stellen Sie sich die folgenden Fragen:

- Worin bin ich sehr gut?
- Worin habe ich mehr Erfahrung als die meisten anderen Menschen?
- Welche meiner Fähigkeiten habe ich mit der Zeit immer weiter verbessert?

Gelegenheit

Wenn Sie außergewöhnlich gut in einem Geschäft sind, für das niemand bezahlen will, werden Sie nie zum Millionär. So lange Sie sich auf Geschäftsfelder konzentrieren, die nicht besonders gefragt oder schlecht bezahlt sind, und die wenig Potenzial für die Zukunft haben, werden Sie nicht reich. Wenn Sie wirklich Millionär werden wollen, müssen Sie sich auf Gelegenheiten konzentrieren, die sich auch finanziell auszahlen.

Stellen Sie sich die folgenden Fragen:

- Gibt es an meiner Positionierung etwas, das einzigartig ist?
- Was kann ich der Welt bieten, das ihr noch fehlt?
- Welche Ressourcen habe ich oder kann ich bekommen?

Leidenschaft

Verwechseln Sie Leidenschaft nicht mit der Vorstellung, Sie könnten Ihre Arbeit jede Sekunde eines jeden Tages bedingungslos lieben. Das ist eine

Falle, die nie zum Reichtum führt. Es stimmt schon, es ist wichtig, dass Sie Ihre Arbeit lieben. Im Idealfall wachen Sie jeden Tag morgens auf und freuen sich, dass Sie zur Arbeit gehen dürfen. Aber nicht jeder Tag wird leicht oder schön sein. So etwas gibt es nicht. Sogar die erfolgreichsten Menschen der Welt, die ihre Jobs von ganzem Herzen *lieben*, haben schwere Tage. Sie müssen schwierige Entscheidungen treffen. Sie erleben kleine und große Rückschläge und Katastrophen. Sie wachen mit Zweifeln auf und hinterfragen ihre Entscheidungen.

Bei der Leidenschaft geht es darum, ob Sie genug Treibstoff für die Reise haben – ob Sie stark genug inspiriert sind, hart zu arbeiten und sich dabei ständig zu verbessern. Ohne Leidenschaft halten Sie vermutlich nicht lange genug durch, um reich zu werden.

Stellen Sie sich die folgenden Fragen:

- Was macht mir Spaß?
- Was bin ich bereit zu tun, auch wenn es mir schwerfällt?
- Was bin ich bereit zu tun, auch wenn ich dafür nicht unmittelbar belohnt werde?

Die Mitte

Da, wo sich diese drei Kreise treffen, liegt der ideale Ansatzpunkt dafür, ein Vermögen aufzubauen. Zwei Kreise, die sich überlappen, sind nicht genug.

Wenn Ihnen die Leidenschaft fehlt, geht Ihnen unterwegs der Treibstoff aus; mangelt es Ihnen an Gelegenheiten, werden Sie bankrott gehen, und ohne Fähigkeiten wird Ihr Unternehmen den Bach hinuntergehen oder Ihre Karriere ins Stocken geraten. Sie brauchen etwas, das alle drei Bereiche berührt.

Millionäre arbeiten in der Mitte des Diagramms, wo alle drei Kreise sich schneiden – an der Stelle, wo man das tut, was man am besten kann, wo es vom Markt belohnt wird und wo man jeden Tag damit weitermacht, weil die Arbeit Spaß macht.

Die Suche nach einer neuen Schale

Wäre die Welt perfekt, könnten Sie Ihre Reise zum Reichtum *bei null* beginnen – in *einem* Zustand ohne bereits bestehende Programmierungen, ohne einschränkende Überzeugungen und ohne eine auf Mangel ausgerichtete Geisteshaltung. In diesem Zustand könnten Sie sich die großartigste finanzielle Zukunft ausmalen und furchtlos und ohne Unsicherheiten darauf zusteuern.

Leider befindet sich aber *niemand* in einem solchen Zustand. Wir alle haben eine Vergangenheit. Wir alle haben Vorurteile und Denkweisen, Ängste und Sorgen. Es gibt auf der ganzen Welt keinen Millionär, der nicht schon einmal mit Zweifeln gerungen hat und das *immer wieder* tun muss. Das liegt in der Natur der Sache. Es ist schließlich riskant für uns kleine Einsiedlerkrebse, uns ein neues Haus zu suchen, aber *genau dieses Risiko trägt auch die größten Belohnungen in sich.*

Es gibt keine Medizin gegen Zweifel und kein Leben ohne Boxen. Aber verinnerlichen Sie das: *Am Morgen haben Sie die Freiheit, Ihre Box zu vergrößern.* Während Ihres *Miracle Morning* haben Sie die Gelegenheit, über Dinge nachzudenken, die außerhalb Ihrer Box liegen. Über Ihren Tellerrand zu blicken. Neu zu beginnen. Einen mutigen Schritt zu tun und die Sicherheit Ihres alten Panzers hinter sich zu lassen, um etwas Größeres und Besseres anzustreben.

Morgenmillionäre

An fünf Tagen die Woche lese ich abends vor dem Schlafengehen und morgens nach dem Aufstehen meine Ziele durch. Ich habe zehn Hauptziele rund um meine Gesundheit, meine Familie und mein Unternehmen, und sie haben alle ein Haltbarkeitsdatum. Alle sechs Monate überarbeite ich sie noch einmal.

DAYMOND JOHN, amerikanischer Geschäftsmann,
Investor, Autor, Motivationstrainer und Fernsehstar

6. LEKTION III: IHR FLUGPLAN

Ziele, Pläne und der Weg zum Reichtum

Unsere Fähigkeit, uns hohe Ziele zu stecken, ist wahrscheinlich die höchste Errungenschaft in der Evolution des menschlichen Gehirns.

ADAM GAZZALEY und LARRY D. ROSEN,
Autoren von *Das überforderte Gehirn*

Wenn Sie in der Zeit zurückreisen und die Anfänge des Lebens auf der Erde beobachten könnten, würden Sie merken, dass es etwas gibt, das uns mit unseren primitivsten Vorfahren verbindet: *Ziele.*

Schon in der Ursuppe unserer weit entfernten evolutionären Vergangenheit – lange, bevor es Gehirne und Nervensysteme gab – mussten die Einzeller auf Ziele ausgerichtet sein. Sie hatten einfache Sensoren, die ihnen mitteilten, wo sich bestimmte Chemikalien befanden, sodass sie sich dahin bewegen konnten, wo es ihnen gut ging, und weg von den Dingen, die ihnen schaden konnten.

Im Laufe der Jahrtausende hat sich dieses einfache Zielsuchverhalten natürlich enorm verbessert, aber im Kern sind wir Menschen immer noch sehr weitgehend eine Spezies, die Dinge sucht und andere Dinge vermeidet.

Wir überleben, indem wir Dinge suchen, die uns dabei helfen, und andere Dinge vermeiden, die uns daran hindern.

Überleben und *Gedeihen* sind allerdings zwei sehr verschiedene Paar Stiefel. Finanziell zu überleben gelingt fast jedem auf diesem Planeten ganz gut. Man schlägt sich durch. Man findet etwas zu essen und ein Dach über dem Kopf. Man geht zur Arbeit, wird bezahlt und geht wieder nach Hause.

Aber sich den Lebensunterhalt zu verdienen, wie man sagt, ist nicht dasselbe wie sich ein *Leben* zu erschaffen. Finanziell *zu gedeihen* bedeutet viel mehr als sich nur das reine Überleben zu sichern. Es bedeutet, das grundlegende Zusammenspiel von Lust und Schmerz der Evolution auf ein ganz anderes Niveau zu heben – ein Niveau, das Sie erreichen können, wenn Sie sich die Morgenstunden zunutze machen.

Ziele und Pläne

Wir Menschen suchen zwar immer noch nach angenehmen Erfahrungen und vermeiden unangenehme, aber darüber hinaus stehen uns noch eine Menge höher entwickelter Hirnfunktionen zur Verfügung.

Die erste dieser Funktionen ist, dass wir uns Ziele für die *Zukunft* setzen können. Unser komplexes Hirn erlaubt uns nicht nur, uns eine Zukunft vorzustellen, wie wir es im letzten Kapitel getan haben, sondern auch klare Ziele auf dem Weg dorthin zu setzen, diese Zukunft wahr werden zu lassen.

Die zweite wichtige Funktion ist unsere Fähigkeit, einen Plan zu erschaffen, wie wir die Ziele erreichen können, die wir uns gesetzt haben.

Wir können jeden einzelnen Schritt durchdenken, uns die Hindernisse vorstellen, die sich uns in den Weg stellen könnten, und die Ressourcen erkennen, die uns helfen, ein Ziel zu erreichen. Ziele helfen Ihnen dabei, Ihre Vision wahr werden zu lassen. Pläne helfen Ihnen, Ihre Ziele zu erreichen.

Die Kombination aus beidem nenne ich Ihren *Flugplan*. Die Metapher ist vielleicht nicht besonders kreativ, aber sie passt gut. Wenn Sie einen Flug antreten wollen, brauchen Sie zwei Informationen an Bord: Ihren Ankunftsort (das Ziel) und eine Landkarte (den Plan). Beides ist unverzichtbar. Wenn Sie zum Beispiel beschließen, nach New York zu fliegen, können Sie das gerne tun. Aber wenn Sie dabei nur an Ihren Kompass und Ihr Flugzeug gedacht und die Landkarte zuhause gelassen haben, fliegen Sie ziemlich sicher planlos in der Gegend herum und kommen niemals in New York an.

Sie kennen sicher das Gefühl, das man bekommt, wenn man nur eines der beiden Elemente in seinem Leben hat, das andere aber fehlt. Wenn Sie sich ein Ziel setzen, ohne einen Plan zu machen, sind Sie für gewöhnlich erst mal begeistert, aber schnell frustriert, wenn Ihre Ziele sich nicht von selbst erfüllen. Ein Seminar zu besuchen oder einen guten Vorsatz fürs neue Jahr zu fassen, fühlt sich immer erst mal großartig an, aber nach dem ersten Schwung neigt man dazu, wieder in alte Routinen zurückzufallen.

Wenn Sie dagegen nur planen und dabei kein Ziel haben, kommen Sie sich bestimmt sehr beschäftigt vor, aber die ganze Arbeit führt am Ende zu nichts. Sie sind in Bewegung, aber Ihre Energie ist nicht gebündelt. Sie treiben einfach nur durch Ihr Leben.

Als mein Vermögen gewachsen ist, habe ich gemerkt, dass es eine Eigenschaft gibt, die alle Millionäre gemeinsam haben: Sie sind zielorientiert. Sie werden nicht viele Millionäre kennenlernen (und ich kenne eine ganze Menge), die nicht beide Teile des Flugplans haben. Millionäre wissen, was ihre Ziele sind und wie ihr Plan lautet, der sie dahin bringen wird. Sie wissen, was sie heute, nächste Woche und nächsten Monat tun müssen, und sie wissen, wohin es sie führen wird.

Wenn Sie wollen, dass Ihr Leben so aussieht wie in der Vision, die Sie sich erschaffen haben, müssen Sie die Sache zielgerichtet angehen. Sie brauchen einen Ankunftsort und eine Flugroute. Sie brauchen einen Flugplan.

In diesem Kapitel beschäftigen wir uns damit, wie Sie Ihren *Miracle Morning* nutzen, um Ziele festzusetzen, die Ihnen etwas bedeuten, und einen Plan zu entwickeln, der Sie dahin führen wird.

Ziele setzen wie ein Millionär

In meinem Journal halte ich zwei Dinge fest: meine Gedanken und meine Ziele.

Meine Gedanken sind das, was ich während meines Morgenrituals *schreibe* – eine Ansammlung von Ideen, Notizen, Gedankenfetzen und allem anderen, was mir in den Sinn kommt. Dieser Prozess läuft immer weiter und ist nicht besonders strukturiert.

Auf den letzten Seiten meines Journals sieht es dagegen ganz anders aus. Da halte ich meine Ziele fest. Ziele zu setzen ist eine feste Gewohnheit für mich geworden und ich habe mich dabei ganz meiner Vision verschrieben, deshalb lese ich jeden Morgen als Teil der S.A.V.E.R.S. meine Ziele durch.

Wenn ich ein Ziel erreiche, streiche ich es mit einem Textmarker durch. Dafür benutze ich sogar unterschiedliche Farben für verschiedene Kategorien von Zielen.

Falls Sie jetzt glauben, ich sei dazu geboren, Ziele zu setzen und Listen zu schreiben, muss ich Sie enttäuschen. In der Schule war ich bestenfalls ein passabler Schüler und hatte die Tendenz, alles auf die lange Bank zu schieben. Wenn es etwas zu tun gab, drückte ich mich davor, so lange ich konnte. (Es ist mir zwar etwas peinlich, aber ich gestehe, dass ich einmal ein paar CDs gekauft habe, die angeblich unterschwellige Botschaften enthalten sollten, um den Hörer davon zu heilen, Dinge aufzuschieben. Ich bin mir nicht sicher, ob das bei mir gewirkt hat – ich konnte nur Meeresrauschen hören –, aber ich weiß, dass ich danach noch viele, viele Jahre lang weiter alles auf die lange Bank geschoben habe.)

Ich weiß nicht genau, ob es ein Wort gibt, das das Gegenteil davon bedeutet, Ziele zu setzen und zu erreichen, aber ich bin mir ziemlich sicher, dass ich lange Zeit die Definition davon war.

Wenn es Ihnen Probleme macht, zu definieren, wohin Sie wollen, und es Ihnen noch schwerer fällt, Ihr Ziel zu erreichen, wenn Sie sich einmal festgelegt haben, *bitte* ich Sie inständig, das nicht als lebenslange Strafe zu verstehen, die Sie für immer im finanziellen Mittelfeld festhalten wird.

Nach einer Weile, in der ich etwas ziellos herumgeeiert war, stellte sich dann allerdings nach und nach heraus, dass ich mich zwar *entschieden* hatte, reich zu werden, aber den richtigen Weg und die Selbstdisziplin dafür noch nicht gefunden hatte. Ich stand nur mit einem Fuß auf dem Gaspedal und hoffte, irgendwann irgendwo anzukommen, idealerweise mit einem ganzen Anhänger voll Geld im Schlepptau.

Mit Mitte zwanzig, als ich ins Geschäftsleben einstieg, begann ich zu erkennen, dass Ziele hilfreich sind. Es war großartig, eine Vorstellung davon zu haben, wohin ich mich bewegte. Aber jedes Mal, wenn ich ein Ziel aufschrieb, schien es kurz darauf wieder in einem Wurmloch zu verschwinden, wo ich es nie wieder anschaute und nicht mehr viel darüber nachdachte.

Soweit ich es feststellen konnte, lagen meine Ziele dort, wohin auch die fehlenden Socken aus dem Trockner verschwinden.

Seit damals habe ich meinen Zielsetzungsprozess immer weiter verfeinert, sodass er jetzt ganz hervorragend funktioniert.

Das hat mir einerseits erlaubt, mich von einer Person, die ständig alles aufschiebt, zu einem zielorientierten Erfolgsmenschen zu entwickeln. Andererseits hat es das, was ich tue, auch auf die gleiche Linie gebracht wie das, was viele der Selfmade-Millionäre dieser Welt machen. Die Vorlage, nach der ich meine Ziele setze, können Sie hier herunterladen: www.thegoaltemplate.com/MM.

1. Setzen Sie Ziele, wenn Sie sich spitze fühlen

Eine der Überraschungen auf dem Weg zur Person, die besser Ziele setzt, war für mich, dass das Ziel an sich nur ein kleiner Teil des Gesamtwerks ist. Was dabei einen riesigen Unterschied gemacht hat, war mein *Zustand, während ich das Ziel festlegte.*

Wenn ich mir zum Beispiel etwas vornahm, während ich müde, überarbeitet oder mutlos war, konnte ich es oft nicht erreichen. Ziele, die ich mir setzte, wenn ich mich energiegeladen, optimistisch und selbstsicher fühlte, konnte ich dagegen mit viel größerer Wahrscheinlichkeit erreichen.

Dieser zweite Gefühlszustand – wenn man sich am besten und selbstsichersten fühlt – wird von Psychologen als *Peak State* bezeichnet, als ein Zustand, in dem Sie sich einfach spitze fühlen. Ihre Aufmerksamkeit, Ihre Stimmung und Ihre Energie sind alle höher als normal. Wenn Sie in diesem Zustand Ziele erfassen und setzen können, schaffen Sie sich damit Ziele, die Sie viel mehr inspirieren, weil sie mit Ihnen im Einklang stehen.

An dieser Stelle wird der Morgen relevant. Der *Miracle Morning* ist das perfekte Werkzeug, um dafür zu sorgen, dass Sie sich zuverlässig und in zunehmendem Maße hervorragend fühlen, bevor der Tag Sie nach und nach immer weiter in Einzelheiten und enger gestrickte Denkmuster zieht.

Achten Sie während Ihrer Morgenroutine auf Momente, in denen Sie sich besonders berührt, bewegt oder inspiriert fühlen. Das kann während der Bewegungsphase, beim Lesen oder Schreiben oder in der Stillezeit passieren. Jeder einzelne Punkt der S.A.V.E.R.S. dient als Sprungbrett für Ihre Inspiration.

Und wenn sie kommt? *Fangen Sie sie ein*! Schreiben Sie sie in Ihr Tagebuch – nicht nur das Ziel, sondern auch den ganzen Kontext. Was haben Sie gerade getan? Gedacht? Gefühlt? Was hat Sie dazu gebracht zu denken: „*Das* will ich machen“?

Natürlich kann Sie die Inspiration auch sonst jederzeit erwischen. Sie können versuchen, sich in den optimalen Zustand dafür zu versetzen, indem Sie inspirierende Filme anschauen, motivierende Bücher lesen oder Orte besuchen, die Ihnen Energie verschaffen.

Vielleicht ist Ihr persönlicher Energieort ein Plätzchen in der freien Natur, in einem Café oder vierzigtausend Fuß über der Erde in einem Flugzeug. Vielleicht finden Sie während eines Gottesdienstes Inspiration, oder während Sie Zeit mit Freunden verbringen, oder wenn Sie ein Lied hören.

Der passende Gefühlszustand hat zwei Vorzüge: Erstens setzen Sie sich dadurch bessere Ziele. Sie suchen sich mit höherer Wahrscheinlichkeit Dinge aus, die Ihnen Energie schenken und die Sie wirklich *wollen.*

Zweitens führen solche Gefühle dazu, dass Sie sich wieder in sie hineinversetzen können, wenn Sie sich Ihre Ziele später erneut vor Augen führen oder wenn Ihnen auf dem Weg ein Hindernis begegnet.

- *Fühlen Sie sich mutlos?* Dann gehen Sie doch noch einmal an die Brücke am Fluss, wo Sie sich Ihr erstes Ziel gesetzt haben.
- *Schieben Sie etwas auf?* Gehen Sie auf diese Wanderung, bei der Ihnen die besten Ideen kommen, und bei der Sie jedes noch so große Problem in den Griff bekommen.
- *Haben Sie Angst vor dem nächsten Schritt?* Legen Sie die Platte auf, die Sie in den veränderten Zustand versetzt.

Damit versetzen Sie sich in einen Zustand, in dem Sie sich von etwas berühren, bewegen und inspirieren lassen. Es wird Ihnen viel leichter fallen, Ihre Wahrnehmung zu erweitern und zu sehen, was möglich ist, und es verleiht Ihnen die Energie, weiterzumachen, auch wenn es gerade schwierig ist. Aus dieser Quelle können Sie schöpfen, um sich weiter zu dem Ich zu entwickeln, das tief in Ihnen schlummert: dem Ich, das mehr vom Leben verlangt, auch, was Wohlstand betrifft – dem *Ich*, das eine viel größere Box will als die, in der Sie gerade stecken.

2. Seien Sie flexibel

Ich habe jahrelang davon geträumt, eines Tages einen Marathon zu laufen. Das ist der Klassiker unter den körperlichen Zielen: eine Herausforderung für Körper, Geist und Seele. All das Training am frühen Morgen, die Hingabe, das Überwinden von Hindernissen – einen Marathon zu laufen erschien mir einfach etwas zu sein, was ich unbedingt *tun* sollte.

Also habe ich trainiert. Jeden Morgen ging ich laufen. Bei jeder Gelegenheit war ich auf dem Laufband zu finden. Und als Meilenstein auf dem Weg zum Marathon tat ich etwas, was viele Leute tun: Ich meldete mich für einen Halbmarathon an.

Es war furchtbar. Ich fühlte mich nach dem Rennen tagelang schrecklich. So schrecklich, dass ich mein Marathonziel ein ganzes Jahr lang aufgab.

Und dann setzte ich mir das Ziel erneut. Auf dem Weg dorthin meldete ich mich noch einmal für einen Halbmarathon an. Und wieder fühlte es sich furchtbar an. Es machte mir keinen Spaß – weder während des Rennens noch danach.

Also sprach ich mit einem meiner Mentoren über das Ziel. Er liebte es zu laufen, aber er hatte Probleme mit den Knien und Fußgelenken. Das wollte ich nicht.

Eines Morgens betrachtete ich das Ziel und dachte: *Das gefällt mir nicht. Ich will es nicht machen.*

Also strich ich es von der Liste und habe es nie bereut.

Einen Marathon zu laufen war für mich ein *Sollte-Ziel*. Ich dachte, es wäre etwas, das ich machen sollte, um mir selbst zu beweisen, dass ich es kann. Aber ich hatte keine Lust, die nötige Arbeit dafür zu verrichten. Ich wollte keinen Marathon laufen; in Wirklichkeit wollte ich nur jemand sein, der einen Marathon gelaufen war. Ich wollte die Medaille, aber ohne mich dafür anstrengen zu müssen.

Das gilt insbesondere auch für Ziele, die mit Geld zu tun haben. *Ich sollte* ist keine gute Basis für ein Ziel. Solche Ziele erreichen Sie oder auch nicht. So oder so ändert sich dadurch nichts für Sie, das Ziel bringt Sie nicht weiter auf dem Weg zum Reichtum. Aus diesem Grund sollten Sie bereit sein, Ihre Ziele immer wieder sorgfältig zu überdenken und sie zu streichen, wenn es sich als nötig erweist.

Von den fünfundzwanzig bis dreißig Zielen, die ich mir im Jahr setze, lasse ich wahrscheinlich ungefähr zehn Prozent wieder fallen. Manche Ziele sind klein, andere groß, aber sie haben alle eines gemeinsam: Wir können sie ändern. Ich betrachte Ziele als lebende Wesen. Sie verändern sich, wenn wir uns verändern. Sie kommen und gehen wieder.

Wie Milch haben auch Ziele ein Haltbarkeitsdatum. Manchmal passt ein Ziel nur zu einer bestimmten Phase Ihres Lebens, und Sie wachsen darüber hinaus oder müssen es für den Moment auf Halde legen.

Ich zum Beispiel liebe Golf. Normalerweise nehme ich an Golfturnieren teil und setze mir Ziele für meine Leistung. Aber dieses Jahr musste ich feststellen, dass ich mich nicht darauf konzentrieren konnte. Ich war gerade dabei, eine neue Firma zu gründen, und dieser Prozess machte mir *sehr* viel Spaß. Das führte dazu, dass ich immer öfter auf dem Golfplatz an die Arbeit dachte, statt mich auf das Spiel zu konzentrieren. Acht oder neun Löcher lang lief es immer noch ganz gut, dann wurde ich schlechter. In Wahrheit wollte ich viel lieber arbeiten als Golf spielen. Golf begeisterte mich nicht mehr so leidenschaftlich. Es hatte seinen Kontext verloren, zumindest vorübergehend. Auf meiner Zielliste stand, dass ich zehn Golfstunden bei einem Profi nehmen wollte, um mich zu verbessern.

Dieses Ziel werde ich dieses Jahr nicht erreichen, aber das ist okay. Meine Inspiration richtet sich einfach gerade auf andere Dinge.

Ich habe das Golfen nicht einfach nur so aufgegeben. Es war eine bewusste Entscheidung, die auf Feedback von anderen basierte. Ich wusste einfach, ich musste aufhören, die Wahrheit abzustreiten, dass mich dieses Ziel nicht inspirierte. Stattdessen musste ich eine bewusste Veränderung herbeiführen.

Einerseits ist es also okay, ein Ziel aufzugeben, wenn es Sie nicht inspiriert oder weiterbringt. Andererseits müssen Sie aber verstehen, dass Sie nur dann wirtschaftlichen Erfolg haben werden, wenn Sie etwas finden, das Sie erfolgreich durchziehen. Im Kapitel „Lektion V: Der Specht-Effekt" werden wir uns ausführlicher mit Durchhalten und Aufgeben beschäftigen, aber für den Moment sollten Sie verinnerlichen, dass man nur mit einer gewissen Menge Durchhaltevermögen zum Millionär wird, man aber nicht lebenslang an einem Ziel festhalten muss.

3. Überprüfen Sie Ihre Ziele

Es ist erschreckend einfach, seine Ziele aus dem Blick zu verlieren. Man sollte meinen, dass ein Ziel, das Sie sich gesetzt haben, während Sie sich spitze gefühlt haben, und das Sie soweit inspiriert und Ihnen so viel Energie verliehen hat, dass Sie angefangen haben, es in die Tat umzusetzen, keine Reflexion erfordert. Aber das Leben hat so eine Art, selbst die inspirierendsten Pläne nach und nach vom Radar rutschen zu lassen.

Ihr *Miracle Morning* ist die perfekte Zeit, sich Ihre Ziele neu vor Augen zu führen. In dieser Zeit finden Sie leicht zu Ihrem „Peak State" und können erneut die ursprüngliche Begeisterung spüren, die Sie antreibt, das Ziel zu erreichen. Häufig ist das auch die Zeit, in der wir uns besonders optimistisch fühlen.

Ich sehe meine großen Ziele nicht täglich durch, aber mindestens einmal pro Woche vergegenwärtige ich mir meinen Flugplan. Bei dieser Gelegenheit finde ich erneut meine Inspiration, prüfe meine Richtung und meine Fortschritte und achte darauf, dass ich mich immer noch auf dem richtigen Weg befinde, der mich am Ende zu dem Leben führen wird, das ich will.

4. Belohnen Sie sich selbst

Nicht jedes Ziel ist seine eigene Inspiration. Meine 240 Trainingseinheiten pro Jahr begeistern mich nicht besonders, wenn ich ehrlich bin, aber um dahin zu kommen, wo ich sein will, muss ich mich um meinen Körper kümmern. Also ziehe ich sie durch. Für mich ist Sport der Treibstoff im Tank.

Unabhängig davon, um welches Ziel es geht, finde ich es allerdings hilfreich, darauf zu achten, dass ich nicht vergesse, mich selbst zu *belohnen* und mir die Gelegenheit zu gönnen, wieder *Kraft zu schöpfen*. Dadurch erhalte ich eine Menge zielgerichtete Energie, die ich auf meinen Plan richten kann.

Belohnungen sind eine wichtige Methode, ein Ziel abzuschließen. Sie müssen dafür nicht unbedingt gleich mit einem Privatjet nach Bora Bora fliegen. Vielleicht machen Sie stattdessen einen Ausflug in einen Park in der Nähe oder suchen sich ein Lagerfeuer, an dem Sie Marshmallows rösten können. Aber ich glaube fest daran, dass Sie sich belohnen müssen. Nicht nur als Zuckerbrot, das Sie weiter bei der Stange hält, sondern auch als Anerkennung dafür, dass Sie etwas geschafft haben. Immer weiterzumachen und sich selbst nie zu belohnen signalisiert meiner Meinung nach Ihrem Unterbewusstsein, dass *die ganze Arbeit zu nichts führt.* Wenn Sie behaupten, Sie könnten sich keinen Urlaub leisten, denken Sie daran, dass Sie damit vielleicht Ihrem Unterbewusstsein mitteilen, dass *Sie kein Geld mehr brauchen, weil Sie ohnehin keinen Urlaub nehmen werden.*

Belohnungen helfen Ihnen außerdem dabei, *neue Kraft zu tanken.* Wenn Sie Ihren Körper und Ihren Geist wie ein Pferd behandeln, das Sie auspeitschen, um es zu noch mehr Arbeit zu zwingen, bricht das Pferd irgendwann zusammen. Der Geist macht irgendwann einfach nicht mehr mit.

Also behandeln Sie ihr „Pferd" gut. Füttern Sie es ausreichend. Nehmen Sie es mit in einen schönen Urlaub, wenn Sie können. Wenn Sie das machen, wird es Sie im Rennen des Lebens auch nicht enttäuschen. (Und vergessen Sie nicht, dass das umgekehrt genauso gilt: Wenn Sie Ihrem Pferd zu viel zu fressen geben und es für die falschen Dinge belohnen, wird es davon nur fett und lahm.)

Ich versuche, einmal im Vierteljahr mit meiner Familie Urlaub zu machen. Es muss nichts Besonderes oder Teures sein – ein Wanderurlaub im nächsten Gebirge kostet zum Beispiel nicht viel –, aber es ist wichtig. Ich habe festgestellt, dass mich diese kleinen Fluchten produktiver machen und dazu führen, dass ich *mehr* Geld verdiene, nicht weniger.

Belohnen Sie sich mit schönen Erfahrungen. Diese Erfahrungen werden Ihnen wiederum neue Ideen, Ressourcen, Fähigkeiten und einen besseren Sinn für die vielen Möglichkeiten da draußen schenken.

Pläne für den Reichtum

Ziele sind der Ort, an den wir gelangen wollen. Sie sind das Ende der Reise. Sie können sich verändern, uns inspirieren und lebende Dokumente werden, aber am Ende sind sie doch immer nur eines: Der Ort, an dem Sie sein wollen, nicht der Ort, an dem Sie sind.

Um Ihre Ziele zu *erreichen*, brauchen Sie einen Plan. Es gibt genauso viele Methoden, einen Plan zu machen, wie es Ziele gibt. Sie sollten Ihren Plan so schmieden, wie es Ihnen passt. Aber hier sind ein paar wichtige Methoden, mit denen Sie Ihre Erfolgsaussichten verbessern.

1. Haben Sie immer einen kleinen nächsten Schritt

Eine Landkarte zeigt Ihnen nicht alles, was Ihnen auf der Reise begegnen wird. Ebenso wenig sollte Ihr Plan von Anfang an alle Schritte umfassen, die Sie an Ihr Ziel bringen werden. Aber ein Schritt muss immer in Ihrem Plan vorkommen: der *nächste*.

Das ist einer der besten Tricks, die ich kenne, um einen Plan voranzutreiben. Sie sollten *zu jedem Zeitpunkt* den nächsten Schritt kennen, selbst wenn er lächerlich klein ist.

Wenn ich bei einem Plan nicht weiterkomme, liegt das fast immer daran, dass der nächste Schritt nicht ganz klar ist oder dass ich irgendeine Form von innerem Widerstand dagegen habe, ihn zu tun. In beiden Fällen kann das Problem in aller Regel dadurch gelöst werden, dass ich mich hinsetze und die kleinste Kleinigkeit aufschreibe, die ich als nächstes tun kann.

Manchmal ist dieser Schritt so einfach wie: „Bitte einen Freund um Rat". Manchmal muss ich eine Telefonnummer heraussuchen. Es funktioniert aber immer wieder: Wenn der nächste Schritt klein genug ist, wird es Ihnen viel leichter fallen, ihn in die Tat umzusetzen.

2. Denken Sie vorab an mögliche Hindernisse

Der Weg zum Reichtum ist nie ganz einfach. Sie werden unterwegs garantiert Problemen, Hindernissen und schwierigen Entscheidungen begegnen. Wenn Sie das gleich am Anfang bedenken, können Sie sich darauf vorbereiten.

Es ist einfach, sich Hindernisse vorzustellen, wie das Problem, dass Ihnen das Geld ausgeht oder die Wirtschaftslage sich zu Ihren Ungunsten verändert. Und es ist auch wichtig, sich darauf vorzubereiten. Aber denken Sie daran, dass nicht alle Probleme von außen kommen. Legen Sie das Hauptgewicht lieber auf Ihre *inneren* Hindernisse:

- Welche Gewohnheiten könnten Sie vom Weg abbringen?
- Welche Ängste könnten Sie komplett blockieren?
- Welche Fähigkeiten, Erfahrungen und Einsichten fehlen Ihnen?

Was sind die offensichtlichsten Probleme, die auf Sie zukommen könnten? Legen Sie eine Liste der wahrscheinlichsten inneren und äußeren Probleme an und nutzen Sie einen Teil Ihres *Miracle Morning*, um sich auszumalen, wie Sie sie bewältigen.

3. Schauen Sie den Plan erneut an

Es gibt ein berühmtes Zitat: „Kein Plan überlebt die erste Feindberührung“ – mit anderen Worten, Pläne verändern sich, wenn Sie sie in die reale Welt hinaustragen. Das bedeutet nicht, dass sie unwichtig wären, aber es heißt, dass Sie sie als eine Landkarte betrachten sollten, auf der sich die Straßen ab und zu verändern.

Hier kommt wieder der Morgen ins Spiel. Ebenso wie für Ihre Ziele sind die Morgenstunden die beste Zeit, sich Ihre Pläne erneut vorzunehmen und sie mit ruhigem und klarem Kopf zu betrachten. In dieser Zeit können Sie sie mit der besten Perspektive und dem höchsten Maß an Kreativität überarbeiten und an veränderte Situationen anpassen.

Wie Pläne aussehen

Pläne sind keine Ziele, aber sie sind mehr als eine To-Do-Liste. Sie sind eine Landkarte, die Sie von Punkt A zu Punkt B führt – von dem Ort, wo Sie sich jetzt befinden, hin zum Leben im Wohlstand, das Sie sich wünschen.

Sagen wir zum Beispiel, Sie sind Makler und wären gern Millionär. Wie sähe Ihr Plan in diesem Fall aus?

Ein ganz einfacher Plan könnte zum Beispiel so aussehen:

1. Ich werde der beste Makler, der ich sein kann, damit ich mehr Kommissionen bekomme.
2. Davon spare ich 30 %, um mir ein vermietetes Objekt zu kaufen.
3. Als Investition kaufe ich eine Immobilie.
4. Diese Immobilie manage ich effizient.

5. Ich verwende sie als Sicherheit, um eine weitere Immobilie zu kaufen.
6. Am Ende will ich zehn vermietete Immobilien besitzen.
7. Diese zehn muss ich nur noch abbezahlen.
8. Und schon bin ich Millionär!

Das ist ein guter, durchführbarer Plan dafür, Millionär zu werden. So haben es schon viele geschafft, also schaffen es bestimmt auch noch mehr.

Was er nicht enthält, ist jede einzelne kleine Handlung auf dem Weg. Jeder der oben aufgeführten Schritte beinhaltet viele weitere Aufgaben. Und auch, wenn Sie jetzt noch nicht alle davon kennen, können Sie immerhin wissen, welche davon die *nächste* ist. Zum Beispiel:

1. Ich werde der beste Makler, der ich sein kann, damit ich mehr Kommissionen bekomme. Nächster Schritt: *Suchen Sie sich einen Businesscoach.*
2. Davon spare ich 30 %, um mir ein vermietetes Objekt zu kaufen. Nächster Schritt: *Eröffnen Sie ein separates Bankkonto für das gesparte Geld.*
3. Als Investition kaufe ich eine Immobilie. Nächster Schritt: *Machen Sie einen Termin mit Ihrer Bank, um Ihre finanziellen Möglichkeiten und die Rahmenbedingungen eines Kredits zu klären.*
4. Diese Immobilie manage ich effizient. Nächster Schritt: *Schauen Sie sich fünf potenzielle Hausmeisterdienstleistungsfirmen an.*

Keiner dieser Schritte ist besonders schwer, aber für unseren fiktionalen Makler sind sie wahrscheinlich alle äußerst wichtig. Er wird jeden Tag neue nächste Schritte finden, aber der Plan an sich bleibt dabei mehr oder weniger gleich.

Ich könnte jetzt Versionen dieses Plans für Bauarbeiter, Lehrer oder Buchhalter aufschreiben. Dabei ändern sich aber immer nur ein paar Details. Ein Bauarbeiter konzentriert sich vielleicht lieber darauf, ein Haus zu kaufen, das er sanieren und mit Gewinn weiterverkaufen kann. Ein Lehrer hält möglicherweise nach einem Haus Ausschau, das im Frühjahr auf den

Markt kommt, damit er es in den Ferien selbst zum Vermieten herrichten und Geld sparen kann. Ein Buchhalter kennt unter Umständen andere Geldquellen als nur eine Bank.

Die Kraft eines Plans liegt nicht darin, dass man am Anfang schon alles weiß. Wichtig ist nur, dass man drei Dinge kennt: das Ziel, den Weg dahin, der ideal für einen selbst ist, und den nächsten Schritt auf dem Weg.

Jetzt oder später

Bei Ihrem Flugplan geht es zwangsläufig um Ihre Zukunft. Er führt Ihre Schritte, sagt Ihnen, wo es lang geht und warum, und wohin diese nächsten Schritte Sie führen sollen. Ein guter Flugplan verrät Ihnen, wohin die Reise geht, wie lange sie dauern wird und wie Sie dorthin gelangen.

Dabei dürfen Sie aber nicht vergessen, dass es neben all dem auch noch ein Jetzt gibt. Das ist die Gegenwart, das Leben, das Sie aktuell führen, und es wäre klug, sich auch dafür Zeit zu nehmen. Ich habe schon viel zu viele Millionäre gesehen, die sich das *Jetzt* versagt haben und dadurch ihre Beziehungen, ihre Gesundheit und ihr Glück aufs Spiel gesetzt haben.

Ich stelle Leuten gern eine Frage: „Was ist die eine Sache, die Sie einmal im Leben gemacht haben wollen, die Sie aber immer auf die lange Bank schieben?"

Darauf habe ich schon viele verschiedene Antworten bekommen, zum Beispiel diese:

- „Ich wollte schon immer mal nach Italien."
- „Ich will den Ort besuchen, wo meine Familie herkommt."
- „Ich möchte mich in Form bringen."
- „Ich will kochen lernen."

Als nächstes frage ich dann gern: „Und wann wollen Sie das machen?"

Auch darauf bekomme ich viele Antworten:

- „Wenn ich es mir leisten kann."
- „Wenn ich mehr Zeit habe."
- „Wenn ich in Rente gehe."
- „Wenn die Kinder aus dem Haus sind."

Das Auffälligste an diesen beiden Fragen?

Die Antworten auf die erste sind meistens aufgeregt und hoffnungsvoll. Die Antwort auf die zweite ist langfristig oft tragisch.

Bei Zielen geht es um die Zukunft. Aber machen Sie nicht den Fehler, *alles* auf einen weit entfernten Zeitpunkt aufzuschieben, wenn Sie Zeit und Geld haben und gesund sind. Es kann nämlich immer passieren, dass dieser Zeitpunkt niemals kommt.

Setzen Sie sich Ziele. Schmieden Sie Pläne. Werden Sie so gut, wie Sie sein können. Bauen Sie sich das Vermögen auf, das Sie sich wünschen. Aber vergessen Sie nicht, dass Ihnen auch eine Gegenwart zur Verfügung steht, in der ebenfalls großes Potenzial schlummert.

Morgenmillionäre

OPRAH WINFREY meditiert jeden Morgen zwanzig Minuten lang und sagt darüber, dass es ihr Leben mit „Hoffnung, Zufriedenheit und einer tiefen Freude" füllt.

Danach steigt sie aufs Laufband, um ihren Puls in Schwung zu bringen. Winfrey schwört auf mindestens fünfzehn Minuten Sport, die ihre Produktivität erhöhen und ihr neue Energie verleihen.

Als nächstes bringt sich Winfrey wieder auf den Boden, indem sie einen Spaziergang macht, Musik hört oder sich etwas Gutes zu Essen zubereitet. Sie beendet ihr Ritual damit, dass sie eine vollwertige Mahlzeit mit vielen komplexen Kohlenhydraten, Ballaststoffen und Eiweiß zu sich nimmt.

BRYAN ADAMS, Inc. Online

7. LEKTION IV: WERDEN SIE SUPER

Die Macht der Leverage zur Schaffung von Reichtum

Es reicht nicht aus, beschäftigt zu sein. Jede Ameise ist beschäftigt. Die entscheidende Frage ist: Womit beschäftigen wir uns?

HENRY DAVID THOREAU

Mit Anfang dreißig wachte ich eines Morgens auf und stellte fest, dass ich einen seltsamen Ausschlag auf der Brust hatte. Im Spiegel sah es aus, als hätte mich jemand mit Brennnesseln eingerieben, während ich schlief. Über eine Seite meiner Brust zog sich ein leuchtend roter Streifen aus Eiterbläschen.

Dieser Streifen *tat* allerdings viel mehr *weh*, als man es von Brennnesseln kennt. Er schmerzte unglaublich. Ich hatte keine Ahnung, woher er kam, aber die Schmerzen waren so groß, dass ich mich nicht mehr auf meine Arbeit konzentrieren konnte. Also ging ich zum Arzt.

Der Arzt warf nur einen Blick darauf, lehnte sich zurück und sagte: „Gürtelrose."

„Gürtelrose?", fragte ich.

„Genau. Gürtelrose."

Dann erklärte er mir, das sei ein erneutes Aufflammen des gleichen Virus, der auch Windpocken verursacht. Windpocken hatte ich, wie viele Menschen, als Kind gehabt.

„Das Seltsame daran", sagte er, „man sieht das normalerweise erst ab einem Alter von fünfzig oder sechzig aufwärts. Normalerweise bekommt man das nur, wenn man älter, krank oder sehr stark gestresst ist. Um ehrlich zu sein, weiß ich nicht, wie Sie sich das zugezogen haben."

Aber ich wusste es ganz genau.

Zu dieser Zeit wohnte ich in Dallas und verwaltete dort ein ganzes Neubaugebiet, das ich gekauft hatte. Ich hatte bereits vier Franchiseunternehmen eröffnet und hatte unendlich viel zu tun. Also tat ich das, was ich am besten konnte: Ich *arbeitete sehr viel.*

Damals glaubte ich noch, harte Arbeit sei der Schlüssel zu allem – Reichtum, Geschäften, Erfolg –, also bestand meine Strategie daraus, immer mehr Arbeitsstunden in meinen Tag zu packen, damit ich mit all dem fertig werden konnte.

Und es gab *viel*, mit dem ich fertig werden musste.

Ich machte alles selbst: Ich kaufte Büromöbel, baute Arbeitskabinen zusammen, kümmerte mich um die Finanzen, stellte neue Leute ein und reparierte Computer. Wenn es irgendwo etwas zu tun gab, hatte ich irgendwie die Finger im Spiel. Dabei rieb ich mich allerdings selbst komplett auf.

Die schmerzhafte Gürtelrose war für mich ein Alarmsignal. Auf einmal litt ich an einer Krankheit, die sonst nur Menschen betraf, die Jahrzehnte älter waren als ich oder Dinge wie Krebs oder HIV hatten. Offensichtlich musste sich daran etwas ändern.

Das ABC des Reichtums

Ungefähr um die gleiche Zeit, als ich von der Gürtelrose geplagt wurde, besuchte ich ein Seminar und lernte dort einen Mann kennen, der fast eine Milliarde Dollar besaß. Während wir uns unterhielten, rechnete ich schnell im Kopf etwas aus. Ich wusste, wie hart ich arbeiten musste, um auch nur einen Bruchteil seines Vermögens zu generieren, also versuchte ich mir auszumalen, wie viel Arbeit es bedeutete, eine *Milliarde* Dollar anzuhäufen. Wie konnte ich das jemals alles schaffen? Und warum hatte *er* eigentlich keine Gürtelrose?

Ich fragte ihn: „Wie schaffen Sie das alles eigentlich? Im Vergleich zu ihrem ist mein Unternehmen winzig, aber ich komme jeden Tag ein bisschen mehr in Verzug."

„Das Geheimnis meines Erfolgs ist ganz einfach", antwortete er. „Ich schreibe jeden Morgen die sieben wichtigsten Dinge auf, die ich an diesem Tag erledigen muss."

Die sieben wichtigsten Dinge, dachte ich. *Okay.*

„Und dann", fuhr er fort, „mache ich die ersten drei."

„Das ist alles?"

„Das ist alles", sagte er. „Das ist mein ganzes Erfolgsgeheimnis."

Ich sah ihm nach, während er ganz zufrieden wegging, und rieb mir dabei die Narben von meiner Gürtelrose, die langsam verblassten.

Als veränderter Mann kehrte ich in mein Büro zurück. Bis dahin hatte ich meine To-Do-Liste einfach in der Reihenfolge abgearbeitet, in der ich sie aufgeschrieben hatte. Jetzt gab ich jeder Aufgabe eine Priorität von A bis C. A war die oberste Priorität, C die unterste.

Und dann? Dann kümmerte ich mich nur noch um die As.

Selbst wenn es die schwersten Aufgaben waren oder ich überhaupt keine Lust darauf hatte, erledigte ich die As. Die As waren die wichtigsten Dinge, die es in meinem Unternehmen zu tun gab, das wusste ich genau.

Wenn es der Milliardär so machte, würde *ich* es ebenso machen. Und basta.

Es war die reinste Erleuchtung. Fast sofort geschahen zwei Dinge.

Erstens begann ich, überraschenderweise wieder viel mehr Spaß an meiner Arbeit zu finden. Davor war ich jeden Morgen aufgewacht und hatte einen Tag vor der Nase, an dem ich endlos viele Aufgaben zu bewältigen hatte, von denen die meisten dem in die Quere zu kommen schienen, was ich eigentlich machen wollte. Jetzt freute ich mich schon morgens auf den Tag, weil ich wusste, dass ich meine Zeit und Energie so gewinnbringend wie möglich einsetzen würde.

Zweitens verbesserten sich meine Ergebnisse *gewaltig*. Dinge kamen *in Bewegung*. Indem ich mich auf die wichtigen Dinge konzentrierte, schaffte ich insgesamt viel mehr. Wenn ich den ganzen Tag Computer reparierte oder Arbeitskabinen zusammenbaute, wuchs mein Unternehmen dabei kein bisschen. Im Gegenteil, es schrumpfte. Wenn ich mich aber *genauso lange* auf die A-Punkte meiner Liste, wie Unternehmensentwicklung und das Anwerben von neuen Mitarbeitern, konzentrierte, veränderte sich alles radikal zum Besseren.

Mehr als nur Priorisierung

Es wäre einfach, das, was mir der Milliardär beigebracht hat, als „Priorisierung“ oder „Zeitmanagement“ zu bezeichnen. Und ganz falsch wäre es sicher auch nicht. Aufgaben von wichtig zu unwichtig zu sortieren ist eines der Grundprinzipien von Zeitmanagement und Produktivität. Es dürfte

Ihnen schwerfallen, ein Buch oder Seminar zu diesem Thema zu finden, das nicht irgendeine Variation davon enthält.

Aber „Prioritäten in Ordnung bringen“ erfasst nur zum Teil, was damals wirklich passiert ist. Es erklärt nicht, warum Priorisierung tatsächlich *funktioniert.* Wie kam es, dass eine winzige Veränderung an der Reihenfolge, in der ich Dinge tat, die Ergebnisse so stark beeinflusste?

Was mir der Milliardär gezeigt hatte, war etwas, das jeder Möchtegernmillionär wissen muss. Manche Menschen lernen es schnell und einfach, andere, wie ich, bekommen Gürtelrose. Aber wann und wie auch immer Sie es lernen, die Lektion ist immer die gleiche: *Um reich zu werden, müssen Sie mehr aus den Ressourcen herausholen, die Sie haben.*

Um diese Lektion voll zu verstehen, müssen wir zwei Jahrtausende zurückschauen, zum griechischen Erfinder und Mathematiker Archimedes. Er soll gesagt haben, man solle ihm nur einen Hebel geben, der lang genug ist, und einen Ort, wo er sicher hintreten kann, und er würde die Welt aus den Angeln heben.

Archimedes sprach dabei von einem echten Hebel, aber sein Prinzip der *Hebelwirkung*, der *Leverage*, greift noch viel weiter. Es erklärt, warum ich in der gleichen oder sogar in kürzerer Zeit viel mehr in meiner Firma erreichte, sobald ich anfing, meine Zeit besser einzuteilen. Ich nutzte meine Zeit nicht nur, ich *verwendete* sie als Hebel.

Beim Leverage-Effekt geht es darum, mit dem gleichen oder geringerem Einsatz mehr zu erreichen. Wenn man einen langen Hebel benutzt, um damit etwas Schweres zu bewegen, kann man mit der gleichen Kraft viel mehr Masse heben. Wenn ich meine Zeit zielgerichteter einsetze, schaffe ich viel *mehr*. Ich setzte meine Zeit auf höherem Niveau in meiner Firma ein, also tat diese Zeit *mehr*. Genauso viel Zeiteinsatz, besseres Ergebnis. Und im Fall meines Unternehmens bedeutete ein besseres Ergebnis mehr Verkäufe und wachsenden Wohlstand.

Die Mathematik der Millionäre

Wir alle besitzen Ressourcen, die wir jeden Tag bei der Arbeit einsetzen. Jeder von uns hat Dinge wie Zeit, Geld, Energie und Körperkraft. Diese Ressourcen können wir nutzen, um Werte zu schaffen und ein Vermögen aufzubauen.

Wenn Sie zum Beispiel Zeit aufwenden, um zu arbeiten, tauschen Sie diese Ressource ein, um Ihr Gehalt zu bekommen. Wenn Sie Geld auf einem Sparbuch anlegen, tauschen Sie diese Ressource gegen (sehr) wenig Zinsen ein.

Millionäre besitzen ebenfalls Ressourcen. Sie haben, wie jeder andere auch, Zeit, Geld, Energie und Kraft, aber *sie betrachten diese Dinge anders.*

Menschen, die nicht reich sind, denken:

- „Wenn ich immer weiter auf mein Sparbuch einzahle, baue ich mir vielleicht irgendwann ein Vermögen auf."
- „Wenn ich mehr Stunden in jeden Tag packe, schaffe ich vielleicht mehr."
- „Wenn ich länger arbeite, verdiene ich vielleicht mehr."

Das ist alles nicht ganz falsch, aber es gilt auch nicht *uneingeschränkt.* Die meisten Menschen sehen die Welt rein additiv – je mehr man hineinsteckt, desto mehr bekommt man zurück. Reiche Leute sehen das etwas anders. Sie wissen, dass Addition – mehr Zeit in den Tag zu stecken oder mehr Geld auf ein Konto zu legen – nicht mehr ist als das: etwas zu etwas anderem hinzuzufügen. Millionäre mögen Addition nicht. Sie mögen *Multiplikation.* Sie mögen *Leverage.* Ihre Investitionen, ob Zeit, Energie, Geld oder andere Aktivposten, sollen sich *exponentiell* vermehren, nicht in einer geraden Linie.

Mein Zusammentreffen mit dem Milliardär hatte dafür gesorgt, dass ich die erste Form der Leverage kennenlernte: meine Zeit zu multiplizieren.

Wo ich immer nur noch mehr Dinge zu meinem Arbeitspensum hinzufügte, bis ich es einfach nicht mehr schaffte, suchte er sich die Dinge, die er tat, strategisch so aus, dass die Investition seiner Zeit die bestmöglichen Ergebnisse einbrachte. Ich versuchte, jeden Tag mehr zu schaffen, er tat nur die drei wichtigsten Dinge. Dadurch *multiplizierte* sich seine Investition Tag für Tag, jahrelang, während sich meine immer nur aufaddierte. Rein mathematisch war das für mich ein schlechtes Geschäft.

Nachdem ich mir seinen Rat zu Herzen genommen hatte, stellte ich schnell fest, dass meine Erträge stiegen, wenn ich meine Zeit anders einsetzte. Sie wurde plötzlich viel wertvoller. Ich hatte begonnen, sie wirksamer zu verwenden, indem ich multiplizierte, statt nur zu addieren.

Der Weg von der Gürtelrose hin zur Leverage war nicht leicht, aber er hat sich ausgezahlt. Nachdem ich die Gürtelrose losgeworden war und mein Zeitmanagement umgestellt hatte, sagte mir jemand: „Es ist, als hättest du dich von Clark Kent zu Superman verwandelt."

Natürlich bin ich noch lange nicht perfekt. Ich bin kein Superman. Aber es kann sich durchaus so anfühlen, wenn man zum ersten Mal erfährt, welche Zauberkräfte Leverage haben kann.

Reichtum ist ein Mannschaftssport

Ihnen ist natürlich längst aufgefallen, dass dieser elegante Plan der Priorisierung einen Haken hat. Wenn man sich nur noch um die Jobs kümmert, die oberste Priorität haben, hat das selbstverständlich Nebenwirkungen.

Es dauerte nicht sehr lange, bis die kleinen B- und C-Aufgaben anfingen, sich zu stapeln. Mein Zuhause glich einem Schlachtfeld, weil ich aufgehört hatte, mich um solche C-Aufgaben wie Hausarbeit zu kümmern. Mein Unternehmen wuchs, aber meine persönlichen Finanzen waren das reinste Chaos, weil ich meine Rechnungen nicht mehr bezahlte – nicht, weil ich das Geld nicht gehabt hätte, sondern weil Rechnungen zu bezahlen keine A-Aufgabe war, also nicht die beste Art, meine Zeit zu verwenden.

Das lief alles ganz großartig, bis mir der Strom abgestellt wurde und Mahnungen für meine Kreditkartenabrechnungen eintrudelten. Oder bis das Büro sich in einen unordentlichen Haufen verwandelte und die Computer den Geist aufgaben, weil ich sie nicht mehr reparierte, sodass niemand mehr richtig bei der Arbeit vorankam.

An diesem Punkt stellte ich fest, dass ich mehr als nur meine eigene Zeit effizient einsetzen musste. Ich hatte die Grenze der Leverage erreicht, die ich selbst einsetzen konnte. Ab sofort würde ich Hilfe brauchen.

Zuallererst stellte ich einen Buchhalter ein. Und dann einen Assistenten. Ich fing an, mich mit Leuten zu umgeben, die sich um die Aufgaben kümmerten, auf die ich meine eigene Zeit nicht am besten verwendete. So baute ich mir mit der Zeit ein ganzes Team von Mitarbeitern auf und lernte die nächste Form der Hebelwirkung kennen: den Wert der Multiplikation durch andere Menschen, nicht nur durch mich selbst.

Wenn Sie Multimillionäre eingehend befragen, werden Sie darunter nicht viele finden, die sich ihr ganzes Vermögen allein aufgebaut haben. So etwas ist sehr selten. Die moderne Technik hat uns einige neue Möglichkeiten der Leverage an die Hand gegeben, die es vor ein paar Jahrzehnten noch nicht gab, aber letzten Endes ist es doch *ein Mannschaftssport, sich ein bedeutendes Vermögen zu erarbeiten.*

Multimillionäre wissen, dass es extrem schwer ist, ganz allein Millionen Dollar an Wert zu generieren. Sie kennen die Bedeutung eines guten Teams.

Denken Sie jetzt aber bitte nicht, Sie müssten gleich losstürmen und einfach nur mehr Leute auf Ihre Gehaltsliste setzen. Es kann zwar durchaus sein, dass das der richtige nächste Schritt für Sie ist, aber wir sind nicht alle auf dem gleichen Weg zum Wohlstand.

Ihr Team kann viele verschiedene Formen annehmen. Vielleicht setzen Sie auf Subunternehmer und Consultants, die in unregelmäßigen Abständen bestimmte Aufgaben für Sie übernehmen. Der Inhaber eines kleinen Unternehmens hat vielleicht Außendienstmitarbeiter, die auf Kommission arbeiten, oder er kauft von anderen Firmen Produkte und Material zu. Vielleicht brauchen Sie einen virtuellen Assistenten, der Ihre Reisen bucht und Ihre Termine verwaltet. Ein Makler könnte zum Beispiel auch ein Netzwerk aus Handwerkern gut gebrauchen, denen er vertraut und die für ihn Reparaturen an vermieteten Objekten durchführen.

Sie brauchen keine Armee von Vollzeitangestellten, um Ihre Leverage zu verbessern, aber Sie werden sich ein Team zusammenstellen müssen, wenn Sie wollen, dass Ihr Vermögen wächst.

Warum ist Leverage so wichtig?

Der Durchschnittsmensch glaubt, um reich zu werden, müsse man in erster Linie viel *arbeiten.*

Damit hat er teilweise recht. Arbeit ist wichtig. Einen Millionär, der glaubt, es reiche aus, herumzusitzen und darauf zu warten, dass man reich wird, gibt es nicht. Wenn man sich für Reichtum entscheidet, entscheidet man sich gleichzeitig dafür, seine Zeit und Energie – also das, was man gemeinhin „Arbeit" nennt – dafür aufzuwenden, diese Entscheidung in die Realität umzusetzen.

Dabei ist es aber wichtig, diese Unterscheidung zu bedenken: *Arbeit ist nicht so wichtig wie Leverage.*

Wie könnte es auch anders sein? Schließlich arbeiten viele, wenn nicht sogar die meisten Menschen jahrzehntelang. Die meisten Erwachsenen verbringen den Großteil ihrer Zeit damit, eine 40-Stunden-Woche oder eine Version davon umzusetzen. Aber nur ein geringer Prozentsatz von ihnen wird dadurch zum Millionär. Wenn Arbeit allein der Schlüssel zum Reichtum wäre, wären wir *alle* reich.

Das sind wir aber nicht. Nicht einmal annähernd. Die überwältigende Mehrheit von uns ist ständig pleite, oder es geht uns bestenfalls finanziell *ganz gut*.

Es muss also noch einen anderen Faktor geben, der eine Rolle spielt. Und dieser Faktor heißt Leverage.

Wie Sie Ihre Zeit, Ihr Geld, Ihre Energie und Ihre Talente einsetzen, bestimmt, ob Sie reich werden.

Das ist so wichtig, dass ich es noch einmal wiederholen möchte. *Wie Sie Ihre Zeit, Ihr Geld, Ihre Energie und Ihre Talente einsetzen, bestimmt, ob Sie reich werden.*

Nicht, wie viel Sie arbeiten.

Jeder arbeitet. Was den Unterschied macht, ist Leverage. Wie Sie Ihre Zeit, Ihr Geld, Ihre Energie und Ihre Talente verwenden, *vervielfacht* die Ergebnisse, die Ihre Arbeit Ihnen einbringt.

Ein Makler kann zum Beispiel seine ganze Karriere lang Häuser verkaufen. Jeder Verkauf, den er erfolgreich abschließt, bringt sein Vermögen ein kleines Stück weiter. So kann er seinen Lebensunterhalt verdienen und ein bisschen Geld für später auf die hohe Kante legen. Je mehr Kunden er findet, desto mehr Häuser kann er anbieten. Im Lauf der Zeit kann er immer mehr Immobilien verkaufen und länger arbeiten, um mehr zu verdienen. Aber irgendwann stößt er an eine natürliche Grenze dessen, was er erreichen kann.

Vergleichen Sie das mit einer Person, die Immobilien *kauft* und dann vermietet. Jede dieser Immobilien bedeutet ein monatliches Einkommen, das nicht viel Aufwand verlangt. Die Person, die sich ein auf Immobilienvermietungen basierendes Unternehmen aufbaut, *multipliziert* ihre Zeit und ihr Geld, und es gibt keine Obergrenze dafür, wie viel sie verdienen kann.

Das gleiche Marktsegment, aber sehr verschiedene Aussichten auf Wohlstand. Der Unterschied? Leverage. Genauso hat man nur wenig Gelegenheiten, Leverage einzusetzen, wenn man *für* ein Unternehmen arbeitet. Gründet man dagegen eines, sind die Möglichkeiten schier endlos.

Lernen: der längste Hebel

Im Rückblick frage ich mich oft, ob mir die Gürtelrose das Leben gerettet hat. Hätte ich nur immer weiter härter und länger gearbeitet, hätte ich mich damit wahrscheinlich vorzeitig ins Grab geschuftet oder zumindest auf dem Weg dorthin meine Beziehungen und meine Gesundheit zerstört.

Je mehr ich über Leverage zu lernen begann, desto eher sah ich die ganze Welt durch diese Brille – als hätte mir das neue Wissen Superkräfte verliehen, einen Röntgenblick, der sich geradewegs durch die Addition an der Oberfläche bohrte und mir die darunterliegende Welt der Multiplikation und Leverage zeigte.

Ich begann zu erkennen, dass es eine natürliche Reihenfolge gibt, in der die meisten Menschen Leverage kennenlernen und beginnen, sie zu nutzen. Im Geschäftsleben fängt man meistens allein an. Zu Beginn macht man die ganze Arbeit selbst. Je mehr man allerdings zu tun hat, desto deutlicher erkennt man, dass man seine Zeit als Hebelwirkung verwenden muss, wenn man alles schaffen will.

Solange man seine Zeit auf Dinge verwendet, die keine unmittelbaren Ergebnisse einbringen, sich zum Beispiel um Papierkram kümmert, addiert man nur, statt zu multiplizieren. Schlimmer noch, wenn man nicht aufpasst, *subtrahiert* man ganz schnell.

Wenn Sie immer mehr zu tun bekommen, stellen Sie ganz schnell fest, dass Sie Hilfe brauchen. Sie können die B- und C-Aufgaben nicht auf Dauer liegenlassen, wie ich es getan habe, und trotzdem erwarten, dass alles weiter wie am Schnürchen läuft. Zu diesem Zeitpunkt holen Sie andere Leute in Ihr Team. Sie setzen ihre Zeit als Leverage ein, um mehr zu schaffen – idealerweise sogar besser, als Sie es allein geschafft hätten.

Wenn Ihr Vermögen langsam zu wachsen beginnt, merken Sie, dass es sich mit Geld ganz genauso verhält wie mit Zeit und Menschen – dass es eine Ressource ist, die Sie als Leverage einsetzen können. Um sich zu vermehren, muss auch Ihr Geld für Sie arbeiten. Es muss in Bewegung bleiben.

Die Reichen haben das schon längst gelernt. Sie wissen, dass Geld auf einem Sparbuch, in einem Sparschwein oder unter der Matratze nichts ausrichtet. Um ihren Reichtum zu vermehren, das ist ihnen klar, müssen sie Zeit, Menschen *und* Geld für sich arbeiten lassen.

Es gibt jedoch eine Form der Leverage, die all diese anderen Arten der Multiplikation in den Schatten stellt. Ich nenne das den „Haupthebel", und dieser steht Ihnen jetzt gerade schon zur Verfügung. Sie brauchen dafür keine Angestellten, die für Sie arbeiten, und auch kein Geld zum Investieren.

Alles, was Sie dafür brauchen, ist eine Fähigkeit, die wir alle besitzen: *die Fähigkeit zu lernen.*

Lernen ist eine meisterhafte Methode, etwas zu multiplizieren. Alles, was Sie lernen, können Sie immer wieder aufs Neue anwenden. Es ist, als hätten Sie einen Dollar, den Sie immer wieder ausgeben können. Lernen ist die goldene Gans des Lebens – so lange Sie sie füttern, wird sie Ihnen goldene Eier legen.

Letzten Endes ist das der wahre Wert des Morgens. Diese ruhige Zeit der Stille, wenn die ganze Welt noch im Bett liegt und Sie allein die Zügel in der Hand halten – das ist die Zeit, die Sie zum Lernen nutzen können.

Das ist die Zeit, in der Sie Ihre goldene Gans füttern und den längsten Hebel von allen ziehen.

Das ist die Zeit, in der Sie Ihre Superkraft finden.

Morgenmillionäre

Ich treibe jeden zweiten Tag eine Stunde Sport und jogge ins Büro. Dort nehme ich mir erst mal die To-Do-Liste vor, die ich am Abend zuvor zusammengestellt habe. Ich lege meine Prioritäten fest und kümmere mich zuerst um das Wichtigste. Tage haben so eine Tendenz, einem durch die Finger zu gleiten, aber so kann ich sicherstellen, dass die wichtigsten Dinge trotzdem erledigt werden.

BARBARA CORCORAN
Gründerin der „The Corcoran Group" und Investorin bei *Shark Tank*, der amerikanischen Version von *Die Höhle der Löwen*

8. LEKTION V: DER SPECHT-EFFEKT

Wann Sie sich durchbeißen und wann Sie aufgeben sollten

Ein Specht kann zwanzigmal an tausend Bäumen klopfen und nichts erreichen, außer, dass er beschäftigt ist. Oder er kann zwanzigtausendmal an einem Baum klopfen und sich sein Abendessen sichern.

SETH GODIN, The Dip

Viele Millionäre zu kennen hat einige Vorzüge. Manche davon fallen Ihnen wahrscheinlich auch sofort ein: Zugang zu wertvollen Netzwerken, unschätzbarer Erfahrung und Kapital. Aber mein liebster Vorteil daran ist zweifelsohne, sie fragen zu können, *wie sie es dahin geschafft haben, wo sie heute sind.*

Jemanden fragen zu können, wie er es geschafft hat, viel zu erreichen, ist ein außergewöhnlich wertvolles Geschenk. Es ist ein echter Vorteil, und das nicht nur, wenn es um Geld geht. Wenn Sie großartige Eltern kennen, oder jemanden, der in hervorragender körperlicher Verfassung ist, oder einen besonders guten Freund, ist *das ein Geschenk* – und Sie haben vielleicht noch gar nicht angefangen, es auszupacken. Ihre Verbindung zu solchen Personen ist Ihre Chance, herauszufinden, wie sie es geschafft haben. Wenn Sie Ihren Reichtum an irgendeiner Stelle erfolgreich verbessern wollen, sollten Sie *das zuallererst betrachten*. Die Menschen in Ihrem Leben, die das geschafft haben, was Sie sich auch wünschen, sind eine großartige Ressource. Lassen Sie sich die nicht entgehen.

Wenn es um Geld geht, stelle ich den Millionären, die ich kennenlerne, gerne eine bestimmte Frage: *Welche drei Dinge haben Ihnen am meisten dabei geholfen, Millionär zu werden?*

Die Antworten darauf sind überraschend unterschiedlich. Oft höre ich solche Dinge:

- „Ich habe ein Gespür für gute Gelegenheiten."
- „Ich kann andere Menschen gut als Leverage einsetzen."
- „Ich habe ein Händchen für Finanzen."
- „Ich bin ein verdammt guter Verkäufer."

Wenn ich sie bei einer Gelegenheit erwische, bei der sie offener und ehrlicher sind, bekomme ich oft andere, persönlichere Antworten:

- „Mein Antrieb war, dass ich meinen Kindern ein gutes Vorbild sein wollte."
- „Meine Eltern waren ständig pleite, deshalb ist es meine größte Angst, arm zu sein."
- „Ich bin ein Workaholic."
- „Ich hatte einfach Glück."

Manche dieser Gründe sind positiver als andere. Manche sind vermutlich hilfreicher als andere. Aber so oder so glaube ich, dass es ehrliche Beurteilungen dessen sind, was der jeweilige Millionär glaubt, was ihm am meisten geholfen hat.

Es gibt daran zwei Aspekte, die sich zu verstehen lohnen. Der erste ist, dass Sie niemanden genau kopieren müssen. Wenn Ihnen jemand sagt, dass seine Nase für Finanzen der Schlüssel zu seinem Erfolg ist, bedeutet das nicht zwangsläufig, dass auch Sie für Ihre ganze Zukunft darauf setzen müssen, sich finanzielle Expertise anzueignen. Ihr Weg ist Ihr eigener. Sie haben Ihre eigenen Talente, Ihr Leben ist einzigartig. Es ist klug, den Weg anderer zu studieren, aber es ist noch klüger zu wissen, wie Sie den besten Weg für sich selbst finden.

Der zweite Aspekt ist etwas interessanter. Ich habe Hunderte von unterschiedlichen Antworten auf meine „Millionärsfrage" bekommen, aber darunter ist eine, die *wirklich jedes Mal* auftaucht: „Ich habe nie aufgegeben."

Natürlich ist diese Antwort oft anders formuliert. Manche Leute sagen: „Ich bin immer bei der Stange geblieben", von anderen höre ich: „Ich wusste nicht, was ich sonst machen sollte, also habe ich einfach weitergemacht." So oder so habe ich im Kern jeder Millionärsgeschichte das gleiche Konzept gefunden – eines, von dem ich glaube, dass es wichtiger ist als alle anderen. *Durchhaltevermögen.*

Das Dilemma des Spechts

Durchhaltevermögen ist keine neue Idee. Im Kern handelt es sich dabei um nichts anderes als die Fähigkeit, weiterzumachen, auch wenn die Umstände ungünstig sind. Jeder, von Eltern eines neugeborenen Babys bis hin zu Langstreckenläufern, braucht Durchhaltevermögen. Aber wenn es darum geht, sich ein Vermögen zu erarbeiten, hat das Konzept viel mehr Abstufungen, als die meisten Leute wissen.

Jeder reiche Mensch, den ich kenne, musste schon einmal bei etwas durchhalten, oftmals durch extrem schwierige Zeiten. Egal, welchen Weg zum Reichtum Sie wählen, wenn die Millionäre dieser Welt nicht falsch liegen, wird Ihnen das auch blühen. *Durchhaltevermögen ist ein Muss.*

Nennen Sie es Entschlossenheit, Beharrlichkeit, Hartnäckigkeit oder einfach nur die Weigerung aufzugeben. Die Essenz ist die gleiche: Wenn es hart auf hart kommt, machen die Harten weiter. Oder wie Churchill es ausgedrückt hat: „Wenn du durch die Hölle gehst, geh weiter."

An diesem Ratschlag gibt es zwei Probleme. Erstens: *Wie bekommt man es hin, einfach weiterzumachen*? Schließlich geben wir normalerweise Dinge auf, die uns schwerfallen. Wenn es leicht wäre, reich zu werden, gäbe auch niemand auf und wir wären alle Millionäre. Der markige Spruch, man solle „sich nicht hängenlassen", erscheint da doch manchmal ein wenig zu kurz gegriffen.

Das zweite Problem ist, dass es *manchmal auch das Richtige sein kann, etwas aufzugeben*. Durchhaltevermögen mag zwar nicht optional sein, aber wenn ich eines durch Beobachtung der Millionäre der Welt gelernt habe, dann das: *Aufgeben ist manchmal genauso entscheidend*. Sie können nicht für immer ein Unternehmen leiten, das Geld verliert, und erwarten, dass Sie irgendwann reich werden. Sie können nicht dauerhaft winzige Zinsen für Ihre Investitionen einstreichen und sich erhoffen, dadurch irgendwann zum Multimillionär zu werden. Manchmal müssen Sie etwas einfach aufgeben.

Ich nenne das *Das Dilemma des Spechts*. Ein Specht kann stundenlang an der gleichen Stelle hämmern und nichts finden, oder er kann etwas zum Fressen finden, das ihm erlaubt, am nächsten Tag weiterzuklopfen. Das Problem des Spechts ist, dass er wissen muss, wann er an dem Baum weitermacht, an dem er gerade arbeitet, und wann er aufgeben und bei einem anderen Baum weitermachen sollte.

Anders ausgedrückt: Sollte er *hartnäckig* bleiben oder die Sache gehen lassen?

Beim Vermögensaufbau verhält es sich ganz ähnlich. Es geht sehr oft darum, zu wissen, wie man sich entscheiden muss, und wann man die Entscheidung trifft. Durchhaltevermögen ist eine Voraussetzung. Ebenso wie Aufgeben. Woher sollen Sie also wissen, welches von beidem richtig ist?

Wie entscheiden Sie, ob Sie – wie der Specht – den Baum wechseln sollen oder nicht?

Fangen wir zunächst mit dem ersten Problem an – der Frage, wann Sie hartnäckig bleiben sollten –, indem wir uns die drei Hauptgründe anschauen, aus denen Menschen vorzeitig aufgeben: *Fehler, Angst* und *Trägheit.* Dann betrachten wir die Frage, wann es besser ist, aufzugeben und sich neuen Gelegenheiten zu widmen – besseren Bäumen, um im Bild zu bleiben.

Wann man NICHT aufgeben sollte

Ebenso wie es eine unendliche Anzahl Wege zum Reichtum gibt, gibt es unendlich viele Gründe, warum wir aufgeben. Diese Gründe sind allerdings nicht alle unbedingt *gut.* Viele von ihnen – vielleicht sogar der Großteil – sind schlecht. Diese schlechten Gründe fallen in drei Kategorien.

Schlechter Grund zum Aufgeben Nr. 1: Fehler

Um das Jahr 2006 begann mein Unternehmen, Fahrt aufzunehmen. Die Immobilienbranche boomte und ich ritt fleißig auf dieser Welle mit. Statt einer Niederlassung, wie im Jahr zuvor, eröffnete ich auf einmal *vier.* Es war völlig verrückt. Meine Verkäufe schossen geradezu in den Himmel.

Wenn man auf einen so schnellen Zug aufspringt, gibt es unglaublich viel zu tun. Man kann gar nicht schnell genug Leute einstellen – oder auch nur finden. Ständig sucht man nach geeigneten Mitarbeitern auf allen Ebenen, muss dabei gleichzeitig eine ellenlange To-Do-Liste abarbeiten und sich auch noch um plötzlich auftretende Probleme kümmern. Bei dieser Geschwindigkeit bleibt es nicht aus, dass man immer öfter immer größere Entscheidungen treffen muss, während es sich gleichzeitig so anfühlt, als hätte man dafür immer weniger Zeit und Informationen zur Verfügung.

Und das führt fast unweigerlich zu Fehlern.

In meinem Fall bestanden die Fehler daraus, die falschen Leute einzustellen und ein größeres Büro zu mieten als eigentlich nötig. Als die Immobilienmärkte zusammenbrachen, blieb ich auf Büros und Leuten sitzen, die ich mir nicht leisten konnte. An vielen Stellen in meiner Firma saßen Menschen, die nicht in der Lage waren, das zu tun, wofür ich sie eingestellt hatte. Ich war zu schnell zu weit gegangen. Zwei der Niederlassungen, die ich eröffnet hatte, musste ich fast sofort wieder schließen.

Heutzutage hört man in Business-Ratgebern oft vom „Failing Fast", dem schnellen Scheitern. Darin steckt zwar eine ganze Menge Weisheit, aber wer es predigt, übersieht oft völlig, *wie furchtbar schlecht es sich anfühlt, Fehler zu machen.*

Diese Niederlassungen wieder schließen zu müssen, schmerzte mich bis ins Mark. Ich musste Verträge brechen. Ich musste eingestehen, dass ich gescheitert war. Ich verlor Geld. Und am schlimmsten war, dass ich Mitarbeiter entlassen musste – Menschen, die ihr ganzes Leben auf der Tatsache aufgebaut hatten, dass ich ihnen einen Job gegeben hatte. Jetzt musste ich ihnen diese Grundlage wieder wegnehmen. Wer solche Fehler begehen und behaupten kann, es mache ihm gar nichts aus, trägt entweder keinen Funken Menschlichkeit in sich oder er lügt. Fehler zu machen, das ist die bittere Wahrheit, ist *schwer*.

Im Rückblick kann ich diese Erfahrung allerdings mit Dankbarkeit betrachten. Sie *hat* mich wichtige Dinge darüber gelehrt, wie man mit den richtigen Leuten ins Geschäft kommt, und darüber, wie man am besten wieder aus einem Geschäft aussteigt. Aber damals schmerzte sie mich so tief, dass ich alles in Frage stellte, was ich überhaupt tat.

Genau da liegt die Gefahr von Fehlern. Jeder von ihnen trägt nicht nur den Schmerz in sich, den er verursacht, sondern darüber hinaus auch noch das Risiko, dass man nicht daraus lernt, sondern stattdessen aufgibt, obwohl es gar nicht nötig wäre. Wenn man wegen eines Fehlers das Handtuch wirft, verliert man nicht nur die Chance, etwas daraus zu lernen, man verliert außerdem eine Erfahrung, auf die man sonst in der Zukunft wieder hätte zurückgreifen können. Wer aufgibt, entwickelt sich auch nicht weiter.

Nicht jeder Fehler lässt sich vermeiden. Aber ich habe festgestellt, dass ich, wenn mir Fehler passieren – und sie passieren mir immer noch – meinen *Miracle Morning* nutzen kann, um die Erfahrung in Ruhe und aus der richtigen Distanz zu betrachten. Während des Morgenrituals kann ich am besten darüber nachdenken und daraus lernen.

Meistens nimmt dieser Prozess die Form von Fragen an – eine Art Fehleranalyse, bei der ich während des Schreibteils der Morgenroutine noch einmal tief in die Erfahrung eintauche. Solche Fragen stelle ich mir dabei:

- Bedeutet dieser Fehler, dass ich diese Sache nicht gern mache?
- Bedeutet er, dass ich nicht gut darin bin?
- Bedeutet er, dass etwas mit meinem Businessplan nicht stimmt?
- Was kann ich aus meinem Fehler lernen?
- Wie kann ich vermeiden, dass mir so etwas noch einmal passiert?
- Wenn so eine Situation noch einmal entsteht, woran kann ich sie erkennen?
- Wie sorge ich dafür, dass ich dann eine andere Entscheidung treffe?

Normalerweise komme ich, sobald ich ein paar dieser Fragen beantwortet habe, bei der wichtigsten Feststellung über Fehler an: *Sie sind keine Todesurteile.* Fehler sind Gelegenheiten zum Lernen. Sie sind keine Gründe aufzugeben, sie sind Gründe, *sich zu verbessern.* Sie machen uns zu dem, was wir sind, und ich habe noch nie einen Millionär getroffen, der nicht eine Menge Fehler auf dem Weg zum Reichtum gemacht hat.

Schlechter Grund zum Aufgeben Nr. 2: Angst

Es gibt ein Sprichwort: „Das Gehirn ist ein guter Diener, aber ein schlechter Herr." Wenn Sie Ihr Hirn unter Kontrolle haben – wenn Sie sein Herr sind – können Sie Unglaubliches bewerkstelligen.

Hat Ihr Gehirn dagegen *Sie* unter Kontrolle, lassen Sie zu, dass Sie von Sorgen, Ängsten, und negativen Gefühlen überwältigt werden. Das ist der natürliche Feind von Wachstum.

Das hat sehr reale Konsequenzen für den Aufbau eines Vermögens. Vor langer Zeit, als ich bei der Arbeit Schwierigkeiten hatte, sagte mir ein Freund: „Weißt du, bei dir geht es ständig: ‚Auf die Plätze – fertig … auf die Plätze – fertig … auf die Plätze – fertig. Aber so richtig los geht es bei dir nie."

Damit hatte er recht. Ich litt früher an dem, was man „Analyse-Paralyse" nennt – der Unfähigkeit, etwas zu tun, weil ich jeden Schritt erst endlos lange abwägen musste. Also zermarterte ich mir den Kopf über Handlungen und Entscheidungen, machte mir Sorgen, dass ich einen Fehler machen könnte (kommt Ihnen das bekannt vor?) oder gab mich Ängsten hin, dass ich abgelehnt werden oder scheitern könnte. Die offenen Worte meines Freundes halfen mir zu erkennen, dass ich mich von solchen Ängsten freimachen musste, wenn ich weiterwachsen wollte.

Die Lösung war, wie ich feststellen musste, *sofort zu handeln und das zu tun, vor dem ich mich fürchtete.*

Sagen wir, das Wichtigste, was Sie heute machen müssen, ist schwierig oder furchteinflößend – Kaltakquise zum Beispiel, oder ein Gespräch mit einem aufgebrachten Kunden, bei dem Sie einen Fehler gemacht haben.

Meiner Erfahrung nach ist die einzige Methode, nicht wie ein Kaninchen im Scheinwerferlicht einzufrieren, sondern die Sache so schnell wie möglich *anzugehen.* Sobald Sie anfangen, darüber nachzudenken, werden Sie der Diener Ihres Gehirns, und dann ist es so gut wie unmöglich, durch reines Nachdenken einen Ausweg zu finden. Denken Sie nicht darüber nach. *Machen Sie es einfach.*

Wenn Sie sich fragen: „Wie kann ich am besten dafür sorgen, dass mein Unternehmen wächst?" und die Antwort darauf lautet: „Indem ich den potenziellen Großkunden anrufe", *dann tun Sie es*. Gehen Sie es an. Denken Sie nicht darüber nach. Spüren Sie die Angst, aber handeln Sie trotzdem.

Was Sie damit entwickeln, ist die Fähigkeit, der Furcht und Unsicherheit zum Trotz zu handeln – und glauben Sie mir, das *ist* wirklich eine erlernbare Fähigkeit. Eine Fähigkeit, an der Sie hervorragend während Ihres *Miracle Morning* arbeiten können. Ein ruhiger Morgen, den Sie ganz nach Ihren eigenen Vorstellungen beginnen, in Ihrem eigenen Tempo, unter Ihrer Kontrolle, verringert Ihre Furcht garantiert.

Nutzen Sie die Zeit, um die ängstliche Stimme in Ihrem Kopf nicht als Verkünder der Wahrheit zu betrachten, sondern mehr als so etwas wie einen nervigen Nachbarn, der einfach so in Ihren mentalen Garten wandert. Dieser Nachbar hat mich früher auch einmal abgelenkt und dazu geführt, dass ich mir überlegt habe, das Handtuch zu werfen. Mittlerweile schaffe ich es in neun von zehn Fällen, ihn einfach zu ignorieren.

Verwechseln Sie Ihre Ängste nicht mit dem Wert dessen, was Sie tun, um Ihr Vermögen zu vergrößern. Die Tatsache, dass Sie manchmal nervös werden, bedeutet nicht, dass Sie auf dem falschen Weg sind. Furcht bedeutet nicht, dass Ihr Unternehmen bankrott gehen wird und Sie sich in den Ruin treiben. Manchmal sind Angst und Nervosität deutliche Zeichen, dass Sie weitermachen müssen, nicht, dass Sie aufgeben sollten.

Schlechter Grund zum Aufgeben Nr. 3: Trägheit

Eine Person, die trotz ihrer Ängste handelt, kommt immer weiter als eine Person, die sich gar nie bewegt – selbst dann, wenn sie dabei die Hälfte der Zeit Fehler macht. Wenn man sich nie zu einer Handlung entschließen kann, gibt man fast immer auf. Das hat einen ganz einfachen Grund: Man hat keinen Schwung.

Wenn Sie anfangen, sich um die wichtigen, großen und furchteinflößenden Dinge zu kümmern, werden Sie sehr schnell die Früchte Ihrer Arbeit sehen. Mit der Zeit sammeln Sie immer mehr Beweise dafür, dass Ihre Anstrengungen sich auszahlen – finanziell und persönlich.

Dieser positive Kreislauf erklärt, warum es Menschen, die schon einmal Millionen erwirtschaftet und wieder verloren haben, häufig auch noch einmal gelingt. Sie haben Beweise und Erfahrungen, die belegen, dass mutige, zielgerichtete Handlungen von Erfolg gekrönt sind. Wenn sie einen Fehler machen, fangen sie noch einmal von vorne an, weil sie wissen, dass sie es irgendwann schon richtig machen werden.

Eine Reihe von Fehlern oder das Fehlen von deutlichen Fortschritten kann einen Teufelskreis auslösen – vor allem bei Menschen, die zum ersten Mal ein Vermögen aufbauen. Je weniger Fortschritte man macht, desto mehr Selbstvertrauen verliert man, und desto mehr Sorgen macht man sich. Je mehr Sorgen man sich macht, desto weniger handelt man. Und bevor man es überhaupt merkt, ist man zum Stillstand gekommen.

Wenn Sie sich jetzt angesprochen fühlen, sollten Sie wissen, dass Sie damit nicht allein sind. Schwung und Energie steigen und sinken im Leben. Das Geheimnis ist, so wenig Ebbe wie möglich zu haben, und sie nicht als Zeichen zu verstehen, dass man besser aufgeben sollte. Ich nutze den Morgen, um mir meinen Schwung zu erhalten, und zwar so:

- **Indem ich meine Ziele betrachte.** Manchmal verlieren wir Schwung, weil wir vergessen, wohin wir unterwegs sind. Das klingt vielleicht etwas simpel, aber es wird Sie überraschen, wie leicht es ist, seine Ziele aus den Augen zu verlieren und es nicht einmal zu merken. Ich nutze mein Morgenritual einmal pro Woche dazu, mir meine Ziele erneut vorzunehmen. Eines meiner Ziele ist beispielsweise, 240mal im Jahr Sport zu treiben. Wenn ich mir dieses Ziel nicht regelmäßig anschaue und meine Fortschritte aufzeichne, verliere ich da garantiert im Handumdrehen den Überblick. Außerdem erlaubt es mir, mich daran zu erinnern, was mich ursprünglich dazu getrieben hat, mir dieses Ziel überhaupt zu setzen.

- **Indem ich auf meine Gesundheit und körperliche Energie achte.** Es ist schwer, in Schwung zu bleiben, wenn man keine körperliche Energie hat. Essen Sie jeden Tag vernünftig. Bewegen Sie sich jeden Tag. Nutzen Sie Ihre *Miracle-Morning-Routine*, um sich in Schwung zu bringen. Tappen Sie nicht in die Falle zu denken, es würde Sie nur noch müder machen, wenn Sie jeden Tag ein bisschen früher aufstehen; Ihr Morgen ist ein Werkzeug, das Ihnen genau das Gegenteil ermöglicht. Lesen Sie das Kapitel: „Nicht so offensichtliches Millionärs-Prinzip Nr. 2: Energietechnik", dort finden Sie noch mehr Methoden, mit denen Sie Ihre Energie aufrechterhalten und Ihren Schwung wiederfinden können.

- **Indem ich meine Umwelt entsprechend gestalte**. Energie kommt nicht nur von innen. Wahrscheinlich gibt es nichts, was größeren Einfluss auf Ihren Energiepegel hat, als die Menschen, mit denen Sie sich umgeben. Ihre Freunde, Mentoren, Angestellten, Partner, Kollegen und Kunden – sie alle beeinflussen Ihr Energieniveau, was wiederum einen gewaltigen Einfluss darauf hat, ob Ihre Spirale sich aufwärts oder abwärts dreht. Behandeln Sie Ihre Beziehungen zu anderen Menschen wie einen Garten: Hegen und pflegen Sie Bindungen, die Ihnen guttun, und schneiden Sie alles zurück, was Sie in Ihrem Leben und Ihrem Schwung behindert. Wenn Sie dabei Hilfe brauchen, wenden Sie sich an die *Miracle-Morning-Community*. Sie ist eine großartige Quelle anhaltender Unterstützung, echter Hilfe und Beistand beim Finden von neuem Schwung. Im Zweifelsfall? Umarmen Sie Ihre Liebsten. Da wartet eine Menge Energie auf Sie!

Wann man aufgeben sollte

Im Jahr 2006 gründete ich eine Firma und verlor eine Million Dollar. Bei der Firma handelte es sich um eine Schule, in der neu eingewanderte Menschen Englisch lernen konnten. Die Idee gefiel mir gut und füllte eine Marktlücke, deshalb fand ich sie spannend.

Es gab allerdings ein paar Probleme. Das erste war, dass das Timing im Rückblick nicht unbedingt optimal war – nur kurze Zeit später brach der Immobilienmarkt in den USA zusammen. Egal, wie gut sich die Firma entwickelte, es war ziemlich wahrscheinlich, dass ich damit Probleme bekommen würde, weil sich die gesamte wirtschaftliche Lage des Landes drastisch verschlechterte.

Das unmittelbarere und schwerwiegendere Problem war allerdings, dass ich die falsche Person eingestellt hatte, um die Firma zu leiten. Ich hatte zwar durch meine Erfahrung mit der Gürtelrose gelernt, dass ich nicht alles selbst machen kann, aber ich war noch nicht besonders gut darin, die richtigen Mitarbeiter für bestimmte Aufgaben zu finden. In diesem Fall hatte ich einen Fehlgriff getan und die Person nicht ausreichend zur Rechenschaft gezogen. Aus diesem Grund kam die ganze Firma ins Trudeln.

Bevor ich es richtig merkte, war das Unternehmen pleite und ich hatte eine Million Dollar Schulden.

In diesem Fall gab es jedoch noch ein tieferliegendes Problem. Der größte Fehler, den ich gemacht hatte, lag nicht in meinem Timing, der Marktlage oder dem falschen Mitarbeiter. Es lag darin, dass ich nicht die Reißleine gezogen hatte.

Bisher haben wir uns darauf konzentriert, wie man es vermeidet, aufzugeben – wie man bei seinem Plan zum Vermögensaufbau bei der Stange bleibt und weitermacht. Aber die Wahrheit ist, dass die Menschen die ganze Zeit etwas aufgeben, als notwendiger Schritt zum Reichtum. Es ist unwahrscheinlich, dass Sie alles weitermachen, was Sie anfangen, oder dass jeder Plan, den Sie schmieden, auch genauso aufgehen wird. Manchmal muss man einfach aussteigen, bevor es zu spät ist.

In meinem Fall hätte ich schon früher die Gelegenheit gehabt, aus der Sprachschule auszusteigen. Nachdem sie ungefähr 350.000 Dollar Verlust erwirtschaftet hatte, gab es einen Zeitpunkt, an dem ich ihr relativ leicht den Rücken hätte zuwenden können. Stattdessen entschied ich mich, den Einsatz zu erhöhen. Ich machte weiter und investierte noch einmal 650.000 Dollar. Wenige Monate später waren die Zeichen überdeutlich zu erkennen – oder genauer gesagt, ich erkannte plötzlich Zeichen, die schon die ganze Zeit zu sehen gewesen waren – und ich zog die Reißleine. Verschwendetes Geld für eine Lektion, die ich unter Schmerzen lernen musste.

Ich *hoffe* zumindest, dass ich die Lektion gelernt habe. In den Jahren seit diesem Verlust habe ich viel über ihn und andere, ähnliche Situationen nachgedacht, um herauszufinden, warum ich nicht früher ausgestiegen bin und wie ich lernen kann, besser im Aufgeben zu werden.

Ein Algorithmus fürs Loslassen

Der Bestsellerautor Chris Guillebeau verwendet in seinem Buch *Top-Job: So machen Sie Ihren Beruf zur Berufung!* zwei Fragen, um herauszufinden, ob man besser etwas aufgeben sollte. Diese Methode ist so einfach wie genial, wenn Sie entscheiden müssen, ob Sie eine schwierige, große Sache wie ein Unternehmen, eine Beziehung oder einen Job behalten oder aufgeben sollten.

Die zwei Fragen lauten:

1. Funktioniert es?
2. Macht es mir noch Spaß?

1. Funktioniert es?

Für uns ist es wichtig, die Frage, ob es funktioniert, in einem finanziellen Kontext zu betrachten. Schließlich geht es in diesem Buch um Geld. Wenn die Richtung, die Sie eingeschlagen haben, Ihnen nicht dabei hilft, Millionär zu werden, dann ist es an der Zeit, sie zu ändern.

Führt Sie Ihr aktueller Weg in der gewünschten Zeit zum gewünschten Vermögen? *Das* ist die Frage, die Sie sich stellen müssen. Und wenn die Antwort „Nein" lautet, müssen Sie entweder einen neuen Pfad einschlagen oder ganz aufhören.

Aber welche dieser beiden Optionen ist die richtige für Sie? Um das herauszufinden, müssen Sie sich die zweite Frage stellen.

2. Macht es mir noch Spaß?

Im Leben geht es nicht nur ums Geld. Glauben Sie es mir. Ich habe einen Großteil meines Lebens damit verbracht, ein Vermögen aufzubauen, dabei habe ich schon vor langer Zeit festgestellt: *Geld allein macht nicht glücklich.*

Wie wir bereits im Kapitel „Lektion II: Sie als Millionär" festgestellt haben, kann man Finanzen und Emotionen nicht einfach so trennen. Lange etwas zu tun, was Sie hassen, ist kein Erfolgsrezept, um Millionär zu werden. Also müssen wir einen neuen Faktor in unsere Gleichung aufnehmen: wie viel Freude Ihnen der Prozess bereitet. Macht Ihnen Ihre Arbeit noch Spaß? Das Geschäft, Ihre Nebenbeschäftigungen, Ihre Investitionen? Was auch immer Sie tun, um ein Vermögen aufzubauen, *macht es Ihnen Spaß?*

Wenn wir die Antworten auf diese beiden Fragen betrachten, ergibt sich daraus ein Flussdiagramm, das so aussieht:

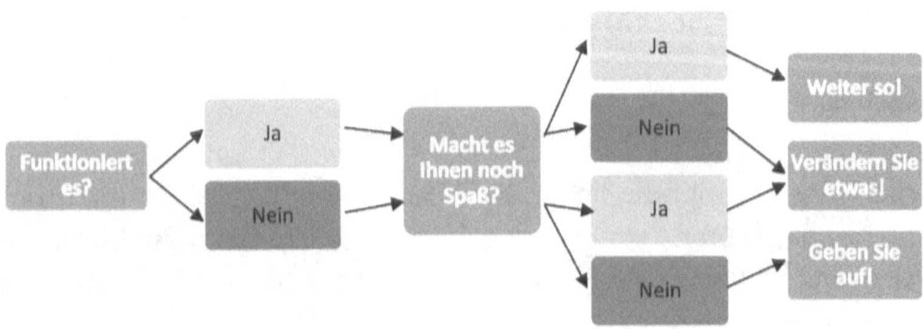

Das verrät uns eine Menge. Als erstes sollten Sie bemerken, *dass es nur eine Variante gibt, die dazu führen sollte, dass Sie aufgeben* – nämlich nur dann, wenn etwas nicht funktioniert *und* Ihnen keine Freude bereitet. Andernfalls sollten Sie entweder an Ihrem Plan festhalten oder etwas daran verändern.

Gehen wir noch einmal zurück zu dem Beispiel mit der vermieteten Immobilie. Wenn Sie daran Geld verlieren, *funktioniert es nicht.* Aber bevor Sie etwas anderes machen, fragen Sie sich zunächst: *Macht es mir noch Spaß?*

Wenn die Antwort darauf „Nein" lautet, ist es vielleicht Zeit, es sich anders zu überlegen. Aber wenn Sie gern Immobilien besitzen, gibt es eine Menge anderer Möglichkeiten, die Sie in Betracht ziehen können, bevor Sie aufgeben. Können Sie eine neue Finanzierung aufnehmen, um die Kosten zu drücken? Mieten erhöhen? Renovieren, um den Wert der Immobilie zu vergrößern? Mehr Mieter anlocken?

Das Gleiche gilt für eine Firma. Ein Unternehmen, das kurzfristig gesehen Geld verliert, kann unter Umständen wiederbelebt werden. Fragen Sie sich: „Was ist das bestmögliche Resultat? Was ist das wahrscheinlichste Resultat? Was ist das Schlimmste, was passieren kann?" Etwas, das Sie lieben und das noch zu retten ist, sollten Sie nicht aufgeben. Aber was, wenn Sie es nicht gerne tun oder es nicht zu retten ist?

Dann ist es an der Zeit, zu handeln wie ein Millionär und es *aufzugeben.*

Denken Sie aber daran, dass Sie nicht nur aus den falschen Gründen aufgeben können. Es ist genauso leicht, etwas aus den falschen Gründen weiterzumachen. Ihr Durchhaltevermögen kann Sie in die Irre führen. Hier sind zwei der häufigsten Gründe dafür, nicht aufzugeben, obwohl es besser wäre:

Versunkene-Kosten-Trugschluss. Erinnern Sie sich noch daran? Unser Hirn ist so verdrahtet, dass wir es hassen zu verlieren. Diese Abneigung ist sogar noch stärker als das gute Gefühl, wenn wir gewinnen. Das führt dazu, dass wir an Dingen hängen, die wir bereits haben (zum Beispiel eine Firma oder eine Investition auf dem absteigenden Ast), und dass wir fortwährend Ressourcen in etwas stecken, das es nicht wert ist – dass wir dranbleiben, wenn wir aufgeben sollten. Denken Sie daran: Versunkene Kosten sind weg. Sie können sie nicht zurückholen, indem Sie mehr hineinstecken.

Angst kann uns dazu treiben, etwas aufzugeben, bei dem wir besser geblieben wären, aber das gilt umgekehrt genauso. Angst davor, wie ein Versager dazustehen, Angst vor Peinlichkeiten kann uns dazu bringen, viel länger an einer Sache festzuhalten als wir sollten. Dabei ist die Angst an und für sich kein Problem; wichtig ist, dass wir herausfinden, wann sie uns davon abhält, die besten Entscheidungen zu treffen oder die besten Schritte zu tun.

Das Spannungsfeld zwischen Durchbeißen und Aufgeben

Egal, was die ganze Welt behauptet, die wahre Lösung ist nicht, niemals aufzugeben. Es ist aber auch nicht besser, permanent Schadensbegrenzung zu betreiben. Die Wahrheit liegt irgendwo dazwischen. Sie ist ein Drahtseilakt dazwischen, an einer Sache dranzubleiben und damit aufzuhören, solange man die Nase vorn hat – eine Art Spannungsfeld zwischen Durchbeißen und Aufgeben, in dem Sie sich zurechtfinden müssen, wenn Sie wollen, dass Ihr Plan Früchte trägt.

Durchbeißen oder Aufgeben, das ist hier die Frage – und es ist eine, die sich hervorragend für Ihren *Miracle Morning* eignet.

Es ist schwer, eine ernsthafte Entscheidung darüber zu treffen, ob Sie an Ihrem Plan festhalten sollten, wenn Sie bis zum Hals im Chaos eines stressigen Tages stecken. Entweder sind Sie dann gar nicht in der Lage, sich mit der Frage auseinanderzusetzen, oder Sie haben keine Chance, eine klare und gut durchdachte Entscheidung zu fällen.

Ihr *Miracle Morning* ist die perfekte Gelegenheit, den Freiraum zu finden, den Sie dafür brauchen. Das ist genau die Tageszeit, zu der Sie sich das große Ganze betrachten und eine Entscheidung treffen können, die alles berücksichtigt, was wichtig ist.

Durchhaltevermögen ist eine Grundvoraussetzung, wenn Sie ein Vermögen aufbauen wollen. Sie werden sich auch in schwierigen Momenten und angesichts großer Hindernisse an Ihren Plan halten müssen.

Andererseits ist es aber auch ein Muss, hin und wieder aufzugeben. Manchmal müssen Sie Schadensbegrenzung betreiben.

Wenn Sie Millionär werden wollen, ist es Ihre Aufgabe, zu wissen, für welche der beiden Varianten Sie sich in jeder Einzelsituation entscheiden müssen.

Morgenmillionäre

JACK DORSEY, der Geschäftsführer von Twitter und Square, steht jeden Morgen um 5 Uhr auf, meditiert eine halbe Stunde und treibt Sport, bevor er zum Frühstück in sein Lieblingscafé geht.

„Aufstehen um 5, eine halbe Stunde Meditation, dreimal sieben Minuten Sport, Kaffee, dann ins Büro. Ich schlafe normalerweise von elf bis fünf. Verdunklungsrollos helfen. Meditation und Sport!“

9. LEKTION VI: ZEIGEN SIE MIR DAS GELD!

Was Geld genau bedeutet

Wenn wir die Kontrolle über unser Vermögen haben, sind wir reich und frei. Wenn unser Vermögen uns kontrolliert, sind wir arm.

EDMUND BURKE

Zeigen Sie mir das Geld!

Genau das denken Sie vielleicht gerade. Und das mit Recht – Sie haben schließlich schon acht Kapitel eines Ratgebers gelesen, der Sie reich machen soll, aber bisher haben wir kaum über Geld gesprochen.

Dafür gibt es einen guten Grund. Geld ist zwar ein eindeutiger Maßstab dafür, ob Sie Ihr Ziel, Millionär zu werden, erreicht haben, aber es ist eben auch nur das – ein Maßstab. Geld ist eine Möglichkeit, Ihre Punkte zu zählen, aber wie so oft im Leben sagt es nur wenig darüber aus, wie das Spiel gespielt wird.

Worüber wir stattdessen bisher gesprochen haben, sind die Dinge, die wirklich wichtig sind, um sicherzustellen, dass Sie überhaupt etwas *haben*, das man messen kann – die Dinge, die dafür sorgen, dass Sie am Spiel teilnehmen können. Hier sind die grundlegenden Lektionen, die Sie verinnerlichen müssen, wenn Sie ein Vermögen aufbauen wollen:

- *Entscheiden* Sie sich *aktiv* dafür, reich zu werden.
- Legen Sie eine *Vision* für Ihr Leben fest, die Sie täglich dazu inspiriert, die nötigen Schritte zu unternehmen.
- Schaffen Sie einen *Flugplan*, der Ihre Bemühungen in die richtigen Bahnen lenkt.
- Lernen Sie, mit Hilfe von *Leverage* Ihre Zeit und Energie zu vervielfachen.
- Entwickeln Sie die Fähigkeit zu wissen, wann Sie sich *durchbeißen* müssen und wann Sie besser *aufgeben*.

Es gibt nur wenige Millionäre, die es nicht geschafft haben, in all diesen Bereichen Fähigkeiten aufzubauen. Jeder davon ist wichtig und spielt eine grundlegende Rolle auf dem Weg zum Reichtum.

So weit, so gut – aber es gibt auch keine Millionäre, die kein *Geld* haben. Deshalb wenden wir uns jetzt Ihnen und Ihrem Vermögen zu. In diesem Kapitel betrachten wir vier geldrelevante Konzepte, die jeder angehende Millionär verstehen und verinnerlichen muss.

Prinzip 1: Reichtum beginnt mit Ihren persönlichen Finanzen

Es ist einfach, sich das Leben eines Millionärs vorzustellen: ein fantastischer Lebensstil, große Geschäfte, Aktienpakete und aufregende Positionen in der Geschäftsführung bedeutender Unternehmen. In Wahrheit beginnt die Reise jedoch viel kleiner und persönlicher. Sie beginnt mit etwas, das jeder von uns selbst kontrolliert: den eigenen persönlichen Finanzen.

Das klingt jetzt vielleicht seltsam. Sie werden ja wohl kaum mal eben so eine Million Euro unter dem Sofakissen oder auf einem Sparbuch finden, das Sie vergessen hatten. Aber Ihre persönlichen Finanzen, *wie sie sich heute darstellen*, sind wichtig, weil sie Ihre Gewohnheiten und Ihre Einstellung im Umgang mit Geld repräsentieren.

So glaubt man zum Beispiel gern, dass eine Million Euro alles viel leichter macht, aber so einfach ist es leider nicht. Wohin Sie auch gehen, Sie nehmen sich selbst immer mit. Wenn Sie also aktuell 110 % Ihres Verdienstes ausgeben, wird es Ihnen auch nicht schwerfallen, ganz schnell 110 % von ein paar Millionen auszugeben. Glauben Sie mir, das ist leichter, als Sie denken.

Kurz gesagt, *wenn Sie nicht in der Lage sind, das zu managen, was Sie haben, werden Sie es auch nie schaffen, mehr zu verdienen oder zu behalten.* Passen Sie Ihren Lebensstil so an, dass Sie weniger ausgeben als Sie aktuell verdienen.

Und was machen Sie mit dem Rest? Den legen Sie *auf die hohe Kante.* Einen Überschuss aufzubauen verleiht Ihnen Möglichkeiten. Sie können ihn investieren. Sie können bessere Entscheidungen über Ihr Leben und Ihre Arbeit treffen. Sie können mit klarerem Kopf agieren. Wenn Ihr Privatleben auf einem Defizit beruht, wird es Ihnen schwerfallen, etwas zu ändern – und Sie wissen ja bereits, dass Sie auf jeden Fall etwas verändern müssen.

Das hier soll nicht die „Spare in der Zeit, dann hast du in der Not"-Ansprache werden, die Ihnen Ihre Eltern vielleicht vorgebetet haben. Hier geht es darum, dass Sie das, was Sie jetzt haben, effizient managen, damit Sie Ihre schlechten Angewohnheiten ablegen und genug geistigen Freiraum entwickeln, um Entscheidungen zu fällen wie ein Millionär, nicht so, wie es alle anderen tun.

Ich empfehle Ihnen, zunächst zehn Prozent Ihres aktuellen Vermögens zu nehmen und auf einem separaten Sparkonto anzulegen. Legen Sie einen Dauerauftrag an und halten Sie dieses Geld getrennt vom Rest Ihres

Vermögens. Je weiter diese Anlage wächst, desto mehr Möglichkeiten erschließt sie Ihnen.

Denken Sie auch daran, dass die meisten reichen Leute einen Teil ihres Einkommens an gute Zwecke spenden, die ihnen wichtig sind. Damit müssen Sie nicht warten, bis Sie reich sind. Tony Robbins sagt: „Wenn Sie nicht anfangen, 1 von 10 Euro zu spenden, werden Sie auch nie 1 Million Euro von 10 Millionen spenden." Wenn Sie durch eine Spende von zehn Prozent in Gefahr kommen, Ihre Miete nicht mehr bezahlen zu können, fangen Sie mit fünf Prozent an. Oder zwei. Oder einfach nur einem. Es kommt dabei nicht auf den Betrag an, sondern darauf, dass Sie dadurch eine Denkweise und eine Gewohnheit entwickeln, die Ihre finanzielle Zukunft verändern und Ihnen für den Rest Ihres Lebens gute Dienste leisten werden.

Sie müssen Ihrem Unterbewusstsein beibringen, dass es imstande ist, mehr als ein ausreichendes Einkommen zu produzieren. Sie müssen verinnerlichen, dass Sie mehr als genug haben, und dass Ihr Vermögen auch in Zukunft weiterwachsen wird.

Wenn Sie das, was Sie jetzt haben, nicht ordentlich verwalten können, werden Sie auch nie in der Lage sein, mit mehr umzugehen.

2. Prinzip: Geld hat Geschwindigkeit

Erinnern Sie sich daran, was wir in Kapitel 7 „Werden Sie super" gelernt haben? Dass ein grundlegender Unterschied dazwischen besteht, wie Millionäre rechnen und wie der Rest der Welt es tut? Die meisten Leute rechnen auf der Basis von Addition, während die Reichen am liebsten *multiplizieren*. In Kapitel 7 haben Sie gesehen, wie Sie Ihre Zeit multiplizieren können, indem Sie Prioritäten setzen und andere für sich arbeiten lassen.

Geld muss sich aber auch multiplizieren. Ich stelle mir gern vor, dass Geld eine *Geschwindigkeit* hat, mit der es sich vermehrt. Während Ihr Geld auf einem Sparkonto liegt, vermehrt es sich nur langsam. Es braucht Jahre, um sich zu vermehren. Das ist *langsames Geld.*

Wenn Sie in eine Firma oder Immobilien investieren oder einen anderen Weg finden, wie Ihr Geld für Sie arbeitet und größere Erträge einbringt, wird es dadurch schneller. Seine Geschwindigkeit erhöht sich, ebenso wie Ihr Vermögen.

Geld muss arbeiten.

Wenn Sie Millionär werden wollen, müssen Sie lernen, Ihr Geld gewinnbringend einzusetzen.

Je größer die Geschwindigkeit Ihres Geldes ist, desto schneller werden Sie zum Millionär.

3. Prinzip: Risiken verstehen

Leider gilt aber auch: Je schneller Ihr Geld arbeitet, desto höher ist das Risiko. Stellen Sie sich vor, Ihr Geld wäre ein Auto. Wenn Sie langsam fahren – also sich zum Beispiel an die Geschwindigkeitsbegrenzung halten, die für alle anderen auch gilt – ist es relativ einfach, alles unter Kontrolle zu behalten. Ihr Unfallrisiko ist gering.

Wenn Sie aufs Gas treten, erhöht sich Ihr Risiko allerdings. Wenn Sie doppelt so schnell wie erlaubt durch eine Haarnadelkurve rasen, erhöht es sich sogar dramatisch. Sie kommen schneller am Ziel an, aber Sie riskieren unterwegs viel mehr.

Genauso verhält es sich mit Ihrem Geld. Je schneller es wird, desto riskanter wird die Sache. Je mehr Risiken Sie eingehen, desto schneller werden Sie reich, aber desto größer wird auch die Wahrscheinlichkeit, dass Sie auf der Strecke bleiben.

Das Geld auf Ihrem Sparkonto ist so gut wie risikofrei. Aber die Zinsen für dieses Konto sind so niedrig, dass die Geschwindigkeit Ihres Geldes *negativ* ist – es wächst langsamer als die allgemeine Wirtschaftslage. Das ist der Preis, den Sie dafür zahlen, sicheres und ständig verfügbares Kapital zu haben.

Ein Risikokapital-Anleger dagegen geht ein sehr hohes Risiko ein, bei einem Geschäft alles zu verlieren, aber wenn er erfolgreich ist, vervielfacht sich sein Geld um den Faktor hundert oder sogar mehr. Das Risiko ist zwar höher, aber der potenzielle Gewinn ist es ebenfalls.

Die Frage, wie viel Risiko man eingehen sollte, lässt sich nicht endgültig beantworten. Jeder von uns hat eine andere Schwelle dafür, wie viel Risiko er oder sie verträgt. Was Sie wissen müssen, ist, dass es einen Zusammenhang zwischen Risiko und Gewinn gibt, und dass es keinen komplett risikofreien Weg gibt, der schnell zum Reichtum führt.

Um ein Vermögen aufzubauen, muss man Risiken verstehen und aushalten können.

4. Prinzip: Mehrere Einkommensquellen

Eine Möglichkeit, beides zu vereinen – gleichzeitig die Geschwindigkeit Ihres Geldes zu steigern und das Risiko überschaubar zu halten – ist, sich mehrere Einkommensquellen zu erschließen.

Selbst erfolgreiche Millionäre mit nur einem Geschäftszweig investieren so gut wie immer in verschiedene Bereiche innerhalb dieses Geschäftszweigs, damit ihr Einkommen sich auf mehrere Quellen verteilt. Der Autohändler verkauft Autos, das stimmt, aber er bietet auch Reparaturen und Wartung, Leasingprogramme und Finanzierungen an. Das Restaurant hat mittags und abends geöffnet, aber es bietet darüber hinaus Catering und tiefgekühlte Versionen seiner beliebtesten Gerichte für zuhause an.

Ein Teil der Gründe dafür ist die Tatsache, dass man so jedem einzelnen Kunden mehr verkaufen kann, aber zusätzlich reduziert sich dadurch das Risiko, während man neue Märkte erschließen und auf Profitabilität testen kann. Mehrere Einkommensquellen zu besitzen vergrößert Ihr Vermögen, während es gleichzeitig das Risiko senkt, weil Sie nicht mehr alles auf eine Karte setzen.

Als Hal 25 Jahre alt war, begann er, Pläne zu schmieden, wie er aus einer lukrativen und sehr erfolgreichen Sales-Position aussteigen und Vollzeitunternehmer werden könnte. Während er noch fest angestellt war, gründete er seine erste Firma und erschloss sich damit seine erste zusätzliche Einkommensquelle, indem er begann, Coaching für einzelne Vertreter und Vertriebsteams anzubieten.

Im Lauf der darauffolgenden Jahre gelang es Hal, sich neun zusätzliche, lukrative Einkommensquellen zu erschließen, indem er genau den Schritten folgte, die wir in diesem Kapitel besprechen wollen. Dazu gehört immer noch eine Tätigkeit als Privat- und Gruppencoach, aber mittlerweile ist er darüber hinaus als Autor, Redner, Organisator von Mastermind-Treffen und Podcaster tätig, veröffentlicht im Ausland, vergibt Lizenzen, verlegt Bücher der *Miracle Morning-Reihe*, verdient an Affiliate Marketing und veranstaltet Live-Events mit über 300 Teilnehmern.

Ihre zusätzlichen Einnahmequellen können aktiv, passiv oder eine Kombination aus beidem sein. Sie können Geld verdienen, indem Sie etwas tun, was Sie lieben (aktiv), während Sie für andere Quellen gar nicht viel tun müssen (passiv). Wenn Sie wollen, können Sie sich Einkommensquellen in mehreren verschiedenen Industriezweigen suchen, damit Sie vor größeren Verlusten geschützt sind, wenn ein bestimmter Markt in Schwierigkeiten gerät, und gleichzeitig von steigenden Umsätzen in einem anderen profitieren.

Hals Herangehensweise daran, sich mehrere Einkommensquellen zu erschließen, ist nur eine von zahllosen Möglichkeiten, die Sie nutzen könnten (Sie könnten beispielsweise Immobilien kaufen, an der Börse spekulieren, einen Laden eröffnen, usw.). Die folgenden Schritte geben Ihnen allerdings eine praktische, einfache Anleitung dafür, wie Sie verschiedene Einkommensquellen entwickeln können.

Wichtig dabei ist, dass Sie der Verteilung Ihrer Einkommensquellen oberste Priorität einräumen. Definieren Sie bestimmte Zeiten in Ihrem Kalender – eine Stunde am Tag, einen Tag pro Woche, ein paar Stunden jeden Samstag –, zu denen Sie sich darum kümmern, sich zusätzliche Einkommensquellen zu erschließen, die Ihnen ein monatliches Zusatzeinkommen verschaffen. Dadurch schaffen Sie sich finanzielle Sicherheit in der Gegenwart und letzten Endes finanzielle Freiheit in einer nicht allzu weit entfernten Zukunft.

Hier sind die Schritte, die Hal immer wieder angewendet hat, und die auch Sie anwenden oder auf Ihre momentane Situation anpassen können:

A. Finden Sie Ihr Alleinstellungsmerkmal

Jeder Mensch auf diesem Planeten hat einzigartige Gaben, Fähigkeiten, Erfahrungen und Werte anzubieten, die einen Mehrwert für andere schaffen, und für die er hoch bezahlt werden kann. Finden Sie heraus, was Sie wissen oder können, welche Erfahrungen oder Lösungen Sie anbieten oder erschaffen können, in denen andere einen Wert finden und für die sie Sie gerne bezahlen.

Denken Sie daran, was für Sie Allgemeinwissen ist, sieht für andere vielleicht ganz anders aus. Hier sind einige Möglichkeiten, wie Sie Ihren Wert auf dem Markt herausstellen können:

Wer Sie sind und Ihre einzigartige Persönlichkeit wird Ihren Wert immer von dem jedes anderen Menschen auf Erden unterscheiden. Viele Menschen werden zu Ihrer Persönlichkeit einen besseren Zugang finden als zu jemand anderem, der einen ähnlichen oder sogar gleichen Wert bietet.

Wissen ist etwas, das man relativ schnell ausbauen kann. Wie Tony Robbins in *Money: Die 7 einfachen Schritte zur finanziellen Freiheit* schreibt: „Ein Grund dafür, dass Menschen erfolgreich sind, ist, dass sie Wissen besitzen, das andere Menschen nicht haben. Sie bezahlen Ihren Anwalt oder Ihren Arzt für die Kenntnisse und Fähigkeiten, die Ihnen fehlen." Die Erweiterung Ihres Wissens in einem bestimmten Bereich ist eine effektive Möglichkeit, den Wert zu erhöhen, für den andere Sie bezahlen – entweder dafür, dass Sie ihnen Ihr Wissen vermitteln oder dafür, dass Sie Ihr Wissen für sie anwenden.

Stellen Sie Ihren Wert durch die richtige „Verpackung" heraus. Als Hal *The Miracle Morning* schrieb, musste er zugegebenermaßen seine Unsicherheit angesichts der Tatsache überwinden, dass er das frühe Aufstehen nicht unbedingt erfunden hatte. Er fragte sich damals, ob es überhaupt einen Markt für das Buch geben würde. Aber wie ihm in der Zwischenzeit Hunderttausende von Lesern gezeigt haben, ist das Buch deshalb so wirkungsvoll, weil die Informationen auf eine bestimmte Art und Weise darin *verpackt* sind. Die Methode ist unkompliziert und vermittelt dem Leser einen in einfache Schritte unterteilten Prozess, der es jedem ermöglicht, jeden Bereich seines Lebens signifikant zu verbessern, indem er verändert, wie er seinen Tag beginnt.

B. Lernen Sie Ihre Zielgruppe kennen

Finden Sie heraus, für welche Zielgruppe Ihre Talente am besten geeignet sind. Durch seinen Hintergrund als rekordverdächtiger Salesmitarbeiter merkte Hal, dass er am besten dafür qualifiziert war, anderen Vertriebsmitarbeitern zu helfen. So entstand sein erstes Coachingprogramm.

Inzwischen kümmert er sich durch die *Miracle-Morning-Buchserie* und die „Best Year Ever Blueprint"-Live-Events um ein viel größeres, Publikum auf der ganzen Welt. Außerdem berät er angehende und etablierte Autoren, die durch ihre Bücher und das Backend einen siebenstelligen Einkommensstrom generieren wollen.

Gehen Sie von dem Wert aus, den Sie für andere darstellen können, und von den Problemen, die Sie für sie lösen können. Wer wird Sie dafür bezahlen, dass Sie ihm diesen Wert und diese Lösungen zur Verfügung stellen, oder ihm helfen, bestimmte Ergebnisse zu erzielen?

C. Bauen Sie eine eigenständige Gemeinschaft auf

Ein wichtiger Wendepunkt in Hals Leben war der Moment, als er den Multimillionär Dan Kennedy sagen hörte, dass und warum eine E-Mail-Liste eines der wertvollsten Güter ist, das man als Unternehmer besitzen kann. Zu diesem Zeitpunkt besaß Hal keine E-Mail-Liste, außer der mit seinen Freunden und seiner Familie.

Sobald er das Potenzial verstanden hatte, das in einer solchen Liste schlummert, gab er diesem Projekt oberste Priorität. Zehn Jahre später war er nicht nur Dans Ratschlag gefolgt und hatte seine E-Mail-Liste um 100.000 treue Abonnenten erweitert, er war sogar noch einen Schritt weiter gegangen und hatte eine der engagiertesten Online-Communities der Welt gegründet und gepflegt.

Die *Miracle Morning-Facebook Community* ist ein Musterbeispiel mit aktuell über 100.000 Mitgliedern aus mehr als 70 Ländern, und sie wächst immer noch weiter.

D. Schaffen Sie eine Lösung

Nachdem die Mitglieder Ihrer Community Ihnen mitgeteilt haben, was sie brauchen, müssen Sie diese goldene Gelegenheit nur noch beim Schopf ergreifen und es erschaffen. Dabei kann es sich um ein physisches oder digitales Produkt handeln (zum Beispiel ein Buch, ein Hörbuch oder ein Podcast, ein Video, ein Trainingsprogramm oder eine Software).

Ebenso gut können Sie auch eine Dienstleistung anbieten (als Hundefrisör, Babysitter, Coach, Consultant, Redner oder Workshopleiter).

E. Planen Sie die Produktpräsentation

Denken Sie mal darüber nach, wie Apple seine Produkte herausbringt. Diese Firma platziert ihre Produkte nicht nur in Regalen oder auf ihrer Website. Nein, sie macht ein Event daraus. Apple beginnt schon Monate im Voraus damit, Vorfreude und Spannung aufzubauen, sodass die Leute wochenlang vor den Läden campieren, um als Erste ein neues Produkt zu ergattern.

Machen Sie es genauso. Wie das geht, können Sie aus dem besten Ratgeber zum Thema lernen: *Launch: Die ultimative Anleitung für das E-Mail-Marketing* von Jeff Walker.

F. Finden Sie einen Mentor

Je nachdem, wie viel Erfahrung Sie bereits gesammelt haben, sollten Sie sich überlegen, diesen Schritt gleich als Erstes anzugehen. Wie Sie sicher wissen, ist eine der effizientesten Methoden, die Lernkurve zu verkleinern und das gesteckte Ziel so schnell wie möglich zu erreichen, sich jemanden zu suchen, der das gleiche Ziel bereits erreicht hat, und sich seine Strategie abzuschauen.

Statt sich alles selbst zusammenzureimen, suchen Sie jemanden, der schon da ist, wo Sie noch hinwollen. Finden Sie heraus, wie diese Person es dorthin geschafft hat, und machen Sie das Gleiche, natürlich auf Ihre persönlichen Bedürfnisse angepasst.

Das können Sie entweder im persönlichen Gespräch mit einem Mentor oder online tun. Sie können sich aber auch einer Mastermind-Gruppe anschließen und/oder ein Coaching machen. Sogar ein Buch wie dieses hier zu lesen bedeutet, dass Sie sich die Weisheit eines Mentors aneignen.

Mehrere Einkommensquellen zu besitzen bedeutet, sein Vermögen zu vergrößern und dabei Risiken zu minimieren.

Vermögensaufbau durch Immobilien

Während Hal einen Großteil seines Vermögens durch die Marke *Miracle Morning* und die damit verbundenen Produkte und Dienstleistungen generiert, habe ich mein Vermögen hauptsächlich durch Immobilien aufgebaut.

Es gibt unendlich viele Möglichkeiten, Werte zu schaffen, Geld zu verdienen und ein Vermögen aufzubauen, aber Immobilien verdienen eine besondere Erwähnung. Sie sind der primäre Motor meines Geschäfts, aber das Beste an Immobilien ist, dass sie der primäre Motor für fast alle Arten der Vermögensbildung sein können – und zwar aus folgenden Gründen:

1. **Bewährte Erfolgsgeschichte.** Es gibt mehr Millionäre, die durch Immobilien zum Ziel gelangt sind, als auf jede andere Weise. Immobilien haben sich immer wieder als effektiver Weg erwiesen, ein Vermögen aufzubauen, und im Gegensatz zu einigen anderen Unternehmen steht dahinter immer Kapital von echtem Wert.

2. **Niedrige Einstiegsschwelle.** Lassen Sie sich nicht vom Gedanken an Immobilienmagnate und riesige Wohnanlagen täuschen. Eines der überzeugendsten Argumente für Immobilien ist, dass Sie, anders als Sie vielleicht denken, nicht schon reich sein müssen, um loszulegen. Für viele Unternehmen benötigt man Millionen an Startkapital. Bei Immobilien können Sie mit dem beginnen, was Sie bereits haben.

3. **Kurz- und langfristige Renditen**. Ich liebe die Tatsache, dass Immobilien kurzfristige Renditen in Form von Mieteinnahmen liefern, man aber auf lange Sicht auch von der Wertsteigerung der Immobilien profitiert, wenn die Märkte wachsen und ihr Wert steigt.

4. **Passives Einkommen.** Ein Unternehmen zu leiten kann eine anstrengende Aufgabe sein. Unternehmer zu sein ist zwar lohnend, aber nun mal doch eine aktive Form, sein Einkommen zu erwirtschaften. Immobilien dagegen können sehr passiv sein. Ich kann

Ihnen gar nicht beschreiben, wie befriedigend es ist, wenn jemand anders Ihre Hypothek bezahlt, während Sie andere Dinge tun.

5. **Für jedes Alter und jede Qualifikation.** Immobilien sind der große Gleichmacher. Es spielt keine Rolle, ob Sie jung oder alt, Unternehmer oder Vollzeitangestellter sind. Sie sind noch Student? Vermieten Sie Zimmer an Ihre Kommilitonen! Im Ruhestand? Perfekt – Sie können Ihre Immobilien selbst verwalten und dadurch noch profitabler machen.

Es hat seine Gründe, warum so viele Menschen Immobilien für ihren Weg zum Reichtum gewählt haben – sie sind zugänglich, sie funktionieren und man braucht dafür keine besonderen Fähigkeiten.

Falls Sie Inspiration brauchen, lesen Sie doch mein Buch *Wealth Can't Wait* oder *Rich Dad's Cashflow Quadrant* von Robert Kiyosaki.

Lassen Sie sich nicht von Immobilien einschüchtern. Beginnen Sie klein. Sie werden überrascht sein, welches Portfolio Sie sich im Lauf der Zeit aufbauen können!

Was Geld wirklich bedeutet

Auf dem Weg zum Millionär spielt Geld eine zwiespältige Rolle. Einerseits bedeutet es etwas, andererseits ist es in gewisser Weise unwichtig. Sie müssen zumindest ein wenig besessen vom Gedanken an Geld sein, um Millionär zu werden, aber es ist nicht das, worum es eigentlich geht. Geld ist immer noch nur eine Möglichkeit, Punkte zu zählen.

Aber was sind das eigentlich genau für Punkte, die wir zählen?

Die offensichtliche Antwort lautet: Dollar. Oder Euro. Oder Pfund, oder Pesos oder Yen, oder welche Währung Sie auch immer als Maßstab wählen.

Aber obwohl das eine technische Definition von Wohlstand darstellt, hilft es Ihnen nicht unbedingt dabei weiter, das Geld zu verdienen, das Sie brauchen, um Millionär zu werden.

Dazu müssen wir Geld aus einem anderen Blickwinkel betrachten. Wir müssen andere Fragen stellen. Statt zu fragen „Wie viel Geld besitze ich?" oder „Wie viel kann ich verdienen?", brauchen wir eine neue Herangehensweise, um zum Kern *dessen vorzudringen, was Geld wirklich bedeutet.*

Für mich ist Geld schon immer ein Maßstab dafür, *wie stark ich mich selbst verbessert habe.* Deshalb geht es bei den besten Fragen für mich nie darum, wie viel, wie schnell oder wie leicht ich es verdient habe. Wichtiger sind mir diese Fragen:

- Wie gut habe ich die Lektionen des Wohlstands gelernt und angewandt?
- Wie haben sich meine Fähigkeiten als Unternehmer verbessert?
- Wie viel Wert bringe ich der Welt?
- Wie kann ich noch mehr Wert in die Welt bringen?
- Wie kann ich selbst mehr *werden*?

Die Antworten auf diese Fragen verändern sich analog zu meinem Einkommen. Ich wachse; mein Vermögen tut es auch.

Wo sollten Sie also ansetzen? Sie können sich zunächst die gleichen Fragen stellen.

Fragen Sie sich, was Ihren Wert in der Welt darstellt. Fragen Sie sich, was Sie lernen, tun und werden müssen, um ein Vermögen aufzubauen. Anstatt sich zu fragen, wann die Welt Ihnen das Geld zeigt, fragen Sie sich, was das Geld *Ihnen* gezeigt hat.

Falls es bisher noch nicht völlig klar sein sollte: Es gibt keine bessere Zeit, um über solche großen Fragen nachzudenken, als gleich morgens.

Fangen Sie einfach damit an. In zwei Jahren werden Sie sich wünschen, Sie hätten gleich heute damit angefangen.

Hören Sie auf, sich Dinge zu wünschen und auf Dinge zu warten.

Fangen Sie an!

Morgenmillionäre

Als ganz junger Anwalt verdiente Charlie wahrscheinlich 20 Dollar pro Stunde. Er fragte sich: „Wer ist mein wertvollster Mandant?“ und kam zu dem Schluss, dass er es selbst war. Also beschloss er, sich selbst jeden Tag eine Stunde seines Tages zu verkaufen. Das tat er jeden Morgen ganz früh. In dieser Zeit arbeitete er an Bauprojekten und Immobiliengeschäften. So sollte es jeder machen: erst der Mandant sein, dann für andere Leute arbeiten und sich selbst immer eine Stunde des Tages verkaufen.

Auszug aus: *Warren Buffett – Das Leben ist wie ein Schneeball* von Alice Schroeder

TEIL III:

DREI PRAXISTIPPS ZUM PERSÖNLICHEN WACHSTUM, DIE SIE AUF IHREM WEG ZUM REICHTUM UNTERSTÜTZEN

Die nicht so offensichtlichen Millionärs-Prinzipien

10. NICHT SO OFFENSICHTLICHES MILLIONÄRS-PRINZIP NR. 1: SELBSTMANAGEMENT

Ihr Erfolg wird selten das Niveau Ihrer persönlichen Entwicklung übersteigen … Erfolg ist nämlich etwas, das Sie durch die Person, die Sie geworden sind, anziehen.

JIM ROHN

Wenn Sie hundert Leute auf der Straße fragen, was man braucht, um als Millionär zu gelten, werden Sie diese Antwort am häufigsten hören: *Mehr Geld!* Wenn Sie die gleiche Frage einer Schulklasse mit Zehnjährigen stellen, wird die Antwort ähnlich ausfallen. Und sie ist auch wahr, zumindest in der Theorie, aber sie ist nicht besonders hilfreich. Die meisten Leute glauben nämlich, dass *mehr Arbeit* die einzige Möglichkeit ist, mehr Geld zu bekommen.

Es ist nicht so, als wäre Arbeit völlig unwichtig, aber die Gesellschaft hat uns darauf gedrillt, zu glauben, mehr zu arbeiten wäre der *einzige* Weg, wenn man mehr haben will.

- Sie wollen mehr Geld? Dann arbeiten Sie *mehr* und *länger*!
- Sie wollen mehr Sex? Dann heben Sie *mehr* Gewichte und zählen Sie *mehr* Schritte!
- Sie wollen mehr Liebe? Dann tun Sie *mehr* für Ihren Partner, als er oder sie für Sie tut!

Was wäre aber, wenn das eigentliche Geheimnis dafür, mehr von dem zu bekommen, was wir im Leben wollen, nicht darin besteht, mehr zu *tun*, sondern mehr zu *werden*?

Das ist die Philosophie, die den *Miracle Morning* hervorgebracht hat und bis heute seine Grundlage bildet: dass der Erfolgsgrad, den Sie *in jedem Lebensbereich* erreichen können, vom Grad Ihrer *persönlichen Entwicklung* abhängt – von Dingen wie Ihren Überzeugungen, Ihrem Wissen, Ihrer emotionalen Intelligenz, Ihrem Können, Ihren Fähigkeiten, Ihrem Vertrauen und so weiter.

In anderen Worten: *Wenn Sie mehr wollen, müssen Sie erst mehr werden.*

Das grundlegende Prinzip des *Miracle Morning* ist, dass es viel wichtiger ist, wer Sie werden, als was Sie tun. Das Ironische daran ist, dass das, was Sie jeden Tag tun, gleichzeitig bestimmt, wer Sie werden. Um mehr zu werden, müssen Sie sich sorgfältig überlegen, wie Sie Ihre Zeit und Energie einsetzen wollen.

Millionäre sind oft *Selbstmanager*, ob sie es wissen oder nicht. Sie haben die Vorstellung verinnerlicht, dass sie mehr werden müssen, und dass der Schlüssel zu dieser Entwicklung in ihnen selbst liegt.

Bevor ich Ihnen die wichtigsten Prinzipien des Selbstmanagements vorstelle, möchte ich ein paar Erkenntnisse mit Ihnen teilen. Ich habe nämlich entdeckt, dass das Mindset, also die *Geisteshaltung* eine entscheidende Rolle spielt, wenn man sich effektiv selbst führen und ein Vermögen aufbauen möchte.

Seien Sie sich Ihrer selbstauferlegten Einschränkungen bewusst – und bewerten Sie sie kritisch

Es kann sein, dass Sie an falschen, einschränkenden Überzeugungen festhalten, die Sie unbewusst daran hindern, Ihre beruflichen und privaten Ziele zu erreichen.

Vielleicht sind Sie zum Beispiel jemand, der sich immer wieder sagt: „Ich wünschte, ich wäre besser organisiert." Dabei sind Sie durchaus in der Lage, sich selbst die Struktur und die Inspiration zu schaffen, die Sie bräuchten, um besser organisiert zu werden. Wenn Sie glauben, Sie seien nicht dazu in der Lage, setzen Sie schon voraus, dass Sie scheitern werden, was wiederum Ihre Erfolgschancen verringert. Im Leben gibt es genug Hindernisse, da brauchen Sie sich doch nicht auch noch selbst welche in den Weg zu legen!

Effektive Selbstmanager nehmen ihre Überzeugungen intensiv unter die Lupe, entscheiden, welche davon hilfreich sind und verwerfen diejenigen, die es nicht sind.

Machen Sie jedes Mal eine Pause, wenn Sie merken, dass Sie gerade etwas denken oder sagen, das Sie einschränkt – „Ich habe nicht genug Zeit", zum Beispiel, oder „Das könnte ich niemals" – und machen Sie daraus eine bestärkende Frage, etwas wie: *Wo finde ich mehr Zeit in meinem Zeitplan? Was muss ich tun, um das auch zu können?*

Dadurch greifen Sie auf Ihre angeborene Kreativität zu und finden Lösungen.

Wenn Sie sich einer Sache voll und ganz verschreiben, finden Sie immer eine Möglichkeit, sie umzusetzen. Die Tennislegende Martina Navratilova hat es einmal so formuliert: „Der Unterschied zwischen Mitwirkung und Einsatz ist wie der zwischen Eiern und Schinken. Das Huhn wirkt mit, aber das Schwein zeigt vollen Einsatz." Eine Sache von ganzem Herzen zu tun ist der Schlüssel dazu, Träume wahr werden zu lassen.

Finden Sie sich besser als je zuvor

Wie Hal in *Miracle Morning – Die Stunde, die alles verändert* schreibt, leiden die meisten von uns am „Rückspiegelsyndrom", das unsere aktuellen und kommenden Erfolge einschränkt, weil wir in der Vergangenheit jemand anders waren.

Denken Sie daran: *Wo Sie jetzt sind, stammt zwar direkt von der Person ab, die Sie einmal waren, aber wohin Sie gehen, das hängt ausschließlich von der Person ab, die Sie ab sofort sind.* Das ist für Millionäre besonders wichtig. Sie werden Fehler machen. Aber machen Sie sich deshalb keine übermäßigen Schuldgefühle, die Sie nur daran hindern, zu sehen, dass Sie zu viel mehr in der Lage sind, als Sie sich vorstellen können. Wer Sie werden können und was Sie in Ihrem Leben erschaffen können, hat fast keine Grenzen. Jeder Fehler ist gleichzeitig Ihre Chance, etwas zu lernen, zu wachsen und besser zu werden, als Sie es je zuvor waren.

Ich habe einmal ein Interview mit Sara Blakely gesehen, der Gründerin von *Spanx* und jüngsten Milliardärin aus eigener Kraft in den USA. Sie ist überzeugt, dass ihr Erfolg auf der Geisteshaltung basiert, die sie von ihrem Vater mitbekommen hat. „Als ich klein war, hat er uns Mut zum Scheitern gemacht. Nach der Schule, beim Abendessen, fragte er uns oft: ‚Woran bist du heute gescheitert?'. Und wenn es nichts gab, war er enttäuscht. Das war eine interessante Art von umgekehrter psychologischer Beeinflussung. Wenn ich nach Hause kam und ihm erzählte, dass ich etwas ausprobiert hatte und überhaupt nicht gut darin gewesen war, lobte er mich." Wenn wir es zulassen, können unsere Fehler uns die wichtigsten Dinge beibringen.

Wir alle machen Fehler. Als Mensch kommt man nun einmal nicht mit einem Anleitungsheft auf die Welt; es wird immer jemanden geben, der eine unerwünschte Meinung dazu hat, wie Sie Ihr Leben gestalten. Hören Sie einfach nicht hin! Vertrauen Sie sich bei wichtigen Entscheidungen selbst und suchen Sie sich Unterstützung, wenn Sie nicht ganz sicher sind.

Alle erfolgreichen Menschen haben sich an einem gewissen Punkt ihres Lebens entschieden, sich selbst besser zu finden, als sie es je zuvor waren. Sie ließen die Überzeugungen fallen, die sie einschränkten, und erschufen stattdessen neue Grundsätze, die auf ihrem unbegrenzten Potenzial beruhten.

Eine der besten Methoden dafür ist es, den vier Schritten der *Miracle-Morning-Affirmationen* zu folgen, die ich in Kapitel 3 beschrieben habe, und daraus zielorientierte Affirmationen zu entwickeln. Achten Sie darauf, Affirmationen zu schaffen, die das verstärken, was Ihnen möglich ist, indem Sie sich selbst an Ihr ideales Ergebnis erinnern. Rufen Sie sich außerdem ins Gedächtnis, warum Ihr Ziel Ihnen wichtig ist, was Sie tun werden, um es zu erreichen, und wann Sie die nötigen Schritte unternehmen werden.

Suchen Sie aktiv Unterstützung

Entscheidend für Millionäre ist es, sich Unterstützung zu suchen. Dennoch tun sich viele Menschen damit schwer und leiden im Stillen, weil sie annehmen, dass alle anderen einfach mehr können.

Menschen, die sich selbst führen, wissen, dass sie nicht alles allein schaffen können. Sie brauchen beispielsweise moralische Unterstützung, um die Energiereserven wieder aufzufüllen, die im täglichen Leben nur allzu schnell abgebaut werden. Vielleicht brauchen Sie auch jemanden, dem Sie Rechenschaft ablegen können, damit Sie Ihre Tendenz überwinden können, aufzugeben, wenn etwas zu schwierig wird. Wir brauchen alle Unterstützung in verschiedenen Lebensbereichen. Gute Selbstmanager verstehen das und nutzen es zu ihrem Vorteil.

Die *Miracle-Morning-Gruppe* auf Facebook ist ein hervorragender Ausgangspunkt, um sich Unterstützung zu suchen. Ihre Mitglieder sind positiv eingestellt und antworten gern. Probieren Sie auch, eine Gruppe von Menschen mit ähnlichen Zielen und Interessen bei Ihnen vor Ort zu finden. Auf www.meetup.com oder www.nebenan.de können Sie beispielsweise

Gleichgesinnte in Ihrer Nähe finden. Ich empfehle Ihnen dringend, einen Partner zu suchen, dem Sie Rechenschaft ablegen, wenn Sie können. Alternativ können Sie sich auch nach einem Life Coach oder Business Coach umsehen, der Ihnen hilft.

Die vier grundlegenden Prinzipien des Selbstmanagements

Selbstmanagement ist zwar eine lernbare Fähigkeit, aber alle Fähigkeiten basieren auf einem Fundament aus Prinzipien. Um zu wachsen und den erwünschten Erfolgsgrad zu erreichen, müssen Sie zum Profi für Selbstmanagement werden.

Meine Lieblingsmethode, mit der man die Lernkurve halbieren und schneller ganz oben ankommen kann, ist es, mich an den Wesenszügen und dem Verhalten von Menschen zu orientieren, die bereits ganz oben angekommen sind.

Während der Jahre meines Vermögensaufbaus habe ich viele Millionäre und unzählige effektive Strategien kennengelernt. Hier sind die vier grundlegenden Prinzipien, von denen ich glaube, dass sie den größten Einfluss auf Ihr Engagement für das Selbstmanagement haben.

Prinzip Nr. 1: Übernehmen Sie 100 Prozent Verantwortung

Diese Wahrheit ist vielleicht schwer zu schlucken: Wenn Ihr Leben und Ihr Geschäft nicht so laufen, wie Sie es sich wünschen, dann liegt das allein an Ihnen.

Je schneller Sie diese Wahrheit verinnerlichen, desto schneller können Sie damit beginnen, sich weiterzuentwickeln. Damit will ich Ihnen nicht auf die Füße treten. Erfolgreiche Menschen sind aber nur selten Opfer. Tatsächlich ist einer der Gründe dafür, warum sie so erfolgreich sind, dass sie die absolute, komplette und völlige Verantwortung für jeden Aspekt ihres

Lebens übernehmen – für private Bereiche ebenso wie für berufliche, für gute oder schlechte, für ihre eigenen Aufgaben und für die von anderen.

Opfer verschwenden häufig ihre Zeit und Energie damit, die Schuld bei anderen zu suchen und sich zu beschweren, während Erfolgstypen schon längst dabei sind, die Ergebnisse und Umstände zu erschaffen, die sie sich für ihr Leben wünschen. Mittelmäßige Unternehmer nörgeln, dass ihre Kunden aus dem *einen* oder *anderen* Grund nichts kaufen, oder sie schimpfen auf ihr Team, das an allem Schuld ist, weil es nicht so arbeitet, wie es soll. Erfolgreiche Unternehmer übernehmen hundert Prozent der Verantwortung dafür, die richtigen Kunden zu finden und, noch wichtiger, sich die nötigen Fähigkeiten anzueignen, die sie brauchen, um mehr zu verkaufen und andere besser anzuleiten. Sie sind so damit beschäftigt zu arbeiten, dass sie keine Zeit mehr haben, sich zu beschweren.

Ich habe einmal gehört, wie Hal in einem seiner Vorträge eine wichtige Unterscheidung herausgestellt hat: „Der Moment, in dem Sie hundertprozentig die Verantwortung für alles in Ihrem Leben übernehmen, ist der Moment, in dem Sie die Macht erhalten, jeden Aspekt Ihres Lebens zu ändern. Dabei ist es jedoch entscheidend, dass Sie den Unterschied zwischen Verantwortung und Schuld kennen. Schuld ist dafür da, herauszufinden, wer einen Fehler gemacht hat, Verantwortung dient dazu, herauszufinden, wer dazu bereit ist, die Situation zu verbessern. Wer den Fehler gemacht hat, ist nur selten von Bedeutung. Alles, was zählt, ist, dass Sie bereit sind, die Situation zu verbessern." Damit hat er Recht. Sie werden selbst merken, wie befreiend es ist, wenn Sie anfangen, so zu denken und zu handeln. Plötzlich haben Sie die volle Kontrolle über Ihr Leben übernommen und darüber, wohin die Reise geht.

Wenn Sie Ihr Leben in die Hand nehmen, bleibt Ihnen keine Zeit, darüber zu diskutieren, wer welchen Fehler gemacht hat, oder wer an etwas Schuld ist. Schuldzuweisungen zu verteilen mag einfach sein, aber dafür ist jetzt kein Platz mehr in Ihrem Leben. Andere Leute mögen ihre Energie darauf verschwenden, Ausflüchte zu erfinden, warum sie ein bestimmtes Ziel nicht erreicht haben, aber Sie nicht. Sie stehen zu Ihren Ergebnissen – den guten wie den schlechten. So oder so haben Sie immer die Wahl, wie Sie auf jede mögliche Situation reagieren.

Einer der Gründe, warum die mentale Einstellung so wichtig ist, ist, dass Sie mit gutem Beispiel vorangehen. Wenn Sie immer nach jemandem suchen, dem Sie die Schuld zuschieben können, bekommt Ihr Team das mit und wird Sie deswegen höchstwahrscheinlich weniger respektieren. Es ist so ähnlich wie bei der Erziehung von Kindern: Die Menschen, die Sie führen, schauen immer, was Sie tun. Unter anderem deshalb ist es so wichtig, dass Sie nach den Werten leben, die Sie ihnen mitgeben wollen.

Ich empfehle Ihnen diese psychologische Veränderung: Nehmen Sie ab sofort alle Entscheidungen, Taten und Resultate Ihres Lebens in Besitz. Ersetzen Sie unnötige Schuldzuweisungen durch unerschütterliche Verantwortung. Selbst wenn jemand anders etwas vermasselt, fragen Sie sich selbst, was Sie hätten unternehmen können – und, was noch viel wichtiger ist, was Sie in Zukunft unternehmen werden –, damit so etwas nicht mehr vorkommt. Die Vergangenheit können Sie nicht ändern, aber die gute Nachricht ist, dass Sie alles andere durchaus selbst in der Hand haben.

Von jetzt an gibt es keinen Zweifel mehr, wer das Ruder in der Hand hat, und wer für all Ihre Ergebnisse verantwortlich ist. Sie treffen die Entscheidungen, Sie fassen an bestimmten Stellen nach, Sie entscheiden, was dabei herauskommen soll, und Sie sorgen dafür, dass es auch passiert. Ihre Resultate sind zu hundert Prozent Ihre eigene Verantwortung.

Denken Sie daran: Sie sind in einer Machtposition. Sie haben die Kontrolle und das, was Sie erreichen können, ist grenzenlos.

Prinzip Nr. 2: Priorisieren Sie Ihre Fitness und machen Sie das Üben angenehm

Wo würden Sie auf einer Skala von 1 bis 10 Ihre Fitness und Gesundheit einordnen? Sind Sie fit? Stark? *Fühlen Sie sich* öfter gut als schlecht?

Wie ist es um Ihren Energiepegel im Lauf des Tages bestellt? Haben Sie mehr Energie als Sie brauchen? Können Sie aufwachen, bevor der Wecker klingelt, und alles tun, was wichtig ist? Mit den Herausforderungen umgehen, vor die Sie der Tag stellt und sich um all die unvermeidlichen kleinen und großen Probleme kümmern, ohne dass Sie sich erschöpft fühlen oder Ihnen die Puste ausgeht?

Wir haben zwar schon mal über Bewegung und Übungen, das E in S.A.V.E.R.S., gesprochen, aber ich werde jetzt trotzdem noch einmal darauf eingehen. Es ist erwiesen, dass Ihre Gesundheit und Fitness großen Einfluss auf Ihre Energie und damit auf Ihren Erfolg hat – insbesondere als Unternehmer. Anders als ein Angestellter werden Sie nämlich nicht für reine Anwesenheit bezahlt. Sie verdienen Ihr Geld durch die Qualität der Ergebnisse, die Sie während Ihrer Arbeitszeit produzieren. Millionär zu werden ist ein Sport, der viel Energie verbraucht. Und wie bei jedem Sport brauchen Sie auch dafür eine Menge körperliches Durchhaltevermögen, wenn Sie so richtig gut werden wollen.

Daher ist es keine große Überraschung, dass Höchstleistungsträger in aller Regel drei wichtige Prioritäten im Leben haben: gut zu essen, gut zu schlafen und sich zu bewegen. Diese Prioritäten müssen Sie sich ebenfalls aneignen. Im nächsten Kapitel werden wir den Umgang mit Ihrer Energie näher betrachten, aber jetzt fangen wir erst mal damit an, sicherzustellen, dass Sie es schaffen, sich täglich zu bewegen. Das gelingt Ihnen am besten, wenn Sie körperliche Betätigungen finden, die Ihnen Spaß machen.

Der Zusammenhang zwischen körperlicher Fitness, Glück und Erfolg ist unstrittig. Es ist kein Zufall, dass Höchstleistungsträger nur selten nicht in Form sind. Die meisten von ihnen planen dreißig bis sechzig Minuten täglich ein, in denen sie ins Fitnessstudio oder Joggen gehen, weil sie wissen, wie wichtig tägliche Bewegung für ihren Erfolg ist.

Das E in S.A.V.E.R.S. sollte sicherstellen, dass Sie jeden Morgen mit fünf bis zehn Minuten Bewegung beginnen, aber wir würden Ihnen empfehlen, zusätzlich dreißig bis sechzig Minuten Bewegung einzuplanen, und das mindestens drei- bis fünfmal pro Woche. Dadurch können Sie gewährleisten, dass Ihr Fitnesslevel Ihnen die Energie und das Selbstvertrauen verleiht, das Sie brauchen.

Noch besser ist es, sich in einer Form von Bewegung zu betätigen, die Sie mit tiefer Freude erfüllt. Vielleicht wandern Sie gerne in der freien Natur, oder Sie spielen am liebsten Ultimate Frisbee.

Vielleicht ist es aber auch für Sie am besten, Ihr Ergometer vor den Fernseher zu stellen, damit Sie eine Folge Ihrer Lieblingsserie schauen und vergessen können, dass Sie sich gerade überhaupt bewegen.

Sie können es aber auch so machen wie Hal. Er fährt am liebsten Wakeboard und spielt Basketball – zwei hervorragende Sportarten – und sorgt dafür, dass er an jedem Arbeitstag entweder das eine oder das andere tun kann. Weiter hinten in diesem Buch finden Sie Hals Zeitplan, dem Sie entnehmen können, wie diese Aktivitäten zum Rest seiner Prioritäten passen.

Welche körperlichen Aktivitäten, die Ihnen Spaß machen, könnten Sie zu einem festen Bestandteil Ihres täglichen Bewegungsrituals machen?

Prinzip Nr. 3: Organisieren Sie Ihre Welt systematisch

Effektive Selbstmanager haben für so gut wie alles ein *System*: für Aufgaben bei der Arbeit, wie Zeitpläne zu erstellen, bei Kunden nachzufassen, Aufträge einzuarbeiten und Bedankungskarten zu verschicken, aber auch im Privatleben für Dinge wie Schlafen, Essen, sich um das Finanzielle zu kümmern, das Auto in Schuss zu halten und ihre Aufgaben in der Familie zu erfüllen. Diese Systeme machen das Leben leichter und sorgen dafür, dass man für alles bereit ist.

Hier sind ein paar Anregungen, was Sie sofort tun können, um Ihre Welt systematischer zu gestalten:

1. **Automatisierung** – In meinem Haushalt brauchen wir immer Milch, Eier und Brot, aber ständig einkaufen zu gehen wurde irgendwann zu einer Belastung. Stattdessen habe ich einen Lieferservice für Lebensmittel gefunden. Wir lassen sie uns jetzt ins Haus liefern, statt ständig loszulaufen und neue zu besorgen. Wenn Sie etwas in Ihrem Leben finden, das Sie nicht glücklich macht, versuchen Sie doch, es zu automatisieren, damit Sie sich nicht mehr darum kümmern müssen.

   Ich hasse es, das Bad zu putzen und Wäsche zu waschen. Deshalb habe ich jemanden eingestellt, der sich um diese Aufgaben kümmert. Das hat den zusätzlichen Vorteil, dass wir einen Grund haben, das Haus regelmäßig aufzuräumen. Ich weiß, dass sich nicht jeder eine Putzhilfe leisten kann, aber wenn Sie es aktuell noch nicht können, könnten Sie stattdessen Freunde fragen, ob sie es im Ausgleich für etwas anderes übernehmen wollen oder eine andere kreative Lösung finden. Einer meiner Freunde putzt als Teil des Sportpensums der Life S.A.V.E.R.S., also wird jeden Morgen ein bisschen erledigt.

2. **Aktentaschen und so weiter** – Hal ist nicht nur Bestsellerautor, sondern darüber hinaus auch noch professioneller Redner. Das heißt, dass er viel reisen muss, um die *Miracle-Morning-Botschaft* mit Menschen im ganzen Land und im Ausland zu teilen. Jedes Mal alles zusammenzusammeln, was er für die Reise brauchte, war zeitraubend, ineffizient und wenig effektiv, weil er oft etwas zuhause oder im Büro vergaß.

   Nachdem er zum dritten Mal das Ladegerät für seinen Laptop vergessen hatte und einen Apple Store finden musste, um dort für 99 Dollar (Autsch!) ein neues zu kaufen, oder an der Rezeption um ein Handyladegerät, einen Rasierer oder ein Paar Manschettenknöpfe bitten musste, die ein anderer Gast dort vergessen hatte, reichte es ihm. Er stellte sich eine Reisetasche zusammen, in der sich alles befand, was er für seine Reisen brauchte. Jetzt kann er sich jederzeit auf den Weg machen, weil er weiß, dass in dieser Tasche alles steckt, was er braucht, um sein Geschäft von unterwegs weiterzuführen: Visitenkarten, Flyer, mehrere Exemplare seiner Bücher, Adapter und Ladegeräte für sein Handy und seinen Laptop. Sogar Ohrstöpsel finden sich in seiner Tasche, nur für den Fall, dass der Hotelgast im Nachbarzimmer zu viel Lärm macht.

Sie merken, dass Sie ein System brauchen, spätestens dann, wenn Ihnen eine Herausforderung immer wieder begegnet oder Sie feststellen müssen, dass Ihnen etwas Wichtiges fehlt, weil Sie sich nicht gründlich genug vorbereitet haben. Wenn Sie gerade noch rechtzeitig für Ihren ersten Termin aus der Tür stürmen, nur um dann festzustellen, dass Ihr Auto nicht mehr genug Benzin im Tank hat, brauchen Sie ein System, das Ihnen hilft, früher aus dem Haus zu kommen. Hier sind ein paar Methoden, mit denen Sie besser vorausplanen können:

Packen Sie sich abends das Mittagessen für den nächsten Tag, Ihre Akten- oder Handtasche und Ihre Sporttasche. Legen Sie sich dann das Outfit für den nächsten Tag zurecht.

Stellen Sie sich wichtiges Arbeitsmaterial für unterwegs zusammen: Flyer, Kataloge und was Sie sonst noch brauchen, um auf Reisen arbeiten zu können.

Legen Sie einen Vorrat mit gesunden Snacks für unterwegs an – Äpfel, Grünkohl-Chips, Möhren und ähnliches –, damit Sie sich unterwegs nicht mit ungesundem Zeug aus dem Supermarkt oder dem Fast-Food-Restaurant behelfen müssen.

Anders ausgedrückt: Immer, wenn Sie an einer bestimmten Stelle die Kurve kriegen müssen, brauchen Sie ein System. Ein Leben ohne Systeme ist ein Leben voll unnötiger Stressfaktoren. Und das gilt ganz besonders für Millionäre.

3. **Grundlegende Zeitplanung** – Ein grundlegender Zeitplan ist der Schlüssel zu mehr Konzentration, Produktivität und Einkommen. Wenn wir zu oft hintereinander den ganzen Tag von einer Aufgabe zur anderen springen und uns am Abend fragen, wo zum Teufel die Zeit geblieben ist und welche Fortschritte wir eigentlich heute gemacht haben, dann haben wir mehr wichtige Gelegenheiten verpasst, als wir erfassen können. Geht es Ihnen auch manchmal so?

   Dann lassen Sie mich jetzt etwas mit Ihnen teilen – oder Sie daran erinnern – etwas, das Ihre Fähigkeit, regelmäßig spektakuläre Ergebnisse zu erzielen, von Grund auf verändern wird: *Sie brauchen einen grundlegenden Zeitplan, der Ihren Tagen und Wochen eine zielgerichtete Struktur verleiht!* Ein grundlegender Zeitplan ist ein festgelegter, wiederkehrender Plan aus Zeiteinheiten, die Sie ganz Ihren obersten Prioritäten widmen. Die meisten von uns erfassen intuitiv, wie nützlich ein solcher Plan ist, aber nur wenigen gelingt es, diese Erkenntnis konsequent umzusetzen

   Ich weiß, ich weiß. Sie sind erwachsen und brauchen keine festen Strukturen. Glauben Sie mir, das verstehe ich gut. Aber je besser Sie Ihren grundlegenden Zeitplan mit seinen festen Zeiteinheiten (normalerweise ein bis drei Stunden) einsetzen, desto mehr Freiheit bleibt Ihnen am Ende. Bei den Einheiten konzentrieren Sie sich nämlich auf die Projekte und Aktivitäten, die Ihnen dabei helfen, aus Ihrem Leben und Ihrer Arbeit das Beste herauszuholen.

   Das bedeutet aber nicht, dass Ihr Zeitplan völlig starr sein muss. Im Gegenteil, ich empfehle Ihnen dringend, von Anfang an Flexibilität mit einzuplanen. Planen Sie genug Einheiten ein, in denen Sie sich um Ihre Familie kümmern, Ihren Hobbys nachgehen oder etwas anderes tun, was Ihnen Spaß macht, und schreiben Sie sie in Ihren Kalender. Sie könnten sogar so weit gehen, eine Einheit für „Wonach mir gerade ist“ einzuplanen, in der Sie tun, was Sie gerade wollen. Wenn nötig können Sie auch einzelne Einheiten tauschen oder verschieben. Wichtig ist nur, dass Sie Ihre Tage und Wochen möglichst klar und zielgerichtet verbringen, wenn es darum geht, wie Sie jede Stunde jeden Tages investieren, und sei es auch nur, dass Sie eine Stunde darauf verwenden, *das zu tun, wonach Ihnen in dem Moment ist.*

Wenigstens haben Sie es so geplant. Einen grundlegenden Zeitplan aufrechtzuerhalten bedeutet, dass Sie Ihre Produktivität erhöhen und sich abends so gut wie nie fragen müssen, wo die ganze Zeit geblieben ist. Sie kann nicht einfach so verschwinden, ohne dass Sie sich bewusst dafür entschieden haben, weil Sie mit jeder Minute davon zielgerichtet umgegangen sind.

Ich habe Hal gebeten, seinen grundlegenden Wochenplan mit uns zu teilen, damit ich Ihnen ein Beispiel zeigen kann, wie so etwas aussehen kann. Hal hat zwar die Freiheit eines Unternehmers und muss sich nicht an einen vorgegebenen Plan halten, aber er würde Ihnen auch selbst sagen, dass dieser grundlegende Zeitplan eines seiner wichtigsten Instrumente ist, um sicherzustellen, dass er aus jedem Tag das meiste herausholt.

Beachten Sie bitte, dass es Hal – wie fast jedem von uns – durchaus passieren kann, dass etwas den grundlegenden Zeitplan verändert (Events, Einladungen als Redner, Ferien und so weiter), aber das ist immer nur vorübergehend. Sobald er wieder zuhause und in seinem Büro ist, kommt er auf diesen Zeitplan zurück.

Einer der Hauptgründe dafür, dass diese Technik so effektiv ist, liegt in der Tatsache, dass sie die emotionale Achterbahnfahrt, die wir bewältigen müssen, wenn unsere Resultate nicht immer optimal sind, komplett aus dem Entscheidungsprozess entfernt, wenn es um unsere täglichen Aktivitäten geht. Wie oft ist es Ihnen schon passiert, dass ein Meeting schlecht gelaufen ist und damit Ihren Gemütszustand und Ihre Konzentrationsfähigkeit beeinträchtigt hat?

Hals grundlegender Zeitplan

Uhrzeit	Montag	Dienstag
4:00 Uhr	S.A.V.E.R.S.	S.A.V.E.R.S.
5:00 Uhr	Schreiben	Schreiben
6:00 Uhr	E-Mails	E-Mails
7:00 Uhr	Kinder zur Schule bringen	Kinder zur Schule bringen
8:00 Uhr	Belegschaftsmeeting	1. Priorität
9:00 Uhr	1. Priorität	Wakeboard
↓	↓	↓
11:00 Uhr	Mittagessen	Mittagessen
12:00 Uhr	Basketball	Prioritäten
13:00 Uhr	Prioritäten	Interview
14:00 Uhr	Prioritäten	Interview
15:00 Uhr	Prioritäten	Interview
16:00 Uhr	Prioritäten	Prioritäten
17:00 Uhr	FAMILIE	FAMILIE
↓	↓	↓
22:00 Uhr	Ins Bett	Ins Bett

(Sehen Sie? Jede Stunde ist durchgeplant.)

Mittwoch	**Donnerstag**	**Freitag**	**Sa/Sonntag**
S.A.V.E.R.S.	S.A.V.E.R.S.	S.A.V.E.R.S.	S.A.V.E.R.S.
Schreiben	Schreiben	Schreiben	Schreiben
E-Mails	E-Mails	E-Mails	↓
Kinder zur Schule bringen	Kinder zur Schule bringen	Kinder zur Schule bringen	Familienzeit
1. Priorität	1. Priorität	1. Priorität	↓
↓	Wakeboard	↓	↓
↓	↓	↓	↓
Mittagessen	Mittagessen	Mittagessen	↓
Basketball	Prioritäten	Basketball	↓
Kundenanrufe	Interview	Prioritäten	↓
Kundenanrufe	Interview	Prioritäten	↓
Kundenanrufe	Interview	Prioritäten	↓
Prioritäten	Prioritäten	PLANUNG	↓
FAMILIE	FAMILIE	Zeit zu zweit	↓
↓	↓	↓	↓
Ins Bett	Ins Bett	☺ ???	Ins Bett

Vermutlich waren Ihre Konzentration und Ihre Produktivität für den ganzen Rest des Tages eingeschränkt. Hätten Sie in diesem Moment einen grundlegenden Zeitplan gehabt, an den Sie sich hätten halten können, indem Sie beispielsweise ein Networking-Event besucht, Anzeigen geschrieben oder Anrufe getätigt hätten, hätte der Nachmittag trotzdem noch Früchte getragen. Übernehmen Sie die Kontrolle! Überlassen Sie Ihre Produktivität nicht mehr dem Zufall; lassen Sie Ihren Kalender nicht von äußeren Einflüssen bestimmen. Erstellen Sie sich einen grundlegenden Zeitplan, der alles enthält, was Sie tun müssen – plus Freizeit, Familienzeit und Zeit für Dinge, die Ihnen Spaß machen – und halten Sie sich daran, egal, was kommt.

Wenn Sie merken, dass Sie Unterstützung dabei brauchen, sich an Ihren Zeitplan zu halten, schicken Sie Ihrem Coach oder dem Partner, dem Sie Rechenschaft ablegen, eine Kopie davon und bitten Sie ihn, Sie regelmäßig danach zu fragen. Wenn Sie sich konsequent an dieses eine System halten, erlaubt es Ihnen viel mehr Kontrolle über Ihre Produktivität und die Ergebnisse, die Sie erzielen können.

Prinzip Nr. 4: Bleiben Sie dran

Wenn es ein Erfolgsgeheimnis gibt, das nicht völlig offensichtlich ist, dann ist es dieses: *Bleiben Sie dran*. Egal, welches Ergebnis Sie sich wünschen – besser in Form zu kommen, Ihre Firma zu vergrößern oder mehr Zeit mit der Familie zu verbringen – Sie werden es nur erreichen, wenn Sie sich dauerhaft und konsequent damit beschäftigen.

In den nächsten Kapiteln werde ich Ihnen helfen, die Einsicht und Ausrichtung zu finden, die Sie brauchen, um sich Ihren Zielen konsequent zu widmen. Für den Moment genügt es, wenn Sie sich mental darauf vorbereiten, dranzubleiben – auch dann, wenn die gewünschten Ergebnisse zunächst auf sich warten lassen – und das Durchhaltevermögen aufzubauen, das Sie brauchen werden, um Rückschlägen und Enttäuschungen zu begegnen, während Sie Ihr neues Ich erschaffen.

Am erfolgreichsten erschafft man sich ein Vermögen, indem man konsequent und beharrlich bei der Stange bleibt und zuverlässig jeden Tag die nötigen Schritte unternimmt. Und das können Sie auch!

Wie geht es Ihrem Selbstwertgefühl?

Der amerikanische Dramatiker August Wilson hat einmal geschrieben: „Stell dich deinen dunklen Seiten und arbeite daran, sie mit Licht und Vergebung zu vertreiben. Deine Bereitschaft, mit deinen Dämonen zu ringen, wird deine Engel singen lassen."

Ihr Selbstwertgefühl gibt Ihnen den Mut, Neues auszuprobieren, und die Kraft, an sich selbst zu glauben.

Es ist äußerst wichtig, dass Sie Stolz auf sich selbst empfinden. Natürlich müssen wir unsere Schwächen realistisch einschätzen und stets versuchen, uns zu verbessern, aber seien Sie ruhig stolz auf Ihre Stärken und genießen Sie jeden kleinen Sieg.

Viele Tage sind voll von Enttäuschungen, Aufschüben und Zurückweisungen, also ist es lebensnotwendig, dass Sie sich selbst lieben. Wenn Sie Ihr Bestes geben, gönnen Sie sich auch die Anerkennung dafür. In meinem Journal gibt es einen Teil, in dem ich mir selbst Liebesbriefe schreibe. An Tagen, an denen ich ein kleines bisschen zusätzliche Bestärkung brauche, schreibe ich dort alles auf, was ich an mir selbst liebe und zu schätzen weiß.

Ein unerschütterliches Selbstwertgefühl ist ein mächtiges Instrument. Sie wissen wahrscheinlich schon, dass eine negative Einstellung Sie ganz schnell ins Leere laufen lässt. Mit der richtigen Geisteshaltung dagegen fallen Ihnen alle Herausforderungen des Tages ganz leicht. Sie bleiben ruhig und machen einfach weiter. Wenn Sie Vertrauen in Ihre eigenen Fähigkeiten haben und konsequent bei der Sache bleiben, wird sich Ihr Verhalten ändern und der Erfolg wird sich unweigerlich einstellen.

Selbstmanagement in der Praxis

Selbstmanagement zu entwickeln hilft Ihnen, die Führungsrolle Ihres Lebens einzunehmen.

Machen Sie Schluss mit der Opfermentalität und stellen Sie sicher, dass Sie die Werte, Überzeugungen und Visionen kennen, nach denen Sie leben wollen.

Erster Schritt: Schauen Sie sich die grundlegenden Prinzipien des Selbstmanagements noch einmal an und verinnerlichen Sie sie:

1. **Übernehmen Sie 100 Prozent Verantwortung.** Denken Sie daran, der Moment, in dem Sie Verantwortung für *alle* Aspekte Ihres Lebens übernehmen, ist der Moment, in dem Sie die Macht erlangen, alles an Ihrem Leben zu ändern. Ob Sie erfolgreich sind, hängt zu hundert Prozent von Ihnen selbst ab.

2. **Priorisieren Sie Ihre Fitness und machen Sie die Übungen angenehm.** Wenn tägliche Fitness bisher noch keine Priorität für Sie hat, ändern Sie das. Planen Sie zusätzlich zu Ihrer morgendlichen Übung drei- bis fünfmal die Woche dreißig bis sechzig Minuten Bewegung ein. Welche Ernährung Ihnen zusätzliche Energie verleiht, werden wir im nächsten Kapitel besprechen.

3. **Organisieren Sie Ihre Welt systematisch.** Erstellen Sie zuerst eine grundlegende Zeitplanung. Überlegen Sie dann, welche Bereiche Ihres Lebens oder Ihrer Arbeit davon profitieren könnten, wenn Sie sie systematischer angehen und/oder in bestimmten Zeiteinheiten abarbeiten, sodass Ihre zielführenden Prozesse jeden Tag bereits vorherbestimmt sind. Damit ist Ihnen der Erfolg nämlich so gut wie garantiert. Am wichtigsten ist es, dass Sie ein Rechenschaftssystem in Ihre Welt integrieren, sei es durch einen Kollegen oder Coach oder durch Ihre Verpflichtungen gegenüber Ihrem Team.

4. **Bleiben Sie dran.** Jeder Mensch braucht Strukturen. Wählen Sie Konsequenz und verschreiben Sie sich ganz Ihren persönlichen Erwartungen und Werten. Wenn Sie etwas Neues ausprobieren, lassen Sie dem Prozess genug Zeit zu funktionieren, bevor Sie ihn aufgeben und etwas anderes versuchen.

Zweiter Schritt: Entwickeln Sie Ihre Selbstkontrolle weiter und verbessern Sie Ihr Selbstbild durch Affirmationen und Visualisierung. Idealerweise passen Sie beides so schnell wie möglich an – es dauert eine Weile, die Ergebnisse zu sehen, und je schneller Sie damit anfangen, desto früher werden Sie Verbesserungen bemerken.

Ich hoffe, Sie haben inzwischen eine Ahnung davon bekommen, wie wichtig Ihre persönliche Entwicklung ist, wenn Sie erfolgreich werden wollen. Während Sie dieses Buch weiterlesen – und ich empfehle Ihnen, es mehrmals zu lesen – ist es hilfreich, wenn Sie sich zielgerichtet um die Bereiche kümmern, von denen Sie wissen, dass Sie sich darin noch verbessern müssen. Wenn Ihr Selbstwertgefühl ein wenig Auftrieb gebrauchen könnte, sorgen Sie dafür, dass es wächst. Entwerfen Sie Affirmationen, die es im Lauf der Zeit vergrößern und weiterentwickeln. Visualisieren Sie, wie Sie selbstbewusster auftreten, wie Ihre Ansprüche an sich steigen und wie Sie sich selbst mehr lieben.

Das klingt jetzt vielleicht wie ein bisschen viel, aber denken Sie an die Macht der kleinen Veränderungen. Sie müssen nicht alles auf einmal schaffen. Und ich habe noch eine gute Nachricht für Sie: Im nächsten Kapitel analysieren wir genauer, wie Sie Ihr Leben einrichten können, um einen optimalen Grad anhaltender körperlicher, mentaler und emotionaler Energie zu entwickeln, der Ihnen helfen wird, Tag für Tag ungeahnte Klarheit, Konzentrationsfähigkeit und Handlungsfreudigkeit zu erhalten.

Morgenmillionäre

Ich stehe ungefähr um 8 Uhr auf und folge einer einfachen Regel: Tu morgens eine Sache, bevor du in deine E-Mails schaust. Manchmal dusche ich vorher, manchmal gehe ich in Ruhe Joggen, manchmal kritzle ich ein paar Gedanken in mein Journal, aber für gewöhnlich schreibe ich. Meistens versuche ich morgens ein bis zwei Stunden lang zu schreiben, bevor ich den Rest des Tages (und die To-Do-Liste vom Vortag) in Angriff nehme.

RYAN HOLIDAY, Bestsellerautor und Medienstratege

11. NICHT SO OFFENSICHTLICHES MILLIONÄRS-PRINZIP NR. 2: ENERGIETECHNIK

Die Welt gehört dem Energiegeladenen.

RALPH WALDO EMERSON

Wenn Sie Millionär werden wollen, bedeutet das oft, dass alles mit Ihren eigenen Energiereserven steht und fällt. Ganz unabhängig davon, wie Sie beschließen, Ihr Geld zu verdienen, zu investieren und zu vermehren, ein Vermögen zu erschaffen bedeutet, dass Sie jeden Tag mit einem Überschuss an körperlicher, mentaler und emotionaler Lebenskraft beginnen müssen.

Das Problem daran ist, dass unsere Reserven sich leeren. An manchen Tagen – und ich weiß, dass Sie solche Tage kennen – wachen Sie auf und haben nicht genug Motivation dafür, sich den Herausforderungen zu stellen, von denen Sie wissen, dass sie kommen. Ein Startup zu gründen, ein Unternehmen wachsen zu lassen, ein Geschäftsfeld zu erschließen … das kann alles sehr ermüdend sein, sowohl körperlich als auch geistig, und das schon an guten Tagen. Inmitten von Unsicherheit und Überwältigung die

Konzentration zu bewahren ist nicht leicht. An guten Tagen brauchen Sie dafür Begeisterung, Planung und Durchhaltevermögen. An schlechten Tagen brauchen Sie das Gleiche und noch viel mehr.

Um reich zu werden brauchen Sie Energie im Überfluss. Daran führt kein Weg vorbei. Sie können den besten Businessplan, das beste Team und das beste Produkt der Welt haben, wenn Sie nicht genug Antrieb haben, um diese Ressourcen effizient zu nutzen, wird es Ihnen unnötig schwerfallen, Ihre Ziele zu erreichen. Wenn Sie so viel wie möglich aus Ihrem Vermögen herausholen wollen, brauchen Sie Energie – je mehr, desto besser, und je *dauerhafter*, desto besser.

- Energie ist der Treibstoff, der es Ihnen ermöglicht, sich Klarheit, Konzentration und Handlungsfreudigkeit zu erhalten, damit Sie jeden Tag nach den Sternen greifen und Ihre Ziele erreichen können.
- Energie ist ansteckend. Sie breitet sich von Ihnen in Ihre Umwelt aus wie ein positiver Virus und erzeugt als Symptom überall Begeisterung und positive Reaktionen.
- Energie ist die Grundlage für alles. Sie bestimmt, wie viel Erfolg wir haben.

Die Frage ist also, *wie Sie Ihr Leben strukturell so aufbauen, dass Sie große Mengen körperlicher, mentaler und emotionaler Energie aufbauen können* – einen nachhaltigen Überschuss, von dem Sie immer dann profitieren, wenn Sie ihn benötigen.

Viele Menschen, die sich damit schwertun, kompensieren das mit Kaffee, Zucker und anderen Aufputschmitteln. Das geht meistens eine Weile gut, aber dann kommt der Crash.

Ihnen ist vielleicht auch schon aufgefallen, dass Sie sich für eine gewisse Zeit auf solche Mittel verlassen können, dass Ihnen aber immer genau dann die Puste ausgeht, wenn Sie sie am dringendsten brauchen könnten.

In meinem Kopf höre ich gerade den Moderator einer dieser Dauerwerbesendungen: *Aber David, das muss doch auch besser gehen!*

Das stimmt. Wenn Sie bisher von Kaffee und purer Entschlossenheit gelebt haben, haben Sie dabei alles verpasst, was Ihnen möglich ist, wenn Sie verstehen, wie Energie genau funktioniert, und Ihr Leben danach ausrichten, möglichst viel davon zu erlangen.

Natürliche Energiezyklen

Als Erstes möchte ich klarstellen, dass das Ziel hier nicht ist, die ganze Zeit bei voller Kraft zu laufen. Das erbringt in der Praxis keine zuverlässigen Ergebnisse. Weil wir Menschen sind, unterliegt unsere Antriebskraft natürlichen Schwankungen. Finden Sie heraus, wann Sie im Lauf eines Tages die meiste Energie haben und gestatten Sie sich Ruhezeiten, in denen Sie Ihre Batterien wieder aufladen, wenn der Stress nachlässt.

Topfpflanzen brauchen Wasser; Menschen müssen regelmäßig auftanken.

Sie können über längere Zeit mit Volldampf laufen, aber irgendwann müssen Sie Ihren Geist, Ihren Körper und Ihre Seele auch zur Ruhe kommen lassen. Stellen Sie sich Ihr Leben als ein Gefäß vor, das Ihre Energie enthält. Wenn Sie mit diesem Gefäß nicht ordentlich umgehen, ist es, als hätte es unten ein Loch. Egal, wie viel Sie hineingießen, es wird nie ganz voll.

Bevor Sie an den Punkt kommen, wo Sie rettungslos überwältigt, gestresst und kurz vor dem Burnout sind, könnten Sie die Sache auch proaktiv angehen und sich ein System schaffen, in dem Sie automatisch wieder auftanken. Dadurch stopfen Sie die Löcher in Ihrem Gefäß und stellen sicher, dass Sie mit so viel Energie aufgetankt sind, wie Sie benötigen.

Hier sind drei Methoden, die ich anwende, um meine Energiereserven auf maximaler Kapazität zu halten und jederzeit zur Verfügung zu haben.

1. Essen und trinken Sie für mehr Energie

Wenn es darum geht, möglichst viel und nachhaltig Energie zu erschaffen, ist das, was Sie essen und trinken, vielleicht die wichtigste aller Stellschrauben. Wenn es Ihnen dabei genauso geht wie den meisten Leuten, entscheiden Sie über Ihre Ernährung zuallererst nach Gesichtspunkten von Geschmack und erst danach (wenn überhaupt) nach ihren Konsequenzen. Allerdings ist das, was unseren Geschmacksknospen am liebsten ist, nicht das Gleiche, das uns Energie verleiht, die den ganzen Tag anhält.

Es ist nichts Verwerfliches daran, Dinge zu essen, die gut schmecken, aber wenn Sie gesund bleiben und Höchstleistungen erbringen wollen, ist es wichtig, dass Sie sich bewusst dafür entscheiden, *die Konsequenzen dessen, was auf Ihrem Teller landet, höher zu bewerten als seinen Geschmack*. Warum? Weil Ihre Ernährung von allen Entscheidungen, die Sie treffen, die größten Auswirkungen auf Ihren Energiepegel hat. Denken Sie mal kurz daran, wie Sie sich nach einem großen Festmahl (zum Beispiel an Weihnachten) fühlen. Es ist kein Zufall, dass uns nach einem großen Essen oft die Augenlider schwer werden und wir uns ein Nickerchen wünschen. Der Ausdruck „Fresskoma" kommt nicht ganz von ungefähr.

Stark verarbeitete Nahrung – Fertiggerichte, die zu einem Großteil aus Zucker und anderen einfachen Kohlenhydraten bestehen – entzieht uns mehr Energie als sie uns verleiht. Anstatt Ihren Energiepegel anhaltend zu erhöhen, sorgen diese im Prinzip „toten" Nahrungsmittel dafür, dass er erst stark ansteigt und dann ebenso schnell wieder fällt. Man fühlt sich müde und ausgelaugt. Gesunde Nahrung wie zum Beispiel Obst, Gemüse, Nüsse und Samen macht Sie stattdessen gesünder, hebt Ihr Energieniveau, stärkt Ihren Körper und Geist und sorgt dafür, dass Sie dauerhaft Höchstleistungen erbringen können.

Alles, was Sie in Ihren Körper stecken, trägt entweder zu Ihrer Gesundheit und Ihrem Durchhaltevermögen bei oder es schadet Ihnen. Ein Glas Wasser ist ein Kreuzchen auf der Plusseite. Ein doppelter Tequila eher nicht.

Wenn Sie sich gesund ernähren und viel frisches Obst und Gemüse zu sich nehmen, bekommen Sie eine Menge Kreuzchen. Durch den Drive-In zu fahren und sich mit Fast Food vollzustopfen? Nicht ganz so hilfreich. Das alles ist kein Hexenwerk, aber es ist vielleicht der wichtigste Lebensbereich, in dem Sie sich optimieren können. Wenn es Ihnen aber genauso geht wie den meisten Menschen, müssen Sie erst einmal aufhören, sich selbst etwas vorzumachen.

Wenn Sie schon so weit sind, wird es Zeit, dass Sie zielgerichtet und strategisch darüber nachdenken, was Sie essen, wann Sie essen und – das ist sehr wichtig – warum Sie essen, damit Sie Ihren Lebensstil auf größtmöglichen Energiegewinn ausrichten können.

Strategisches Essen

Sie haben es sich vielleicht schon längst gefragt: *Wann wird während des Miracle Morning eigentlich gegessen?* Diese Frage will ich jetzt beantworten. Außerdem werde ich Ihnen erklären, was Sie am besten essen, um sich zu Höchstleistungen anzuspornen, was sehr wichtig ist, und warum Sie das essen, was Sie zu sich nehmen – was letzten Endes wahrscheinlich am allerwichtigsten ist.

Wann Sie essen sollten – Nahrung zu verdauen ist ein Prozess, der Energie verbraucht. Je größer die Portion und je mehr Essen Sie Ihrem Körper auf einmal zu verdauen geben, desto müder werden Sie sich fühlen. Ich empfehle Ihnen, mit Ihrer ersten Mahlzeit bis nach dem *Miracle Morning* zu warten. Dadurch fließt Ihr Blut ins Gehirn und nicht in den Magen, sodass Sie wacher und aufmerksamer sind.

Manche Leute haben morgens mehr Hunger als andere. Vielleicht ist es für Sie besser, morgens erst mal eine kleine Menge an gesunden Fetten zu sich zu nehmen, damit Ihr Gehirn gleich etwas Treibstoff bekommt. Studien haben gezeigt, dass unsere geistigen Fähigkeiten und unsere Stimmung sehr stark von der Art von Fetten abhängen, die wir essen. „Unser Gehirn besteht nämlich zu 60 Prozent aus Fettsäuren (wie Omega-3-Säuren), die aus dem stammen, was wir essen", sagt Amy Jamieson-Petonic, eine lizensierte Ernährungsberaterin, Leiterin der Wellness-Coaching-Abteilung der Cleveland Clinic und nationale Sprecherin der American Dietetic Association.

Hal beginnt jeden Morgen mit gesunden Fetten, die er gleich nach seinem ersten Glas Wasser zu sich nimmt. Normalerweise isst er entweder einen Esslöffel Bio-Kokosöl (Nutiva Organic Coconut Manna, um genau zu sein), oder er trinkt eine Tasse Bio-Kaffee mit MCT-Öl. Sowohl der Esslöffel Kokosöl als auch die kleine Menge MCT-Öl enthalten gesunde Fettsäuren, die das Gehirn ankurbeln.

Die Vorteile, die Kakao für Ihre Gesundheit mit sich bringt, sind enorm. Zum Einen stecken in Kakao jede Menge Antioxydanzien (Kakao ist auf der Liste der 20 besten Lebensmittel nach Oxygen Radical Absorbance Capacity [ORAC], mit der man die Fähigkeit zum Abfangen von Sauerstoffradikalen misst), zum anderen senkt er den Blutdruck. Am besten ist allerdings die Tatsache, dass Kakao uns glücklich macht. Er enthält nämlich *Phenethylamin* (auch als die „Liebesdroge" bekannt), das unsere Stimmung enorm hebt und uns so glücklich machen kann, als wären wir frisch verliebt. Zusätzlich wirkt Kakao anregend und kann unsere Aufmerksamkeit verbessern. Mit anderen Worten, Kakao ist ein Alleskönner, wenn es um gesunde Ernährung geht.

Wenn es bei Ihnen gar nicht ohne eine Mahlzeit gleich nach dem Aufstehen geht, achten Sie darauf, dass Sie nur eine kleine Portion von etwas möglichst Leichtem, leicht Verdaulichem zu sich nehmen, zum Beispiel Obst oder einen Smoothie (dazu gleich mehr).

Warum Sie essen sollten – Nehmen wir uns einen Augenblick Zeit und betrachten wir genauer, warum Sie sich dafür entscheiden, das zu essen, was Sie essen. Welche Kriterien legen Sie an, wenn Sie im Supermarkt oder im Restaurant überlegen, welche Nahrung Sie Ihrem Körper zuführen wollen? Geht es dabei ausschließlich um Geschmack? Konsistenz? Bequemlichkeit?

Ziehen Sie Ihre Gesundheit dabei in Betracht? Ihr Durchhaltevermögen? Gibt es Dinge, die Sie nicht essen können oder wollen?

Die meisten Leute wählen ihre Ernährung hauptsächlich auf *Basis des Geschmacks* beziehungsweise einer emotionalen Bindung an eine bestimmte Art von Geschmack, die sie mögen. Wenn Sie jemanden fragen: „Warum hast du dieses Eis gegessen? Warum trinkst du diese Limonade? Warum hast du das Brathähnchen aus dem Supermarkt mitgebracht?", dann bekommen Sie wahrscheinlich Antworten wie: *Weil ich Eis unheimlich gern mag* oder *Weil mir Limo so gut schmeckt* oder *Weil mir nach Brathähnchen war.*

Diese Antworten basieren alle auf der emotionalen Befriedigung, die daher stammt, wie etwas schmeckt. In diesen Fällen werden die Befragten wahrscheinlich nicht versuchen zu erklären, welchen Mehrwert für ihre Gesundheit diese Genussmittel bieten oder wie viel Energie sie als Ergebnis der Einnahme haben werden.

Wenn Sie Höchstleistungen erbringen und jeden Tag so produktiv wie möglich sein wollen (so wie wir alle), und wenn Sie gesund und frei von Krankheiten bleiben wollen (und wer will das nicht?), dann ist es entscheidend, dass Sie eingehend darüber nachdenken, warum Sie sich so ernähren, wie Sie es tun. Zur Sicherheit wiederhole ich es noch einmal: Ab sofort müssen Sie Ihre Ernährung viel mehr danach beurteilen, *welche Konsequenzen sie für Sie hat, als danach, wie sie Ihnen schmeckt.* Der Geschmack verschafft Ihnen vielleicht ein paar Minuten lang Befriedigung, aber die Konsequenzen für Ihre Gesundheit und Ihr Durchhaltevermögen halten den ganzen Tag und letzten Endes sogar Ihr ganzes Leben lang an.

Das bedeutet aber nicht, dass Sie jetzt nur noch Dinge essen dürfen, die nicht gut schmecken, um möglichst gesund zu bleiben und sich mit Energie zu versorgen. Das Tolle an Lebensmitteln ist, dass sie gleichzeitig gesund *und* lecker sein können. Wenn Sie aber beschließen, jeden Tag Energie im Überfluss zu haben, damit Sie Höchstleistungen erbringen und ein langes, gesundes Leben führen können, müssen Sie sich bei der Auswahl Ihres Essens in erster Linie darauf konzentrieren, Dinge zu wählen, die möglichst gesund sind und Sie langfristig mit Energie versorgen.

Was Sie essen sollten – Bevor wir uns anschauen, was Sie essen sollten, reden wir erst mal kurz darüber, was Sie *trinken* sollten. Erinnern Sie sich, dass Sie in Schritt vier der fünfstufigen Anti-Schlummer-Aufstehstrategie morgens erst mal ein Glas Wasser trinken sollen? Genau, Wasser rehydriert Sie und verleiht Ihnen nach dem Schlafen neue Energie.

Was das Essen betrifft, ist es erwiesen, dass eine Ernährung voll *lebender Nahrung*, also frischem Obst und Gemüse, Ihre Lebenskraft stark erhöht, Ihre Konzentrationsfähigkeit und Ihren Gefühlszustand verbessert, Sie gesund hält und Sie vor Krankheiten schützt. Deshalb hat Hal den *Miracle-Morning-Superfood-Smoothie* entwickelt, der in nur einem großen, eiskalten Glas alles enthält, was Ihr Körper benötigt. In Hals Smoothie finden Sie komplette Proteine (*alle* essenziellen Aminosäuren), jung haltende Antioxydanzien, Omega-3-Fettsäuren (für ein besseres Immunsystem, zur Vorbeugung gegen Herz-Kreislauf-Erkrankungen und für mehr Hirnenergie) sowie ein breites Spektrum an Vitaminen und Mineralstoffen. Und das ist erst der Anfang! Darüber hinaus enthält der Smoothie viele Superfoods, zum Beispiel die anregenden, stimmungsaufhellenden sekundären Pflanzenstoffe der Kakaobohne, die langanhaltende Energiebombe Maca-Pflanze (ein Adaptogen aus den Anden, das dafür berühmt ist, dass es den Hormonhaushalt ausbalanciert) und Chiasamen, die das Immunsystem stärken und den Appetit zügeln.

Der *Miracle-Morning-Superfood-Smoothie* verleiht Ihnen nicht nur langanhaltende Energie, er schmeckt außerdem auch noch super. Vielleicht werden Sie sogar feststellen, dass er Ihre Fähigkeiten verbessert, im täglichen Leben wahre Wunder zu vollbringen. Das Rezept dafür können Sie – ebenso wie einige andere Materialien – kostenlos auf www.TMMBook.com herunterladen. So können Sie es sich ausdrucken und neben Ihren Mixer legen, damit Sie dieses Buch nicht in der Küche aufbewahren müssen.

Nicht, dass noch ein Unglück geschieht, wenn Sie, so wie ich, manchmal vergessen, den Deckel auf den Mixer zu schrauben und die ganze Küche mit einem Superfood-Smoothie verkleckern.

Kennen Sie das alte Sprichwort: *Du bist, was du isst*? Es ist wahr. Achten Sie auf Ihren Körper, dann achtet Ihr Körper auch auf Sie.

Früher habe ich Essen als eine Belohnung, einen kleinen Genuss oder einen Trost betrachtet. Heute sehe ich es als Treibstoff. Mein Ziel ist es, lecker und gesund zu essen, damit meine Ernährung mein Ziel unterstützt und mir hilft, so lange durchzuhalten wie nötig.

Ich gönne mir auch ab und zu mal eine Kleinigkeit, die vielleicht nicht ganz so gesund ist, aber dafür suche ich mir Gelegenheiten aus, wenn ich nicht unbedingt komplett volle Energiereserven brauche, zum Beispiel abends oder am Wochenende.

Mich besser zu ernähren fiel mir am leichtesten, nachdem ich anfing, darauf zu achten, wie ich mich fühlte, wenn ich bestimmte Dinge gegessen hatte. Dafür stellte ich mir einen Wecker auf sechzig Minuten nach dem Ende jeder Mahlzeit. Wenn der Wecker eine Stunde später klingelte, lauschte ich in mich hinein und versuchte herauszufinden, wie es mir ging. Es dauerte nicht lange, bis ich merkte, welches Essen mir Energie verlieh und welches nicht. Der Unterschied zwischen den Tagen, an denen ich einen Smoothie und einen Salat zu mir nehme, und den Tagen, an denen ich schwach werde und ein Schnitzelbrötchen oder ein Stück der Pizza, die so lecker riecht, esse, ist nicht schwer zu erkennen. An den ersten Tagen habe ich jede Menge Energie, an den anderen spüre ich ein deutliches Defizit.

Wie wäre es, wenn Sie Ihrem Körper alles geben, was er braucht, damit Sie so lange arbeiten und Ihre Freizeit genießen können, wie Sie wollen? Wie wäre es, wenn Sie sich selbst genau das gönnen, was Sie verdienen? Schenken Sie sich selbst Gesundheit, indem Sie bewusst darauf achten, was Sie essen und trinken.

Wenn Sie den ganzen Tag nur essen, wenn es nicht anders geht, und dann völlig ausgehungert in ein Fast-Food-Restaurant rennen, ist es an der Zeit, eine neue Strategie aufzubauen.

Denken Sie doch mal über Folgendes nach:

- Kann ich anfangen, bewusst über die Konsequenzen (für meine Gesundheit und mein Durchhaltevermögen) dessen, was ich esse, nachzudenken, und schaffe ich es, diese Konsequenzen über den Geschmack zu stellen?
- Kann ich dafür sorgen, dass ich immer Wasser bei mir habe, damit ich mich zielgerichtet und bewusst rehydrieren kann und nicht austrockne?
- Kann ich meine Mahlzeiten einplanen und dazwischen für gesunde Snacks sorgen, damit ich gegen Muster vorgehen kann, die mir nicht guttun?

Ja, das können Sie alles, und darüber hinaus noch viel mehr. Überlegen Sie mal, wie viel besser Ihr Leben wird und wie viel mehr Energie Sie für Ihr Unternehmen haben werden, wenn Sie sich Ihre Ernährungsgewohnheiten bewusst machen und sie zielgerichtet einsetzen.

- Ihr geistiger und emotionaler Zustand wird dauerhaft positiv. Wer wenig Energie hat, fühlt sich deprimiert, ein hoher Energiepegel führt dagegen dazu, dass wir uns positiv gestimmt fühlen und mit Freude in die Zukunft blicken.
- Sie werden disziplinierter. Ein niedriger Energiepegel zehrt an unserer Willenskraft und sorgt dafür, dass wir uns eher für den *einfachen* Weg entscheiden als für den *richtigen*. Wer mehr Energie hat, hat auch mehr Selbstkontrolle.
- Sie werden länger leben.
- Sie werden zum Vorbild für die Menschen, die Sie führen, und die Menschen, die Sie lieben. Wie wir unser Leben gestalten, spornt die Leute in unserer Umgebung an, es genauso zu tun.

- Sie werden gesünder, Sie werden sich besser fühlen und Sie werden länger leben.
- Als Bonus wird sich Ihr Gewicht ohne zusätzlichen Mehraufwand auf dem für Sie richtigen Niveau einpendeln.
- Und das Allerbeste: Ihr Unternehmen wird schneller wachsen, Sie werden mehr Abschlüsse tätigen, mehr und bessere Mitarbeiter einstellen und mehr Geld verdienen, weil Sie gut aussehen und sich super fühlen werden.

Vergessen Sie nicht, im Lauf des Tages genug zu trinken. Zu wenig Wasser führt dazu, dass Sie dehydriert sind und Ihr Körper seine normalen Funktionen nicht mehr richtig ausführen kann. Schon leichter Flüssigkeitsmangel kann dafür sorgen, dass Sie sich müde und weniger lebhaft fühlen.

Wenn Sie die fünfstufige Anti-Schlummer-Aufstehstrategie anwenden, fangen Sie den Tag gleich mit einem Glas Wasser an. Darüber hinaus empfehle ich Ihnen, immer eine große Flasche Wasser bei sich zu haben und alle ein bis zwei Stunden gewohnheitsmäßig einen halben Liter davon zu trinken. Falls es Ihnen schwerfällt, daran zu denken, stellen Sie sich einen Wecker oder setzen Sie sich eine Erinnerung im Handy, damit Sie es nicht vergessen. Trinken Sie jedes Mal, wenn Sie den Alarmton hören, den Rest Wasser aus Ihrer Flasche und füllen Sie sie für die nächste Runde neu auf. Wenn Sie stets eine volle Flasche bei sich haben, können Sie damit problemlos Ihren Flüssigkeitsbedarf decken.

Was die Häufigkeit Ihrer Mahlzeiten betrifft, habe ich die Erfahrung gemacht, dass es am günstigsten ist, alle drei bis vier Stunden eine kleine Portion leicht verdauliche, „lebende" Nahrung zu sich zu nehmen. Meine Mahlzeiten bestehen in aller Regel aus irgendeiner Art von Eiweiß und Gemüse. Damit mein Blutzuckerspiegel nicht fällt, esse ich häufig kleine Snacks aus lebenden Lebensmitteln, zum Beispiel frisches Obst, Nüsse und einen meiner Lieblingssnacks: Grünkohlchips. An Tagen, an denen ich im Voraus weiß, dass ich besonders produktiv sein muss, plane ich meine besten Mahlzeiten ein.

Ich glaube daran, dass energiebewusstes Essen – vom Frühstück bis zum Feierabend – zusammen mit dem Sport, den ich betreibe, mir die Freiheit gibt, abends und am Wochenende zu essen, was ich will. Ich glaube außerdem daran, dass ich essen kann, was ich will, aber nicht immer so viel davon, wie ich möchte. Ich habe gelernt, alles zu probieren, aber nur gerade genug davon zu essen, damit das Hungergefühl verschwindet.

Letzten Endes müssen Sie vor allem eines verinnerlichen: Essen ist Treibstoff. Wir müssen uns selbst versprechen, den bestmöglichen Treibstoff zu verwenden, um uns durch den ganzen Tag zu bringen, uns dabei spitze zu fühlen und jede Menge Energie zu haben. Mehr Gewicht auf die Konsequenzen Ihrer Ernährung zu legen als auf ihren Geschmack, und genug gesunde Fette und lebende Nahrung zu sich zu nehmen, ist der erste Schritt auf dem Weg zu effizienter Energieerschaffung.

2. Als Gewinner schlafen und aufwachen

Schlafen Sie mehr, dann erreichen Sie mehr. Dieser Business-Leitsatz widerspricht zwar vielleicht dem, was Sie sonst glauben, aber er ist trotzdem wahr. Der Körper braucht jede Nacht genug Ruhe, um optimal zu funktionieren und sich nach einem anstrengenden Tag zu regenerieren. Schlaf ist außerdem sehr wichtig für das Immunsystem, den Stoffwechsel, das Gedächtnis, die Lernfähigkeit und andere lebenswichtige Körperfunktionen. In dieser Zeit repariert, heilt, wächst und ruht sich der Körper aus. Wenn Sie nicht genug schlafen, betreiben Sie Raubbau an sich selbst.

Schlafen ist nicht gleich genug schlafen

Aber wie viel Schlaf ist wirklich genug? Es gibt einen gewaltigen Unterschied zwischen der Menge Schlaf, mit der Sie auskommen können und der Menge, die Sie brauchen, um so gut wie möglich zu funktionieren. Wissenschaftler an der University of California haben entdeckt, dass manche Leute genetisch so veranlagt sind, dass sie nur sechs Stunden Schlaf pro Nacht brauchen. Dieses Gen ist allerdings sehr selten, nur drei Prozent der

Bevölkerung besitzen es. Für die anderen 97 Prozent von uns sind sechs Stunden nicht mal annähernd genug. Dass Sie vielleicht mit nur fünf oder sechs Stunden auskommen, bedeutet nicht, dass es Ihnen nicht guttäte und Sie nicht mehr schaffen könnten, wenn Sie eine oder zwei Stunden länger im Bett blieben.

Das klingt jetzt vielleicht seltsam. Ich kann beinahe hören, was Sie denken: *Mehr schaffen, aber länger im Bett liegen? Wie soll das denn funktionieren?* Es ist jedoch erwiesen, dass genug Schlaf dem Körper erlaubt, auf einem höheren Leistungsniveau zu funktionieren. Sie arbeiten also nicht nur besser und schneller, Sie fühlen sich dabei auch noch wohler.

Wie viel Schlaf wir brauchen, ist von Mensch zu Mensch unterschiedlich, aber Studien haben gezeigt, dass Erwachsene im Durchschnitt sieben bis acht Stunden Schlaf pro Nacht benötigen, um die Energie wieder aufzutanken, die sie brauchen, um den Ansprüchen jedes Tages gerecht zu werden.

Wie den meisten Menschen wurde auch mir eingetrichtert, ich bräuchte acht bis zehn Stunden Schlaf. In Wahrheit brauche ich aber manchmal weniger und manchmal mehr. Um herauszufinden, ob Sie genug schlafen, achten Sie am besten darauf, wie es Ihnen tagsüber geht.

Wenn Sie genug schlafen, fühlen Sie sich den ganzen Tag wach und aufmerksam, von dem Moment an, in dem Sie die Augen aufschlagen, bis zu der Zeit, zu der Sie normalerweise ins Bett gehen. Wenn nicht, greifen Sie am Vormittag oder im Lauf des Nachmittags zu Koffein oder Zucker – oder beidem.

Wenn es Ihnen so geht wie den meisten Menschen, fällt es Ihnen schwer, sich zu konzentrieren, klar zu denken und sich an Dinge zu erinnern, wenn Sie nicht genug Schlaf bekommen. Sie merken zu Hause oder bei der Arbeit, dass Sie nicht effizient arbeiten und führen Ihre Fehler möglicherweise sogar darauf zurück, dass Sie so im Stress sind. Je mehr Schlaf Ihnen fehlt, desto heftiger werden die Auswirkungen des Schlafmangels.

Darüber hinaus wirken sich Schlaf- und Entspannungsmangel äußerst negativ auf Ihre Stimmung aus. Ein Unternehmer darf nicht schlecht gelaunt sein!

Es ist wissenschaftlich belegt, dass sich bei Menschen, die nachts nicht genug Schlaf bekommen, die Persönlichkeit verändert; sie werden insgesamt mürrischer, ungeduldiger und reizbarer.

Wenn Sie unter Schlafmangel leiden, werden Sie für die Menschen in Ihrer Umgebung zum Bären, und das macht wirklich niemandem Spaß – auch Ihnen selbst nicht.

Die meisten Erwachsenen schlafen weniger, damit sie ihren Tag mit mehr Dingen vollpacken können. Wenn Sie eine dringende Deadline haben, kommen Sie bestimmt auch in Versuchung, weniger zu schlafen, damit Sie mehr arbeiten können.

Leider führt Schlafmangel jedoch dazu, dass der Körper herunterfährt, was Krankheiten die winzige Lücke bietet, die sie brauchen, um den Körper anzugreifen. Wenn Sie nicht genug schlafen, funktioniert Ihr Immunsystem nicht mehr richtig und Sie werden anfällig für so gut wie alles. Wenn dieser Zustand länger andauert, können Sie krank werden und tage- oder sogar wochenlang bei der Arbeit ausfallen. Das ist natürlich schlecht, wenn Sie versuchen, Ihr Unternehmen zum Wachsen zu bringen.

Wenn Sie sich dagegen genug Schlaf gönnen, funktioniert Ihr Körper so wie er soll, es ist angenehm, sich in Ihrer Nähe aufzuhalten, und Ihr Immunsystem wird stärker. Das ist genau das, worauf es ankommt, wenn Sie mehr verkaufen und mehr Leute für Ihr Unternehmen anwerben wollen. Stellen Sie sich guten Schlaf als die Zeit vor, in der Sie Ihren inneren Wohlstandsmagneten einschalten. Wenn Sie dann gut ausgeschlafen und fröhlich aufwachen, weil Sie Ihre S.A.V.E.R.S. durchgeführt haben, wird es Ihrem Unternehmen auch besser gehen. Ein fröhlicher Unternehmer ist nämlich ein reicher Unternehmer.

Die wahren Vorzüge des Schlafes

Sie wissen vielleicht nicht, wie wichtig Schlaf wirklich ist. Während Sie fröhlich durch Ihre Träume tanzen, arbeitet der Schlaf hart für Sie und bringt Ihnen eine Menge unglaublicher Vorzüge.

Schlaf verbessert Ihr Gedächtnis. Während Sie schlafen, arbeitet Ihr Gehirn auf Hochtouren. Schlaf erlaubt es Ihnen, Giftstoffe abzubauen, die sich tagsüber als Nebenprodukte der Hirntätigkeit ansammeln, Ihr Gedächtnis zu verbessern und Dinge zu üben, die Sie im wachen Zustand gelernt haben. Diesen Prozess nennt man „Verfestigung".

„Wenn Sie versuchen, etwas zu lernen, sei es eine körperliche oder eine geistige Fähigkeit, lernen Sie es bis zu einem gewissen Punkt durch Übung", sagt Schlafexperte Dr. David Rapoport. „Aber während Sie schlafen, geschieht etwas, das dafür sorgt, dass Sie es noch besser lernen."

Mit anderen Worten: Wenn Sie versuchen, etwas Neues zu lernen, zum Beispiel Spanisch, einen neuen Tennisaufschlag oder die genauen Eigenschaften eines neuen Produktes in Ihrem Sortiment, fällt Ihnen das leichter, wenn Sie darauf achten, genug Schlaf zu bekommen.

Schlaf kann Ihnen helfen, länger zu leben. Zu viel oder zu wenig Schlaf wird mit einer verkürzten Lebensdauer in Verbindung gebracht, wobei nicht feststeht, was davon Ursache ist und was Wirkung. 2010 wurde in einer Studie an Frauen zwischen fünfzig und neunundsiebzig nachgewiesen, dass bei Frauen, die weniger als fünf oder mehr als sechseinhalb Stunden Schlaf pro Nacht bekamen, mehr Todesfälle auftraten. Die richtige Menge Schlaf zu bekommen, ist also langfristig eine gute Idee für Ihre Gesundheit.

Schlaf stärkt Ihre Kreativität. Schlafen Sie erst mal gut aus, bevor Sie sich den Pinsel und die Staffelei oder Stift und Papier schnappen! Schlaf sorgt nicht nur durch Verfestigung dafür, dass Ihr Gedächtnis besser wird, er ordnet Ihre Erinnerungen auch neu, was zu mehr Kreativität führen kann.

Wissenschaftler an der *Harvard University* und dem *Boston College* haben festgestellt, dass im Schlaf die emotionalen Bestandteile von Erinnerungen gestärkt werden, was die Kreativität ankurbelt.

Schlaf hilft Ihnen dabei, ein gesundes Gewicht zu erreichen und zu halten. Wenn Sie übergewichtig sind, haben Sie nicht die gleichen Energiereserven wie jemand, der sein Idealgewicht hat. Wenn Sie Ihren Lebensstil umstellen, um mehr Bewegung und eine gesündere Ernährung einzuplanen, achten Sie am besten auch gleich darauf, früher ins Bett zu gehen. Zusätzliche körperliche Anforderungen an unseren Körper zu stellen bedeutet nämlich auch, dass wir diese Anforderungen durch genug Ruhe wieder ausgleichen müssen.

Die gute Nachricht: Forscher an der *University of Chicago* haben herausgefunden, dass Menschen, die während einer Diät mehr schlafen, mehr Fett abbauen – bis zu 56 Prozent mehr sogar – als Menschen, die an Schlafmangel leiden und dadurch mehr Muskelmasse abbauen. Die Teilnehmer der Studie gaben außerdem an, hungriger zu sein, wenn sie weniger Schlaf bekommen hatten. Im Gehirn werden Schlaf und der Stoffwechsel nämlich von den gleichen Regionen gesteuert. Wenn Sie schläfrig sind, werden bestimmte Hormone ausgeschüttet, die appetitanregend wirken.

Schlaf baut Stress ab. Wenn es um unsere Gesundheit geht, besteht ein enger Zusammenhang zwischen Schlaf und Stress, und beide beeinflussen unser Herzkreislaufsystem. Schlaf baut Stress ab und senkt den Blutdruck. Viele Mediziner glauben außerdem, dass Schlaf Auswirkungen auf den Cholesterinspiegel hat, der ebenfalls eine große Rolle bei Herzproblemen spielt.

Schlaf schützt vor Fehlern und Unfällen. Die amerikanische Verkehrsaufsichtsbehörde meldete 2009, dass Müdigkeit am Steuer der häufigste Grund für tödliche Unfälle ohne Beteiligung von anderen Verkehrsteilnehmern ist (also die Art von Unfall, bei der beispielsweise das Auto von der Straße abkommt) – noch häufiger als Alkohol! Müdigkeit ist ein Problem, das viele Leute stark unterschätzen, aber sie kostet unsere Gesellschaft sehr viel. Schlafmangel verschlechtert die Reaktionsfähigkeit und wirkt sich negativ auf Entscheidungsprozesse aus.

Wenn schon eine Nacht mit zu wenig Schlaf genauso viel Auswirkungen auf Ihre Fahrtüchtigkeit hat wie ein Glas Alkohol, stellen Sie sich erst einmal vor, wie sich Schlafmangel auf Ihre Fähigkeit auswirkt, die Konzentration aufzubringen, die Sie brauchen, wenn Sie ein Top-Unternehmer sein wollen.

Langfristig genug Ruhe zu bekommen ist ebenso wichtig für Ihre Leistungsfähigkeit wie Ihre Ernährung. Guter Nachtschlaf bildet die Grundlage für einen Tag voll klarem Denken, anhaltender Energie und Höchstleistungen. Sie wissen wahrscheinlich schon, wie viele Stunden Schlaf Sie pro Nacht benötigen, um sich so gut wie möglich zu fühlen, und es ist wichtig, dass Sie Ihren Schlaf optimal gestalten. Was allerdings vielleicht noch wichtiger ist als die genaue Anzahl Ihrer Schlafstunden, ist, wie Sie morgens aufwachen.

Wer schläft, verliert: Die Wahrheit über das Aufwachen

Die Redewendung von der verschlafenen Gelegenheit hat vielleicht eine tiefere Bedeutung, als wir je geahnt haben. Wenn man nämlich zur falschen Gelegenheit schlummert – indem man die Schlummertaste des Weckers betätigt – verpasst man damit die Chance, den Tag ideal zu beginnen.

Dadurch verschiebt man das Aufstehen leicht bis an den Punkt, wo es nicht mehr anders geht – wenn man dringend irgendwo sein, etwas tun oder sich um jemand anderen kümmern muss. Und das bedeutet, dass man den Tag gleich mit Widerstreben beginnt.

Jedes Mal, wenn Sie die Schlummertaste drücken, stemmen Sie sich gegen den Tag, gegen Ihr Leben und dagegen, aufzustehen und das Leben zu erschaffen, von dem Sie behaupten, dass Sie es sich wünschen.

Robert S. Rosenberg, der medizinische Direktor des Schlafstörungszentrums von Prescott Valley und Flagstaff, Arizona, sagt: „Wenn man die Schlummertaste mehrmals betätigt, tut man sich selbst dabei zwei Dinge an. Erstens zerstückelt man damit das kleine bisschen zusätzlichen Schlaf, das man dadurch bekommt, man schläft also weniger gut. Zweitens fängt man damit jedes Mal einen neuen Schlafzyklus an, dem man dann aber nicht genug Zeit gibt, zu Ende zu kommen. In Konsequenz ist man dann häufig den ganzen Tag lang groggy."

Wenn man dagegen jeden Tag mit Leidenschaft und einem Ziel vor Augen aufwacht, wird man schnell Teil der kleinen Minderheit von Höchstleistungsträgern, die ihren Traum leben. Und was dabei am wichtigsten ist: Es macht glücklich. Indem Sie Ihre Denkweise über das Aufstehen verändern, verändern Sie alles. Sie brauchen sich aber nicht allein auf mein Wort zu verlassen. Vertrauen Sie einfach diesen berühmten Frühaufstehern: Oprah Winfrey, Tony Robbins, Bill Gates, Howard Schultz, Deepak Chopra, Wayne Dyer, Thomas Jefferson, Benjamin Franklin, Albert Einstein, Aristoteles und noch vielen mehr, die ich hier nicht alle auflisten kann.

Niemand hat uns je beigebracht, dass wir unser ganzes Leben verändern können, wenn wir lernen, wie man morgens die Augen aufschlägt und den tiefen Wunsch verspürt, jetzt aufwachen zu dürfen. Dabei hätte das unser ganzes Leben verändert.

Wenn Sie jeden Morgen die Schlummertaste drücken, bis es nicht mehr anders geht, weil Sie zur Arbeit oder zur Schule gehen oder sich um Ihre Familie kümmern müssen, und wenn Sie dann abends nach Hause kommen und vor dem Fernseher dösen, bis es Zeit ist, ins Bett zu gehen (wie es bei mir früher war), dann muss ich Sie fragen: *Wann wollen Sie sich die Zeit nehmen, um zu der Person zu werden, die Sie sein müssen, um sich die Gesundheit, den Wohlstand, das Glück, den Erfolg und die Freiheit zu erarbeiten, die Sie wollen und verdienen? Wann werden Sie beginnen, Ihr Leben zu leben, statt stumpf Ihre Routine abzuspulen und sich bei jeder Gelegenheit abzulenken, damit Sie der Wirklichkeit entfliehen können? Was wäre, wenn*

Ihre Wirklichkeit – Ihr Leben – endlich zu etwas würde, das Sie unbedingt bewusst erleben wollen?

Wenn Sie noch nicht damit angefangen haben, sollten Sie ab sofort die fünfstufige Anti-Schlummer-Aufstehstrategie anwenden, die wir in Kapitel 2 besprochen haben, denn damit sind Sie jeden Tag von Anfang an darauf eingestellt zu gewinnen. Wenn es Ihnen schwerfällt, rechtzeitig ins Bett zu gehen, stellen Sie sich einen Einschlafwecker, der eine Stunde vor Ihrer idealen *Zubettgehzeit* klingelt. Dann haben Sie genug Zeit, zur Ruhe zu kommen, bevor Sie sich schlafen legen.

Heute ist der perfekte Tag, aufzuhören, der zu sein, der wir sind, und uns dem zuzuwenden, der wir werden können. Streifen Sie Ihr aktuelles Leben ab und schlüpfen Sie in das, das Sie wollen. Das Buch, das Sie in Händen halten, ist das ideale Werkzeug, das Ihnen dabei hilft, die Person zu werden, die Sie sein müssen, wenn Sie schnell das Leben bekommen, erschaffen und erhalten wollen, das Sie sich schon immer gewünscht haben.

Wie viel Schlaf brauchen wir wirklich?

Wenn Sie einen Experten fragen, wie viele Stunden Schlaf wir brauchen, wird er Ihnen sagen, dass es darauf keine allgemeingültige Antwort gibt. Die ideale Dauer des Schlafes ist von Mensch zu Mensch unterschiedlich und hängt von Ihrem Alter, Ihrer genetischen Veranlagung, Ihrem Stresspegel, Ihrem Gesundheitszustand, wie viel Bewegung Sie bekommen, Ihrer Ernährung (und wann Sie Ihre letzte Mahlzeit des Tages zu sich nehmen) und zahllosen weiteren Faktoren ab.

Wenn Ihre Ernährung zum Beispiel zu großen Teilen aus Fast Food, stark verarbeiteten Lebensmitteln, zu viel Zucker und so weiter besteht, fällt es Ihrem Körper schwer, im Schlaf wieder aufzutanken, weil er die ganze Nacht damit beschäftigt ist, sich zu entgiften und die Giftstoffe herauszufiltern, die Sie hineingesteckt haben. Wenn Sie dagegen darauf achten, sich möglichst gesund zu ernähren, wie oben besprochen, machen Sie es Ihrem

Körper damit leichter, seine Energiereserven aufzufüllen und sich zu verjüngen. Wer sich gesund ernährt, wacht auch so gut wie immer erfrischter und mit mehr Energie auf – und kommt dadurch auch mit weniger Schlaf aus – als jemand, der ungesund isst.

Sie sollten auch bedenken, dass man durchaus auch zu lang schlafen kann. Die National Sleep Foundation hat durch Studien herausgefunden, dass es einen Zusammenhang zwischen langen Schlafzeiten (neun Stunden oder mehr) und einem erhöhten Erkrankungs- und Unfallrisiko und sogar einer verkürzten Lebensdauer gibt. Die gleichen Studien haben außerdem festgestellt, dass Krankheiten wie Depression häufig mit langen Schlafphasen in Zusammenhang stehen.

Da es so viele wissenschaftliche Belege durch Studien und Experten gibt, die das Gegenteil behaupten, und nachdem ohnehin jeder unterschiedlich viel Schlaf braucht, werde ich jetzt auch nicht versuchen, Ihnen weiszumachen, es gäbe eine perfekte Herangehensweise an das Thema Schlaf. Stattdessen möchte ich Ihnen von meinen Erfahrungen in der echten Welt erzählen, von meinen persönlichen Erfahrungen und Experimenten und von dem, was ich über das Schlafbedürfnis von einigen der klügsten Köpfe in der Geschichte der Menschheit herausfinden konnte. Ich muss Sie allerdings vorwarnen: Einiges davon könnte ein wenig kontrovers sein.

Wie Sie morgens mit mehr Energie aufwachen – bei weniger Schlaf

Hal hat lange mit verschiedenen Schlafdauern experimentiert und von anderen *Miracle-Morning*-Anwendern gelernt. Er kam zu dem Schluss, dass die Frage, wie sich Schlaf auf unseren Körper auswirkt, zu großen Teilen damit zusammenhängt, was wir *glauben*, wie viel Schlaf wir brauchen.

Anders ausgedrückt: Wie wir uns fühlen, wenn wir morgens aufwachen, liegt nicht nur daran, wie viele Stunden Schlaf wir bekommen haben, sondern es hängt maßgeblich davon ab, was wir uns selbst darüber erzählt haben, wie wir aufwachen werden.

Wenn Sie zum Beispiel fest daran *glauben*, dass Sie acht Stunden Schlaf brauchen, um ausgeruht aufzuwachen, aber erst um Mitternacht ins Bett kommen, obwohl Sie um sechs Uhr schon wieder aufstehen müssen, denken Sie wahrscheinlich: „Oh weh, heute Nacht kann ich nur sechs Stunden schlafen, aber ich brauche doch eigentlich acht. Morgen früh werde ich ganz schön fertig sein."

Und was passiert dann, wenn am anderen Morgen Ihr Wecker klingelt und Sie die Augen aufmachen? Was ist Ihr erster Gedanke? Genau, der gleiche, den Sie schon am Abend vorher hatten! „Oh weh, das waren nur sechs Stunden Schlaf. Ich bin ganz schön fertig!" Das ist eine selbsterfüllende und selbstzerstörerische Prophezeiung. Wenn Sie sich einreden, dass Sie am Morgen müde sein werden, dann sind Sie am Morgen müde. Wenn Sie fest daran glauben, dass Sie acht Stunden Schlaf brauchen, um ausgeruht zu sein, dann reicht Ihnen weniger nicht. Aber was wäre, wenn Sie Ihre Überzeugung verändern?

Die Verbindung zwischen Körper und Geist ist extrem stark. Ich glaube, dass wir die Verantwortung für jeden Bereich unseres Lebens übernehmen müssen – auch dafür, dass wir jeden Morgen voller Energie aufwachen, egal, wie lange wir geschlafen haben.

Wie viele Stunden Schlaf brauchen Sie also *wirklich*? Keine Ahnung. Wenn es Ihnen schwerfällt, ein- oder durchzuschlafen, und Sie sich deshalb Sorgen machen, empfehle ich Ihnen das Buch *Jeder Mensch kann schlafen lernen* von Shawn Stevenson. Es ist einer der besten Ratgeber zum Thema Schlaf, den ich je gelesen habe.

3. Ausruhen und Auftanken

Das bewusste Gegenstück zum Schlaf heißt *Ausruhen*. Für viele Leute sind diese Begriffe austauschbar, aber es gibt wesentliche Unterschiede dazwischen. Selbst wenn Sie acht Stunden schlafen, kommen Sie manchmal an Ihre Grenzen, wenn Sie den ganzen Tag auf Achse sind und sich keine Zeit gönnen, nachzudenken oder Ihre körperlichen, geistigen und emotionalen Batterien aufzuladen. Wenn Sie den ganzen Tag arbeiten, in Ihrer Freizeit von Aktivität zu Aktivität spurten und das Ganze dann mit einem schnellen Essen und einer späten Zubettgehzeit krönen, haben Sie sich keine Pause gegönnt.

Das Gleiche gilt für das Wochenende. Wenn Sie es regelmäßig damit verbringen, die Kinder zum Fußball, zum Volleyball und zum Basketball zu bringen, und selbst Zeit im Stadion, in der Kirche, bei der Chorprobe oder auf mehreren Geburtstagsfeiern verbringen, tun Sie sich damit möglicherweise keinen Gefallen. Jede einzelne dieser Aktivitäten ist großartig, aber Sie lassen sich einfach nicht genug Zeit zum Auftanken, wenn Sie Ihren Terminkalender zu voll packen.

Wir leben in einer Gesellschaft, die tief in dem Glauben verankert ist, dass wir mehr wert, wichtiger und lebendiger sind, wenn unsere Tage stressig und aufregend sind. In Wahrheit sind wir das aber nur, wenn wir uns in unserer Haut wohlfühlen. Wir bemühen uns zwar darum, ein Leben im Gleichgewicht zu führen, aber die moderne Welt verlangt von uns, ständig erreichbar und produktiv zu sein. Diese Ansprüche können dazu führen, dass wir uns emotional, spirituell und körperlich ausgelaugt fühlen.

Wie wäre es stattdessen, wenn Sie sich nicht den ganzen Tag lang Stress aussetzen würden, sondern stattdessen mehr Wert auf bewusste Ruhezeiten, heilige Freiräume und zielgerichtete Stille legen könnten? Wie würden sich Ihr Leben, Ihr körperliches und geistiges Wohlbefinden und Ihre Fähigkeit, unternehmerischen Erfolg zu erzielen, dadurch verbessern?

Es klingt vielleicht nicht richtig, sich eine Auszeit zu nehmen, wenn Ihre To-Do-Liste ellenlang ist, aber in Wirklichkeit ist es eine der Voraussetzungen für produktives Arbeiten, sich mehr Pausen zu gönnen.

Studien haben gezeigt, dass wir in solchen Auszeiten jede Menge Stress abbauen. Methoden wie Yoga und Meditation senken unseren Puls und Blutdruck und regulieren unseren Sauerstoffverbrauch. Außerdem helfen sie gegen Bluthochdruck, Arthritis, Schlaflosigkeit, Depressionen, Unfruchtbarkeit, Krebs und krankhafte Angstzustände. Die spirituellen Vorzüge von Pausen reichen tief. Langsam zu tun und zur Ruhe zu kommen bedeutet, dass Sie besser auf die innere Stimme, die Weisheit und das Wissen zugreifen können, die in Ihnen schlummern.

Ausruhen und seine Schwester Entspannung sorgen dafür, dass wir besser mit unserer Umwelt in Kontakt treten können und verschaffen uns Entlastung und Zufriedenheit mit unserem Leben.

Und ja, falls Sie sich das schon gefragt haben, es macht Sie auch produktiver, netter zu Freunden und Familienmitgliedern (ganz zu schweigen von Kollegen, Angestellten und Kunden) und generell glücklicher.

Wenn wir eine Pause machen ist das so, als erlaubten wir einem Feld, eine Weile brach zu liegen, statt ständig zu pflanzen und zu ernten. Unsere inneren Batterien müssen aufgeladen werden. Die einfachste Methode dafür ist es, uns einfach und wirklich auszuruhen.

Einfache Wege zur Erholung

Die meisten von uns verwechseln Ausruhen mit Erholung. Wir erholen uns beim Wandern, bei der Gartenarbeit oder sogar bei einer Party. Diese Aktivitäten können aber nur insofern als erholsam bezeichnet werden, als dass sie eine Pause von der Arbeit darstellen. In Wahrheit sind sie weit davon entfernt, als Ausruhen definiert zu werden.

Ausruhen entspricht eher einer Art Wachtraum, den Sie erleben, während Sie aufmerksam und bei Bewusstsein sind. Ruhe stellt eine Brücke zum Schlaf dar und wir finden sie auf die gleiche Weise: indem wir ihr Raum geben und sie zulassen. Jedes Lebewesen braucht Ruhe, und das gilt auch für Sie. Wenn wir uns nicht genug Ruhe gönnen, schaden wir damit langfristig unserem Körper.

Hier sind ein paar einfache Methoden, wie Sie Ihrem Körper die Entspannung verschaffen, die er braucht:

- Wenn Sie bereits jeden Morgen fünf Minuten während Ihrer S.A.V.E.R.S. damit verbringen, still zu sitzen oder zu meditieren, ist das schon ein hervorragender Anfang.
- Reservieren Sie sich den Sonntag (oder einen anderen Wochentag, wenn Sie sonntags arbeiten müssen) als Ruhezeit. Nehmen Sie sich Zeit für sich allein, lesen Sie oder schauen Sie einen Film, oder verbringen Sie weniger anstrengende Zeit mit Ihrer Familie. Sie könnten zum Beispiel gemeinsam kochen, ein Spiel mit Ihren Kindern spielen oder einfach nur die Gesellschaft der anderen genießen.
- Suchen Sie Stille, wenn Sie Auto fahren. Schalten Sie das Radio aus und stecken Sie Ihr Handy weg.
- Gehen Sie spazieren, aber lassen Sie Ihre Kopfhörer zuhause. Ein absichtsloser Spaziergang in der Natur, bei dem Sie nicht an Ihren Kalorienverbrauch denken, kann schon helfen.
- Schalten Sie den Fernseher aus. Machen Sie jeden Tag eine halbe Stunde oder eine Stunde Platz für Stille. Atmen Sie ganz bewusst; konzentrieren Sie sich dabei aufs Ein- und Ausatmen und auf den Raum zwischen Ihren Atemzügen.
- Trinken Sie achtsam eine Tasse Tee, lesen Sie etwas, das Sie inspiriert, schreiben Sie Tagebuch, nehmen Sie ein heißes Bad oder lassen Sie sich massieren.
- Gehen Sie in Klausur, zum Beispiel mit Ihrem Team, Ihren Freunden, Ihrer Kirche, einer Gruppe von Gleichgesinnten, Ihrer Familie, Ihrem Partner oder Ihrer Partnerin oder einfach allein mit der Natur.

Selbst ein Nickerchen kann schon eine gute Methode sein, auszuspannen und die Batterien wieder aufzuladen. Wenn ich mich im Lauf eines langen Tages aus irgendeinem Grund ausgelaugt fühle, aber noch ein paar Stunden vor mir habe, zögere ich nicht, den Reset-Knopf zu drücken, indem ich ein Schläfchen von zwanzig oder dreißig Minuten mache. Nickerchen können uns außerdem helfen, zu einem besseren Schlafrhythmus zu finden.

Es ist hilfreich, eine bestimmte Zeit zum Ausruhen zu bestimmen. Grenzen Sie Ihre Ruhezeiten gegen den Rest des Tages ab, damit Sie sie sich nehmen können.

Ruhegewohnheiten

Als Unternehmer verbringen Sie standardmäßig die meiste Zeit direkt an vorderster Front. Deshalb ist es so wichtig, dass Sie die Zeit, die Sie brauchen, um sich auszuruhen und sich um sich selbst zu kümmern, wie jeden anderen Termin in Ihren Kalender eintragen. Die Energie, die Sie dadurch zurückgewinnen, können Sie dann um ein Vielfaches besser einsetzen.

Natürlich lernen wir in der Schule nicht, uns auszuruhen, und für viele von uns fühlt es sich zunächst nicht natürlich an. Schließlich sind Sie ein motivierter, hart arbeitender Unternehmer. Sie werden aber merken, dass Sie Ihren Ruhezeiten bewusst Priorität einräumen müssen.

Verschiedene Achtsamkeitstechniken zu lernen und sie zu einem Teil Ihrer täglichen Routine zu machen, kann Ihnen dabei helfen, Ihrem Körper, Ihrem Geist und Ihrer Seele die Pause zu gönnen, die sie brauchen.

Methoden wie Meditation, Yoga und zielgerichtete Stille sind hervorragend dazu geeignet, in sich selbst einzutauchen und innere Ruhe zu finden – besonders dann, wenn Sie sie regelmäßig anwenden.

Je weiter Sie Zeiten für Ruhe und Stille in Ihr tägliches Leben integrieren, desto mehr Nutzen ziehen Sie daraus. Wenn Sie nicht so sehr im Stress sind, brauchen Sie vielleicht nicht so viel Ruhe, aber wenn das Leben wieder anspruchsvoller wird, wenn Sie zum Beispiel ein besonders hohes Arbeitspensum schaffen oder eine dringende Deadline einhalten müssen, merken Sie vielleicht, dass Sie mehr Ruhe und Stille brauchen als sonst.

Die Kombination aus Bewegung, gesunder Ernährung, Schlaf und Ruhe wird Ihnen Flügel verleihen, wenn es um Ihr Unternehmen geht.

Machen Sie sich bewusst, dass es sich vielleicht zunächst unbequem anfühlen kann, sich diese drei Methoden – effektiv zu essen, zu schlafen und zu ruhen – anzueignen. Ihr Körper und Ihr Geist treffen dabei vielleicht auf emotionale Gegenwehr. Widerstehen Sie der Versuchung, sich vor diesen Unannehmlichkeiten zu drücken, indem Sie sich ganz bewusst für ein gesünderes Leben entscheiden.

Energietechnik in der Praxis

Erster Schritt: Stellen Sie Ihre Ernährung um, indem Sie die Auswirkungen dessen, was Sie essen und trinken, höher bewerten als den Geschmack. Nehmen Sie nach dem ersten Glas Wasser am Morgen zunächst gesunde Fette auf, um Ihr Gehirn mit Treibstoff zu versorgen. Versuchen Sie, jeden Tag eine neue, gesunde Mahlzeit aus *lebenden* Lebensmitteln auszuprobieren. Essen Sie statt Kartoffelchips lieber Grünkohlchips oder frisches Bioobst. Und denken Sie daran, immer eine volle Flasche Wasser bei sich zu haben, damit Sie sich mit ausreichend Flüssigkeit versorgen können.

Zweiter Schritt: Schlafen Sie gewinnbringend ein und wachen Sie genauso auf, indem Sie sich eine regelmäßige Zeit zum Schlafengehen *und* Aufstehen einrichten. Gehen Sie so ins Bett, wie es für Sie am besten passt, abhängig von Ihrer Aufstehzeit und Ihrem *Miracle Morning*. Sorgen Sie dafür, dass Sie genug Schlaf bekommen. Halten Sie ein paar Wochen lang eine regelmäßige Schlafenszeit ein, um Ihren Körper daran zu gewöhnen. Wenn Sie eine kleine Ermunterung brauchen, rechtzeitig ins Bett zu gehen, stellen Sie sich einen Wecker, der Sie daran erinnert, sich eine Stunde Zeit zu nehmen, um zur Ruhe zu kommen, bevor Sie schlafen gehen. Nach ein paar Wochen können Sie anfangen, ein bisschen zu probieren, wie viele Stunden Schlaf Sie brauchen, damit Ihr Energiepegel sich optimal einpendelt.

Dritter Schritt: Schreiben Sie sich genug tägliche Ruhezeiten in Ihren Kalender und nutzen Sie sie, um Ihre Batterien wieder aufzuladen – sei es durch Meditation, ein Nickerchen, einen Spaziergang oder eine andere Aktivität, die Sie erfreut und erfrischt. Denken Sie daran, Hal macht jeden Tag zwei Stunden Mittagspause, damit er entweder Basketball spielen oder Wakeboard fahren kann – zwei Dinge, die er liebt, und die ihm jede Menge Energie spenden. Welche Aktivitäten könnten Sie in Ihren Tagesablauf einplanen, die Ihnen neue Energie verschaffen? Planen Sie zusätzlich zu Ihrem *Miracle Morning* regelmäßig Zeit ein, in der Sie zur Ruhe kommen und auftanken können.

Jetzt haben Sie einen Plan für Ihren Körper. Im nächsten Kapitel betrachten wir Ihre Konzentrationsfähigkeit näher.

Morgenmillionäre

TIM FERRISS, der Autor des Bestsellers *Die 4-Stunden-Woche*: *Mehr Zeit, mehr Geld, mehr Leben*, beginnt jeden Tag damit, dass er sein Bett macht und zehn bis zwanzig Minuten lang meditiert. Es folgt eine kurze Phase mit leichter Bewegung und dann schreibt er fünf bis zehn Minuten lang Tagebuch.

12. NICHT SO OFFENSICHTLICHES MILLIONÄRS-PRINZIP NR. 3: UNERSCHÜTTERLICHE KONZENTRATION

Der erfolgreichste Kämpfer ist ein Durchschnittsmensch mit laserscharfer Konzentration

BRUCE LEE, weltbekannter Kampfsportler und Schauspieler

Wir kennen alle diese Person. Sie wissen schon, diese eine Person. Die einen Marathon läuft, die Bambinimannschaft trainiert, beim Kuchenverkauf in der Schule zehn Kuchen anschleppt und nebenbei vielleicht noch einen Roman schreibt. Und außerdem? Außerdem ist sie eine wahnsinnig erfolgreiche Unternehmerin, steht ständig in der Zeitung, gewinnt Auszeichnungen und schafft es jedes Jahr, die Wachstumsraten ihres Unternehmens vom letzten Jahr noch zu übertreffen. Ich wette, Sie kennen jemanden, bei dem es so läuft – jemanden, der anscheinend unglaublich, unerklärlich *produktiv* ist.

Vielleicht kennen Sie auch *diese* Person: Den Unternehmer, der ein millionenschweres Unternehmen leitet, aber nie daran zu arbeiten scheint. Er spielt die ganze Zeit Golf oder sitzt in einem Boot auf dem See, sogar mitten in der Woche. Jedes Mal, wenn Sie ihn treffen, redet er entweder von der Urlaubsreise, von der er gerade zurückgekommen ist, oder von der, die er demnächst unternehmen wird. Er ist fit und immer glücklich. In seiner Gegenwart fühlen sich auch alle anderen immer großartig.

Sie kennen diese beiden Personentypen vielleicht, aber was Sie wahrscheinlich nicht wissen, ist, wie sie es machen. Möglicherweise haben Sie immer gedacht, sie hätten einfach Glück. Oder Talent. Oder besonders gute Verbindungen. Oder die richtige Persönlichkeit. Oder Superkräfte.

Das sind natürlich alles Eigenschaften, die uns auf dem Weg zum Millionär unterstützen, aber ich weiß aus Erfahrung, dass es nur eine wirkliche Superkraft gibt, die hinter jeder unwahrscheinlich produktiven Person steckt: *ihr unerschütterlicher Fokus*. Unerschütterlicher Fokus ist die Fähigkeit, sich stets über Ihre obersten Prioritäten im Klaren zu sein und all die Energie, die Sie erschaffen haben, zu nutzen, in die wichtigsten Bahnen zu lenken und dort auch zu lassen, egal, was um Sie herum passiert oder wie es Ihnen sonst geht. Diese Fähigkeit ist der Schlüssel, um als außergewöhnliche Persönlichkeit Höchstleistungen zu erbringen.

Fokus ist eine andere Art, Ihre Zeit mit möglichst viel Leverage einzusetzen, ebenso wie Priorisierung – Sie erinnern sich bestimmt, darüber haben wir im Kapitel „Lektion IV: Werden Sie super“ gesprochen. Wenn Sie sich die Kraft Ihrer Konzentration zunutze machen, werden Sie nicht zum Übermenschen, aber Sie können dadurch anscheinend übermenschliche Ergebnisse erzielen. Und die Gründe dafür sind überraschend einleuchtend.

- **Unerschütterliche Konzentration macht Sie effektiver.**
  Effektiver zu werden bedeutet nicht, dass man am meisten schafft oder am schnellsten fertig wird. Es bedeutet, dass man die *richtigen* Dinge tut. Es bedeutet, dass Sie sich um die Dinge kümmern, von denen Sie das Gefühl haben, dass sie Sie Ihren Lebenszielen näherbringen.

- **Unerschütterliche Konzentration macht Sie effizienter.**
Effizienter zu werden bedeutet, Dinge zu erledigen und dabei weniger Ressourcen wie Zeit, Energie und Geld zu verbrauchen. Jedes Mal, wenn Sie sich von Ihren Zielen ablenken lassen, verschwenden Sie diese Ressourcen – vor allem Zeit. Wenn Sie nach Ihren Zielen streben, haben Sie nie zu viel Zeit, also ist jeder Moment, in dem Sie nicht voll konzentriert sind, ein verlorener Moment.

- **Unerschütterliche Konzentration macht Sie produktiv.**
Machen Sie sich diesen Unterschied klar: Bloß weil man *beschäftigt* ist, ist man noch lange nicht produktiv. In Wirklichkeit sind oft die Leute, denen es finanziell am schlechtesten geht, am meisten im Stress. Wir verwechseln nur allzu oft produktives Arbeiten und das Gefühl, beschäftigt und im Stress zu sein – und uns damit zu befassen, Dinge zu tun, die keine Ergebnisse liefern: E-Mails zu lesen, das Auto zu waschen oder die To-Do-Liste zum zwölften Mal in diesem Monat neu zu ordnen. Wenn Sie eine klare Vision haben, finden Sie heraus, was Ihre oberste Priorität ist und kümmern Sie sich konsequent um die Dinge, die Ihnen am meisten Leverage bringen. So schaffen Sie es, produktiv zu werden, statt nur beschäftigt zu sein. Die folgenden Schritte werden Ihnen helfen, unerschütterliche Konzentration zu einer Gewohnheit zu machen und zu den produktivsten Menschen der Welt aufzuschließen.

Wenn Sie diese Vorzüge kombinieren, schaffen Sie auf einmal *viel* mehr. Die wichtigste positive Auswirkung von Konzentration ist aber vielleicht die Tatsache, dass sie Ihnen erlaubt, Ihre Energie nicht mehr auf viele verschiedene Lebensbereiche zu verteilen und überall nur mittelmäßige Ergebnisse zu erhalten, sondern sich stattdessen bisher unentdecktes Potenzial zu erschließen *und* gleichzeitig Ihr Leben zu verbessern.

Als Nächstes wenden wir Ihren *Miracle Morning* auf diese Aufgabe an. Hier sind vier Schritte, denen Sie folgen müssen, um nach Ihrem *Miracle Morning* besonders konzentriert weiterzumachen.

1. Finden Sie die beste(n) Umgebung(en) für unerschütterliche Konzentration

Hier setzen wir zuerst an: *Sie brauchen eine Umgebung, die Sie in Ihrem Entschluss unterstützt, sich unerschütterlich zu konzentrieren.* Das kann zum Beispiel Ihr Gästezimmer sein, oder Ihr Garten. Egal, wie bescheiden der Ort auch sein mag, Sie brauchen einen bestimmten Ort, an den Sie gehen, um sich zu konzentrieren.

Ein Teil des Grundes dafür ist einfach die Logistik. Wenn Ihr Material überall vom Kofferraum Ihres Autos bis hin zu Ihrem Küchentisch verstreut ist, können Sie nicht effektiv arbeiten. Ein wichtigerer Grund ist aber, dass **ein Ort, an dem Sie sich konzentrieren, Ihnen dabei hilft, Ihre Konzentration gewohnheitsmäßig immer wieder anzuknipsen, wenn Sie an diesen Ort kommen.** Wenn Sie sich jeden Tag um die gleiche Zeit an den gleichen Schreibtisch setzen und dort hervorragende Arbeit leisten, werden Sie schnell feststellen, dass Sie schon in den Flow kommen, wenn Sie sich nur auf dem Stuhl niederlassen.

Wenn Sie viel unterwegs sind, können Sie Ihr Auto, Ihren Koffer, Ihre Hotelzimmer und vielleicht sogar bestimmte Cafés zu einem Teil Ihres Konzentrationsraums machen. Erschaffen Sie sich Gewohnheiten, nach denen Sie packen und unterwegs arbeiten, dann haben Sie Zugang zu der gleichen Konzentration, die Sie zuhause oder im Büro finden. Wenn Sie gut vorbereitet sind und immer alles dabeihaben, was Sie brauchen, können Sie überall konzentriert arbeiten.

2. Räumen Sie auf

Unordnung ist ein Killer für Ihre Konzentration, deshalb müssen Sie dieses Problem als Nächstes angehen. Es hat seinen Grund, dass Marie Kondos Buch *Magic Cleaning: Wie richtiges Aufräumen Ihr Leben verändert* zu den meistverkauften Sachbüchern der letzten zehn Jahre gehört. Körper und Geist aufzuräumen sorgt dafür, dass Sie eine ruhige, motivierte Geisteshaltung bekommen.

Es gibt zwei Arten von Unordnung: geistige und körperliche, und jeder von uns schleppt beide Arten mit sich herum.

Unsere Gedanken sind oft ungeordnet, zum Beispiel so: *Meine Schwester hat bald Geburtstag. Ich sollte ein Geschenk und eine Glückwunschkarte für sie besorgen. Das Abendessen gestern war echt schön. Ich muss mich noch beim Gastgeber bedanken. Ich muss noch die E-Mail von meinem neuen Kunden beantworten, bevor ich Feierabend mache.*

Dann sind da auch noch die Sachen, die sich um uns herum ansammeln: Papierstapel, alte Zeitschriften, Post-Its, Klamotten, die wir nie wieder anziehen werden, der Sperrmüll in der Garage. Das Zeug, die Staubfänger und der Kleinkram, die sich im Lauf des Lebens ansammeln.

Beide Arten von Unordnung schaffen etwas, das sich auswirkt wie ein dichter Nebel; um uns konzentrieren zu können, müssen wir aber klar *sehen*.

Um Ihre Sicht zu verbessern, müssen Sie diese Gedanken aus dem Kopf bekommen und sammeln, damit Sie sich nicht mehr ständig daran erinnern müssen. Und dann müssen Sie sich um den physischen Kram kümmern.

Hier ist eine einfache Methode, mit der Sie den Nebel verscheuchen und die Klarheit finden, die Sie brauchen, um sich zu konzentrieren.

- **Erstellen Sie eine umfassende To-Do-Liste.**
  Es gibt wahrscheinlich eine Menge Dinge, die Sie noch nicht aufgeschrieben haben – fangen Sie mit denen an. Schreiben Sie dann alles dazu, was auf diesen Post-Its und Notizzetteln steht, die auf Ihrem Schreibtisch, an Ihrem Monitor, in Ihrem Kalender, auf Ihren Arbeitsflächen und an Ihrem Kühlschrank (sonst noch wo?) herumhängen. Schreiben Sie diese Notizen und Ideen an einer zentralen Stelle auf Ihre Liste, entweder auf Papier oder im Handy, damit Sie den Kopf frei bekommen können. Geht es Ihnen jetzt besser? Bleiben Sie dran, das ist erst der Anfang.

- **Säubern Sie Ihren Arbeitsplatz.**
  Planen Sie einen halben (oder ganzen) Tag ein, an dem Sie jeden Papierstapel, jeden mit Dokumenten vollgestopften Ordner und jede Ablage mit ungeöffneter Post durchgehen – Sie wissen schon, was ich meine.

  Werfen Sie alles weg, was Sie nicht mehr brauchen, oder stecken Sie es in den Aktenvernichter. Scannen Sie die wichtigen Dokumente oder legen Sie sie ordentlich ab. Schreiben Sie gleichzeitig alles, was Ihre Aufmerksamkeit verlangt und nicht an jemand anderen delegiert werden kann, in Ihren Kalender und weisen Sie den Aufgaben auch gleich eine Zeit zu, in der Sie sich darum kümmern werden.

- **Entrümpeln Sie Ihr Leben.**
  Leeren Sie jede Schublade, jeden Schrank und jeden Stauraum, wo immer es möglich ist, und machen Sie sie sauber. So sollten Sie mit jedem Ort in Ihrer Wohnung oder Ihrem Haus verfahren, der Sie nicht ruhig und friedlich stimmt, wenn Sie ihn sehen. Das Gleiche gilt für Ihr Auto inklusive Kofferraum.

  Dafür brauchen Sie vielleicht ein paar Stunden oder Tage. Planen Sie jeden Tag ein wenig Zeit dafür ein, bis Sie fertig sind. Wenn Sie sich immer wieder vornehmen, am nächsten Wochenende zu entrümpeln, fangen Sie nämlich nie damit an. Suchen Sie sich eine einzige Schublade aus und starten Sie damit. Sie werden überrascht sein, wie sich die kleinen Arbeitsschübe ansammeln. Falls Sie dabei Unterstützung brauchen, empfehle ich Ihnen das Buch *Räum dich auf!: Wie du lernst, dich von Sorgen, Ängsten und negativen Gedanken zu befreien* von S.J. Scott und Barrie Davenport.

Wenn Sie sich körperlich und geistig besser organisieren, können Sie sich besser konzentrieren, als Sie sich jetzt auch nur ausmalen können. Außerdem bleibt Ihnen dadurch jede Menge Energie, die Sie nur noch in eine Bahn zu lenken brauchen: dahin, wo sie *gebraucht* wird.

3. Schützen Sie sich vor Unterbrechungen

Ich leite nicht nur mein Unternehmen, ich schreibe darüber hinaus auch dieses Buch. Außerdem bin ich verheiratet und habe Kinder. Sie können sich vermutlich vorstellen, dass Zeit enorm wichtig für mich ist. Ich nehme an, das geht Ihnen genauso.

Um Ablenkungen zu vermeiden und sicherzustellen, dass ich meine ganze Aufmerksamkeit darauf richte, was ich gerade mache, lasse ich mein Handy die meiste Zeit im „Bitte nicht stören"-Modus. Dieser Modus blockiert alle eingehenden Anrufe, SMS und Benachrichtigungen für E-Mails und soziale Netzwerke. Durch diese einfache Methode steigern sich meine Produktivität und meine Konzentrationsfähigkeit dramatisch. Ich empfehle Ihnen, nur noch zu bestimmten Zeiten zurückzurufen und E-Mails zu beantworten – und zwar dann, wenn es Ihnen passt, nicht, wenn es für andere Leute günstig ist.

Die gleiche Methode wie für Benachrichtigungen können Sie auch auf Ihre Verfügbarkeit für Kollegen, Angestellte und sogar Kunden anwenden. „Bitte nicht stören" ist mehr als nur eine Einstellung auf Ihrem Handy. Teilen Sie Ihrem Team klar und deutlich mit, wann Sie ihm zur Verfügung stehen und wann es Sie nicht stören soll.

4. Schaffen Sie eine Grundlage für unerschütterliche Konzentration

Wenn Sie Ihren Konzentrationsort gefunden und angefangen haben, Ihr Leben zu entrümpeln, sollten Sie unmittelbar spüren, wie sich der Nebel in Ihrem Gehirn lichtet und Sie sich viel besser konzentrieren können.

Jetzt ist es an der Zeit, den nächsten Schritt zu tun. Ich stelle mir diese drei Fragen, um meine Konzentrationsfähigkeit zu steigern:

- Was funktioniert so gut, dass ich damit *weitermachen* (oder sogar mehr davon tun) *sollte*?

- Was sollte ich *anfangen zu tun*, um schneller Ergebnisse zu sehen?
- Womit sollte ich *sofort aufhören,* weil es mich daran hindert, die nächste Stufe zu erreichen?

Wenn Sie diese drei Fragen beantworten und die Antworten umsetzen können, werden Sie ein ganz neues Produktivitätsniveau erreichen, das Sie sich bisher wahrscheinlich nicht einmal erträumt hätten. Betrachten wir diese Fragen also noch einmal einzeln.

Womit sollten Sie weitermachen (oder mehr davon tun)?

Wenn wir ehrlich sind, wissen wir eigentlich, dass nicht alle Strategien und Vorgehensweisen gleich gut funktionieren. Manche sind besser als andere. Manche funktionieren eine Zeitlang gut, werden mit der Zeit aber weniger effektiv. Und manche machen die Situation nur schlechter.

Im Moment machen Sie wahrscheinlich schon eine Menge Dinge richtig und nicken zustimmend, wenn Sie die kommenden Absätze lesen. Wenn Sie schon wissen, was Sie aktuell tun, das für Sie gut funktioniert, schreiben Sie es auf. Vielleicht verwenden Sie schon längst die „Bitte nicht stören"-Funktion Ihres Handys oder Sie machen bereits gute Fortschritte bei einer Fitness-Herausforderung und fühlen sich jeden Tag besser und stärker. Diese Dinge schreiben Sie auf die „Funktioniert"-Liste.

Achten Sie darauf, dass Sie Dinge auswählen, die Sie insgesamt erfolgreicher machen. Es ist wichtig, dass Sie Dinge tun, die direkt damit in Zusammenhang stehen, dass Sie Erfolg haben.

Bedenken Sie dabei die 80/20-Regel (auch bekannt als das Paretoprinzip), die besagt, dass wir ungefähr 80 Prozent unserer Erfolge mit nur 20 Prozent unseres Aufwands erreichen. Welche 20 Prozent Ihres Aufwands erbringen Ihnen 80 Prozent Ihrer Ergebnisse? Es ist einfach, nur die Dinge zu tun, die Ihnen Spaß machen, aber wir reden hier von der Wirklichkeit – und das heißt, Sie müssen sicherstellen, dass die Dinge, die Sie machen, direkt mit dem zu tun haben, was unmittelbar getan werden muss, und gleichzeitig dafür sorgen, dass Geld auf Ihr Konto fließt.

Am Ende dieses Kapitels werden Sie die Gelegenheit haben, alles, was für Sie funktioniert, in Ihrem Journal festzuhalten (darunter hoffentlich auch die Life S.A.V.E.R.S.). Machen Sie mit all diesen Dingen weiter, zumindest so lange, bis Sie eine Strategie finden, die noch effektiver ist.

Betrachten Sie die Dinge auf Ihrer „Funktioniert“-Liste noch einmal und gestehen Sie sich ehrlich ein, *welche davon Sie sogar noch mehr oder öfter tun müssten* (also die Dinge, von denen Sie gerade noch nicht genug machen). Wenn es sich dabei um etwas handelt, von dem Sie glauben, Sie sollten es tun, obwohl es Sie Ihrem Ziel gar nicht näher bringt, gehört es nicht auf die Liste. Das Ziel ist nicht, perfekt zu werden. Wenn Sie sich komplett überarbeiten, verlieren Sie den Fokus auf die wichtigen Dinge und werden dadurch nur unproduktiver.

Machen Sie weiter mit den Dingen, die für Sie funktionieren, und tun Sie gegebenenfalls *mehr* davon, wenn Sie mehr erreichen wollen.

Womit sollten Sie anfangen?

Sobald Sie festgehalten haben, was funktioniert und wovon Sie noch mehr tun sollten, ist es an der Zeit, sich zu entscheiden, was Sie sonst noch dafür tun können, um schneller zum Erfolg zu gelangen.

Ich habe ein paar Top-Vorschläge für Sie, die Ihre Fantasie anregen und Ihnen beim Loslegen helfen sollen:

- Schauen Sie noch mal in Ihre Pläne und Ziele für den Vermögensaufbau, die wir im Kapitel „Lektion III: Ihr Flugplan“ besprochen haben.

- Stellen Sie sicher, dass Sie Ihre finanzielle Situation – geschäftlich und privat – im täglichen und wöchentlichen Zusammenhang verstehen.
- Bewegen Sie sich regelmäßig.
- Ernähren Sie sich so, dass Sie dadurch Energie gewinnen und gesund bleiben.
- Bauen Sie Gewohnheiten rund ums Schlafen und Ausruhen auf, die Ihnen helfen (wie im Kapitel „Energietechnik“ besprochen).
- Denken Sie darüber nach, was Sie im Moment *nicht* tun, das Ihr Einkommen oder die Profitabilität Ihres Unternehmens direkt steigern könnte.
- Planen Sie, wen Sie als Erstes (oder als Nächstes) einstellen wollen, zum Beispiel einen persönlichen Assistenten, einen digitalen Assistenten oder einen Praktikanten. Machen Sie sich dabei klar, dass jemanden einzustellen eine *Investition* ist, keine Ausgabe.
- Erstellen Sie Ihren *grundlegenden Zeitplan* – den immer wiederkehrenden, idealen Wochenplan mit fest verplanten Zeiten in Ihrem Kalender, wie im Kapitel „Nicht ganz so offensichtliches Millionärs-Prinzip Nr. 1: Selbstmanagement“ beschrieben.

Lassen Sie sich davon aber nicht überwältigen. Denken Sie daran, dass Rom auch nicht an einem Tag erbaut wurde.

Es ist nicht nötig, dass Sie gleich achtundfünfzig Dinge finden, die Sie ab morgen umsetzen müssen.

Das Schöne daran, dass Sie jeden Morgen während Ihres *Miracle Morning* etwas aufschreiben, ist, dass Sie dadurch alles festhalten können, was Sie gern machen würden.

Diese Dinge können Sie dann nach und nach zu Ihrem Erfolgsbaukasten hinzufügen, bis sie zu festen Gewohnheiten geworden sind. In winzigen Verbesserungen wohnt nämlich ein Zauber, der dazu führt, dass sie sich immer weiter aufaddieren.

Womit sollten Sie aufhören?

Mittlerweile haben Sie wahrscheinlich eine ganze Liste von Dingen gefunden, mit denen Sie anfangen sollten. Wenn Sie sich aber fragen, woher die ganze Zeit dafür kommen soll, ist der nächste Schritt genau richtig für Sie. Jetzt dürfen Sie nämlich ein paar Dinge von Ihrer To-Do-Liste streichen, die Ihnen wenig oder nichts bringen, und damit Platz für die Dinge schaffen, die Sie weiterbringen.

Ich nehme stark an, dass Sie jeden Tag einige Dinge tun, bei denen Sie erleichtert und dankbar sind, wenn Sie damit aufhören oder sie an jemand anderen delegieren dürfen.

Warum hören Sie nicht damit auf:

- Ungesunde Dinge zu essen, die Ihnen Energie, Lebenskraft und Motivation rauben?
- Unnötige Arbeiten im Haushalt zu erledigen?
- Sofort auf SMS und E-Mails zu antworten?
- Ans Telefon zu gehen? (Lassen Sie den Anrufer auf Band sprechen und rufen Sie ihn zurück, wenn es Ihnen besser in den Zeitplan passt.)
- In sozialen Netzwerken zu lesen und zu posten?
- Jeden Tag stundenlang fernzusehen?
- Immer wiederkehrende Aufgaben zu erledigen, zum Beispiel Rechnungen zu bezahlen, mehrmals die Woche Lebensmittel einzukaufen oder den Hausputz zu machen?

Wenn Sie Ihre Konzentrationsfähigkeit mit nur einem einzigen Schritt dramatisch verbessern wollen, habe ich diesen Tipp für Sie: *Hören Sie auf damit, jedes Mal wie ein abgerichteter Seehund zu reagieren, wenn ein elektronisches Gerät piept oder vibriert.* Brauchen Sie wirklich jedes Mal eine Benachrichtigung, wenn Sie eine Nachricht, eine E-Mail oder eine Reaktion in den sozialen Netzwerken bekommen? Wahrscheinlich nicht, oder? Gehen Sie die Einstellungen auf Ihrem Handy, Tablet und Computer durch und schalten Sie alle Benachrichtigungen aus.

Moderne Technik existiert, um Ihnen das Leben zu erleichtern, und Sie können sofort die Kontrolle darüber übernehmen. Wie oft Sie auf Ihr Handy schauen, um zu sehen, ob Sie eine Sprachnachricht, SMS oder E-Mail bekommen haben, sollte *Ihre eigene Entscheidung* sein. Wenn wir ehrlich zu uns selbst sind, müssen wir uns eingestehen, dass nur die wenigsten von uns Jobs haben, bei denen Menschenleben davon abhängen, wie schnell wir auf einen Anruf, eine Nachricht oder eine Mail reagieren. Wir müssen nicht vierundzwanzig Stunden am Tag, 365 Tage im Jahr für jeden erreichbar sein – es reicht, wenn wir es für unseren Partner und unsere Kinder sind. Die meisten Smartphones haben heutzutage eine Funktion, mit der Sie alle Anrufe *außer* denen von bestimmten Personen, zum Beispiel Familienmitgliedern, automatisch ablehnen können. Eine effektive Alternative dazu ist es, bestimmte Tageszeiten einzuplanen, zu denen Sie nachschauen, was gerade passiert, was Ihre unmittelbare Aufmerksamkeit verlangt, und was Sie sich in den Kalender oder die To-Do-Liste schreiben sollten – und was Sie getrost löschen, ignorieren und vergessen können.

Abschließende Gedanken zur unerschütterlichen Konzentration

Konzentrationsfähigkeit ist wie ein Muskel, den Sie mit der Zeit aufbauen, und dieser Muskel steht in direktem Zusammenhang mit Wohlstand. Jeder Millionär, den ich kenne, hat sich die Fähigkeit angeeignet, sich zu konzentrieren. Millionäre, denen es schwerfällt, haben nicht nur praktische Methoden angewandt, um sich zu verbessern, sondern darüber hinaus Leute eingestellt, die ihnen dabei helfen, beim jeweiligen Thema und ungestört zu bleiben, wenn es am dringendsten ist.

Wie bei allen Muskeln müssen Sie sich auch bei der Konzentrationsfähigkeit darum bemühen und daran arbeiten, wenn Sie wollen, dass sie wächst. Haben Sie Nachsicht mit sich selbst, wenn Sie das einmal nicht so gut schaffen wie gewohnt, aber bleiben Sie dran. Irgendwann wird es leichter. Vielleicht dauert es eine Weile, bis Sie gelernt haben, sich richtig zu konzentrieren, aber wenn Sie sich jeden Tag darum bemühen, werden Sie immer besser. Schließlich geht es darum, eine Person zu *werden*, die sich konzentrieren kann, und dieser Prozess beginnt damit, sich selbst so zu sehen. Ich empfehle Ihnen, ein paar Zeilen dazu, dass Sie sich zur unerschütterlichen Konzentration entschlossen haben und was Sie jeden Tag dafür tun werden, zum Teil Ihrer Affirmationen zu machen.

Die meisten Leute wären sicherlich schockiert zu sehen, wie wenig Zeit sie jeden Tag tatsächlich die Dinge tun, die wichtig und relevant sind. Planen Sie heute für die nächsten vierundzwanzig Stunden eine Stunde ein, in der Sie sich auf die *wichtigste Aufgabe* konzentrieren, *die Sie im Moment haben.* Sie werden nicht nur erstaunt sein, wie produktiv Sie sein können, sondern auch am eigenen Leib erfahren, wie gut es sich anfühlt und wie positiv es sich auf Ihr Selbstwertgefühl auswirkt.

Inzwischen haben Sie Ihrem Erfolgsarsenal einige ziemlich unglaubliche Aktivitäten und Gebiete, auf die Sie sich konzentrieren wollen, hinzugefügt. Wenn Sie die unten aufgeführten Schritte ausgeführt haben, machen Sie doch gleich mit dem nächsten Kapitel weiter, in dem wir Ihre vermögensaufbauenden Fähigkeiten schärfen und auf eine Weise mit den Life S.A.V.E.R.S. kombinieren werden, von der Sie noch nie gehört und an die Sie vermutlich noch nicht einmal gedacht haben. Erinnern Sie sich dabei an die Schritte zur unerschütterlichen Konzentration und die Art und Weise, wie Sie mehr davon in Ihrem Leben bekommen können, die wir in diesem Kapitel besprochen haben.

Unerschütterliche Konzentration in der Praxis

Erster Schritt: Wählen oder erschaffen Sie eine ideale Umgebung, die Ihre unerschütterliche Konzentration unterstützt. Wenn Sie sich am besten konzentrieren können, wenn Sie in der Öffentlichkeit, zum Beispiel in einem Café, arbeiten, planen Sie bestimmte Zeiten ein, in denen Sie in Ihrem Lieblingscafé arbeiten. Wenn Sie von zuhause aus arbeiten, achten Sie darauf, den zweiten Schritt konsequent in die Tat umzusetzen.

Zweiter Schritt: Entrümpeln Sie sich geistig und physisch. Planen Sie zuerst einen halben Tag ein, um Ihren Arbeitsplatz aufzuräumen. Dann tun Sie das gleiche für Ihr Gehirn. Befreien Sie sich von den vielen kleinen To-Do-Listen, die darin herumflattern. Schreiben Sie stattdessen eine komplette To-Do-Liste auf dem Computer, auf dem Handy oder in Ihren Kalender.

Dritter Schritt: Schützen Sie sich vor Unterbrechungen, entweder durch Sie selbst – indem Sie Benachrichtigungen ausschalten – oder durch andere. Stellen Sie Ihr Handy auf „Bitte nicht stören" und geben Sie Ihrem Team Bescheid, dass es Sie während Ihrer Konzentrationsphasen in Ruhe lassen soll.

Vierter Schritt: Schaffen Sie eine Liste für unerschütterliche Konzentration. Nehmen Sie Ihr Journal zur Hand oder öffnen Sie eine neue Notiz auf Ihrem Computer oder Handy und schreiben Sie die folgenden Listen auf:

- **Damit sollte ich weitermachen (oder mehr davon tun).**
- **Damit sollte ich anfangen.**
- **Damit sollte ich aufhören.**

Notieren Sie alles, was Ihnen in den Sinn kommt. Schauen Sie dann Ihre Listen noch einmal durch und entscheiden Sie, welche Dinge davon Sie automatisieren, delegieren oder nach außen vergeben können. Wie viel Zeit nehmen Sie sich für die wichtigsten Dinge, die das Wachstum Ihres Unternehmens unterstützen und Ihnen mehr Einkommen verschaffen? Stellen Sie sich diese Frage immer wieder, bis Ihnen klar ist, was Ihr persönlicher Prozess umfasst. Dann können Sie tägliche Zeitphasen dafür einplanen, damit Sie am Ende ungefähr 80 Prozent Ihrer Zeit mit Aufgaben gefüllt haben, die die gewünschten Ergebnisse liefern. Delegieren Sie den Rest.

Damit haben Sie schon eine gute erste Idee davon, wie Sie die Life S.A.V.E.R.S. zum Teil Ihrer Arbeit und Ihres Privatlebens machen, sodass sie all Ihre Lebensbereiche berühren. Ob Sie Millionär sind oder nicht, Sie werden merken, dass es Ihnen besser geht, wenn Sie sich jeden Morgen etwas Zeit nehmen, um diese nicht ganz so offensichtlichen Prinzipien in die Praxis umzusetzen.

Als Nächstes müssen wir im Detail betrachten, was eigentlich einen Millionär ausmacht und wie die Morgenstunden Ihnen dabei helfen, sich diese Wesenszüge anzueignen.

Morgenmillionäre

AUBREY MARCUS, der Geschäftsführer von Onnit, beginnt jeden Tag mit 20 Minuten Wasser, Licht und Bewegung.

Wie er in seinem Bestseller *24 perfekte Stunden: Optimiere deinen Tag* beschreibt, nimmt er zuerst einen Mineraliencocktail zu sich, um seinen Flüssigkeits- und Mineralienhaushalt wieder mit dem aufzufüllen, was er im Schlaf verloren hat. Dieser Cocktail besteht aus 350 ml gefiltertem Wasser, 3 Gramm Meersalz und dem ausgepressten Viertel einer Zitrone.

Als Nächstes lässt er sich von blauem Licht beleuchten, um seinen Biorhythmus auszugleichen. Dazu nutzt er entweder natürliches Sonnenlicht oder ein Lichttherapiegerät, zum Beispiel den Valkee HumanCharger®.

Danach betätigt er sich mindestens eine Minute lang körperlich, um seine Körpersysteme hochzufahren, damit er den ganzen Tag lang Höchstleistungen erbringen und selbstbestimmt in den Tag starten kann.

13. DIE 30-TAGE-MIRACLE-MORNING-HERAUSFORDERUNG

Die Drei-Phasen-Strategie, mit der Sie in nur einem Monat eine Gewohnheit erschaffen

„Das Leben ist zu kurz." Das hört man so oft, dass es schon fast ein Klischee ist, aber in diesem Fall ist es wahr. Sie haben nicht genug Zeit dafür, gleichzeitig unglücklich und durchschnittlich zu sein. Das ist nicht nur sinnlos, sondern auch schmerzhaft.

SETH GODIN, *New York Times*-Bestsellerautor

Spielen wir doch für einen Moment den Advocatus Diaboli. Kann der *Miracle Morning* Ihr Leben oder Ihr Unternehmen in nur dreißig Tagen komplett umkrempeln? Gibt es wirklich etwas, das so schnell so große Auswirkungen haben kann?

Darauf möchte ich entgegnen: Denken Sie daran, dass der *Miracle Morning* genau das schon für Tausende von anderen Menschen getan hat. Wenn das für die anderen gilt, kann und wird es auch für Sie gelten.

Sich eine neue Gewohnheit zuzulegen, geht nicht ohne eine gewisse Anpassungszeit, also glauben Sie nicht, dass es Ihnen vom ersten Tag an leichtfallen wird. Wenn Sie aber bei der Stange bleiben und jeden Tag mit einem *Miracle Morning* und den S.A.V.E.R.S. beginnen, werden Sie schnell merken, dass Ihre neue Gewohnheit die Grundlage für alle anderen Veränderungen bildet. Denken Sie daran: Wenn Sie gleich am Morgen gewinnen, bringen Sie sich damit in die Position, den Rest des Tages auch zu gewinnen.

Die ersten Tage einer Veränderung der Gewohnheiten scheinen oft unerträglich, aber die gehen vorbei. Es ist zwar nicht eindeutig geklärt, wie lange es genau dauert, sich eine neue Angewohnheit zuzulegen, aber Hunderttausende von Menschen, die gelernt haben, die Schlummertaste zu besiegen und jeden Tag mit einem *Miracle Morning* aufzuwachen, können Ihnen bestätigen, dass die folgende dreistufige Strategie äußerst wirksam ist.

Unaufhaltsam statt unerträglich

Die dreistufige Strategie, mit der Sie jede Gewohnheit in dreißig Tagen lernen können

Die folgende Herangehensweise ist wohl die einfachste und effektivste Strategie, sich in nur dreißig Tagen etwas Neues anzugewöhnen und durchzuhalten. Sie wird Ihnen helfen, die Geisteshaltung zu entwickeln und den Plan zu erschaffen, die Sie brauchen, wenn Sie eine neue Routine aufbauen wollen.

Erste Phase: Unerträglich (Tag 1 bis 10)

Jede neue Gewohnheit bedeutet zunächst eine bewusste Anstrengung. Das gilt selbstverständlich auch fürs Frühaufstehen. In der ersten Phase werden Sie jeden Morgen gegen Gewohnheiten ankämpfen, die Sie schon seit Jahren in sich tragen. Dafür brauchen Sie natürlich Willenskraft.

In dieser Phase werden Sie manchmal merken, dass der Geist zwar willig, das Fleisch aber schwach ist. Lassen Sie sich davon nicht ins Bockshorn jagen, es lohnt sich, bei der Stange zu bleiben.

Die Gewohnheit, die Schlummertaste zu drücken und sich selbst die Gelegenheit zu nehmen, jeden Morgen optimal zu beginnen, hindert Sie daran, der Superstar zu werden, der Sie sein können – und das wissen Sie auch ganz genau. Also bleiben Sie stark und machen Sie weiter!

Während Sie sich mit bestehenden Gedankenmustern und einschränkenden Grundsätzen herumschlagen, werden Sie merken, aus welchem Holz Sie geschnitzt sind und wozu Sie in der Lage sind. Sie müssen sich durchschlagen und an Ihrer Vision festhalten. Glauben Sie mir und Tausenden von anderen frischgebackenen Frühaufstehern: *Sie schaffen das*.

Ich weiß aus Erfahrung, dass es entmutigend sein kann, am fünften Tag aufzuwachen und zu merken, dass Sie noch fünfundzwanzig Tage vor sich haben, bevor Sie sich komplett in einen Frühaufsteher verwandelt haben.

Denken Sie in solchen Momenten daran, dass Sie schon die Hälfte der ersten Phase geschafft haben. Sie sind schon sehr weit vorangekommen. Diese ersten Gefühle werden nicht ewig anhalten. Sie sind es sich selbst schuldig, durchzuhalten. Es wird nicht mehr lange dauern, bis Sie die Person sind, die Sie immer sein wollten, und genau das bekommen, was Sie sich erträumen.

Zweite Phase: Unbequem (Tag 11 bis 20)

Willkommen in der zweiten Phase! Ihr Körper und Ihr Geist fangen jetzt an, sich daran zu gewöhnen, früher aufzuwachen. Sie merken, dass es Ihnen ein kleines bisschen leichter fällt, aufzustehen, aber noch ist es keine Gewohnheit – es fühlt sich nicht ganz natürlich an und ist noch kein Teil Ihrer Persönlichkeit geworden.

Die größte Versuchung an diesem Punkt ist, sich zu belohnen, indem man eine Pause macht, besonders am Wochenende. Wenn Sie aber samstags und sonntags ausschlafen, wird es Ihnen am Montag nur umso schwerer fallen, früh aufzustehen – vor allem in der Anfangsphase.

Eine Frage, die in der *Miracle-Morning-Community* relativ oft gestellt wird, lautet: „Wie oft pro Woche steht ihr früh auf und macht euren *Miracle Morning*?"

Die häufigste Antwort lautet meistens ungefähr so: *Am Anfang habe ich am Wochenende noch eine Pause gemacht. Ich habe aber schnell gemerkt, dass es sich nicht richtig anfühlte, samstags und sonntags auszuschlafen, weil ich dadurch die Gelegenheit verschwendete, einen produktiven Miracle Morning zu bekommen. Deshalb mache ich es jetzt an allen sieben Wochentagen.*

Letzten Endes stehen Sie natürlich nicht unter Druck. Machen Sie das, was sich für Sie richtig anfühlt, und konzentrieren Sie sich auf Ihre Fortschritte, nicht auf ein perfektes Ergebnis.

Das Beste an der zweiten Phase ist, dass die erste Phase vorbei ist. Sie haben das Schlimmste geschafft, also machen Sie weiter.

Warum sollten Sie es sich antun wollen, die erste Phase noch einmal durchmachen zu müssen, indem Sie eine Pause einlegen? Glauben Sie mir, das wollen Sie nicht. Also lassen Sie es. Bleiben Sie dran, halten Sie durch.

Dritte Phase: Unaufhaltsam (Tag 21 bis 30)

Inzwischen ist das Frühaufstehen nicht nur eine Gewohnheit, es ist zu einem Teil von Ihnen geworden, ein Teil Ihrer Persönlichkeit. Ihr Körper und Geist haben sich Ihrem neuen Dasein angepasst. In den nächsten zehn Tagen ist es wichtig, dass Sie diese Gewohnheit fest in sich selbst und Ihrem Leben verankern.

Wenn Sie den *Miracle Morning* in der Praxis umsetzen, bekommen Sie dadurch auch eine bessere Perspektive, aus der Sie die drei unterschiedlichen Phasen der Angewöhnung sehen. Das bedeutet, dass Sie dadurch lernen, sich jede neue Gewohnheit anzueignen, die Ihnen hilft – auch die Gewohnheiten der Morgenmillionäre, die wir in diesem Buch bereits behandelt haben.

Jetzt, da Sie die einfachste und effektivste Strategie gelernt haben, sich in nur dreißig Tagen eine neue Gewohnheit anzueignen und sie anzuwenden, kennen Sie die Geisteshaltung und die Herangehensweise, die Sie brauchen, um die 30-Tage-*Miracle-Morning-Herausforderung* zu schaffen. Alles, was Sie tun müssen, ist, sich dafür zu entscheiden und bei der Stange zu bleiben.

Es lohnt sich!

Wenn Sie sich für die 30-Tage-*Miracle-Morning-Herausforderung* entscheiden, bauen Sie sich damit eine Grundlage für Erfolg in allen Lebensbereichen, und das für den ganzen Rest Ihres Lebens. Indem Sie jeden Morgen aufwachen und den *Miracle Morning* anwenden, beginnen Sie jeden Tag mit außergewöhnlich hoher Disziplin (der entscheidenden Fähigkeit, das zu tun, was Sie tun müssen), Klarheit (der Kraft, die Sie daraus schöpfen, sich auf das wirklich Wichtige zu konzentrieren) und Persönlichkeitsentwicklung (was vielleicht sogar den allerwichtigsten Schritt auf dem Weg zum Erfolg darstellt).

In den nächsten dreißig Tagen wird Ihnen diese Grundlage dabei helfen, der Mensch zu werden, der Sie sein müssen, um so überdurchschnittlich viel privaten, beruflichen und finanziellen Erfolg zu erlangen, wie Sie es sich wünschen.

Dabei verwandeln Sie den *Miracle Morning* von einer Sache, die Sie spannend und vielleicht ein wenig einschüchternd finden, in eine lebenslange

Gewohnheit, die Sie immer weiter dabei unterstützt, die Person zu werden, die Sie sein müssen, um sich das Leben zu erschaffen, das Sie schon immer wollten. Sie werden anfangen, Ihr Potenzial zu erfüllen und Ergebnisse zu erzielen, wie Sie sie noch nie erlebt haben.

Neben neuen, zielführenden Gewohnheiten werden Sie darüber hinaus die Geisteshaltung entwickeln, die Sie benötigen, um Ihr Leben zu verbessern – und zwar die inneren wie die äußeren Umstände. Die Life S.A.V.E.R.S. täglich anzuwenden hilft Ihnen, die körperlichen, intellektuellen, emotionalen und spirituellen Vorzüge von Stille, Affirmationen, Bewegung, Lesen und Schreiben am eigenen Leib zu erfahren.

Sie werden sich von Anfang an weniger gestresst fühlen und eine bessere Balance, mehr Konzentration, größeres Glück und mehr Lebensfreude verspüren. Dabei erhalten Sie mehr Energie, Klarheit und Motivation, sich weiter auf Ihre größten Ziele und Träume zuzubewegen – vor allem auf die, die Sie schon viel zu lange aufgeschoben haben.

Denken Sie daran, Ihr Leben wird sich deutlich verbessern, sobald Sie sich in die Person verwandeln, die Sie sein müssen, um es zu verbessern, aber nicht vorher. Genau das sollen die nächsten dreißig Tage Ihres Lebens sein: ein neuer Anfang und ein neues Ich für Sie.

Sie schaffen das!

Wenn Sie jetzt nervös, zögerlich oder besorgt sind, dass Sie wirklich dreißig Tage durchhalten können, machen Sie sich keine Gedanken. Das ist völlig normal, besonders dann, wenn Sie es in der Vergangenheit als schwer empfunden haben, früh aufzustehen. Um genau zu sein, ist es nicht nur normal, es ist sogar ein gutes Zeichen! Es bedeutet nämlich, dass Sie sich dazu entschlossen haben, es auszuprobieren, sonst wären Sie auch nicht nervös.

So legen Sie los:

Schritt 1: Holen Sie sich das 30-Tage-Miracle-Morning-Starterset

Laden Sie sich auf www.TMMBook.com das kostenlose 30-Tage-*Miracle-Morning-Starterset* herunter. Darin finden Sie Übungen, Affirmationen, tägliche Checklisten, Fortschrittslisten und alles, was Sie sonst noch brauchen, um die 30-Tage-*Miracle-Morning-Herausforderung* so einfach wie möglich anzufangen und erfolgreich zu beenden. Nehmen Sie sich dafür bitte jetzt einen Moment lang Zeit.

Schritt 2: Planen Sie für morgen Ihren ersten Miracle Morning

Wenn Sie noch nicht damit angefangen haben, nehmen Sie sich für morgen den ersten *Miracle Morning* vor und planen ihn in Ihren Zeitplan ein. Damit meine ich, dass Sie ihn tatsächlich in Ihren Kalender schreiben und festlegen sollen, wo er stattfinden soll. Denken Sie an unsere Empfehlung, dass Sie das Schlafzimmer so schnell wie möglich verlassen, nachdem Sie aufgestanden sind, damit Sie möglichst wenig in Versuchung kommen, direkt wieder ins Bett zu gehen. Mein *Miracle Morning* findet jeden Morgen auf meinem Wohnzimmersofa statt, während der Rest der Familie noch tief und fest schläft. Ich habe aber auch schon von Leuten gehört, die ihren *Miracle Morning* am liebsten im Freien machen, zum Beispiel auf der Terrasse, im Garten oder in einem Park in der Nähe. Machen Sie Ihren *Miracle Morning* in einer Umgebung, in der Sie sich wohl fühlen, wo Sie aber nicht gestört werden können.

Schritt 3: Lesen Sie die erste Seite des Startersets und machen Sie die Übungen

Lesen Sie sich die Einführung in Ihr 30-Tage-*Miracle-Morning-Starterset* durch. Folgen Sie den Anweisungen und machen Sie die Übungen. Wie alles andere im Leben, das es sich zu tun lohnt, müssen Sie sich auch auf die 30-Tage-*Miracle-Morning-Herausforderung* ein bisschen vorbereiten. Es ist wichtig, dass Sie die Einstiegsaufgaben aus Ihrem Starterset gründlich erledigen, was nicht länger als eine Stunde dauern sollte. Bedenken Sie, dass Ihr *Miracle Morning* immer mit den Vorbereitungen beginnt, die Sie am

Tag oder am Abend vorher treffen, damit Sie geistig, emotional und praktisch darauf eingestellt sind. Ein Teil dieser Vorbereitungen ist die fünfstufige Anti-Schlummer-Aufwachstrategie aus Kapitel 2.

Schritt 3.1: Finden Sie einen Partner, dem Sie Rechenschaft ablegen können

Es ist nicht von der Hand zu weisen, dass ein fester Zusammenhang zwischen Erfolg und der Rechenschaft, die wir anderen schulden, besteht. Den meisten Menschen gefällt es nicht, Rechenschaft ablegen zu müssen, aber es ist unglaublich hilfreich, jemanden zu haben, der uns mehr abverlangt, als wir es selbst tun. Wir können alle Vorteile daraus ziehen, einen Rechenschaftspartner zu finden. Ich empfehle Ihnen dringend– auch wenn es keine Vorschrift ist – sich an eine Person zu wenden, die Ihnen nahesteht (zum Beispiel ein Familienmitglied, einen Freund, einen Kollegen, Ihren Partner), und sie zu fragen, ob sie die 30-Tage-*Miracle-Morning-Herausforderung* mit Ihnen zusammen angehen möchte.

Es hilft uns nicht nur, bei der Stange zu bleiben, wenn wir einen Partner haben, dem wir Rechenschaft ablegen müssen, es macht auch mehr Spaß! Denken Sie mal darüber nach, wie stark Sie sich fühlen, wenn Sie sich entschließen, eine aufregende Sache auszuprobieren. Wenn Sie jetzt noch jemanden mit ins Boot holen, der genauso aufgeregt und entschlossen ist wie Sie selbst, verstärken Sie dieses Gefühl um ein Vielfaches.

Rufen Sie heute noch eine oder mehrere Personen an, oder schicken Sie ihnen eine SMS oder E-Mail, und fragen Sie sie, ob sie Lust hätten, mit Ihnen gemeinsam die 30-Tage-*Miracle-Morning-Herausforderung* anzunehmen. Am besten schicken Sie ihnen den Link zu www.MiracleMorning.com, damit sie sich kostenlos das *Miracle-Morning-Schnellstarterset* herunterladen können. Dieses Set enthält:

- Ein kostenloses *Miracle-Morning*-Trainingsvideo,
- Eine kostenlose *Miracle-Morning*-Audioanleitung,
- Zwei kostenlose Kapitel des Buches *The Miracle Morning*

Das kostet Ihren Partner nichts und verschafft Ihnen die Möglichkeit, sich mit jemandem zusammenzutun, der genauso entschlossen ist, sein Leben auf die nächste Stufe zu heben. Dadurch können Sie sich gegenseitig unterstützen, ermutigen und Rechenschaft ablegen.

WICHTIG: Warten Sie nicht mit Ihrem ersten *Miracle Morning* und der 30-Tage-*Miracle-Morning-Herausforderung*, bis Sie einen Rechenschaftspartner gefunden haben. Ich empfehle Ihnen, den ersten *Miracle Morning* gleich morgen früh einzuplanen, unabhängig davon, ob Sie schon jemanden gefunden haben, der Sie auf der Reise begleitet. Gehen Sie es gleich an. Sie werden feststellen, dass es Ihnen noch viel leichter fallen wird, andere für den *Miracle Morning* zu begeistern, wenn Sie schon ein paar Tage lang Erfahrungen damit gesammelt haben. Legen Sie los! Sobald Sie dazu kommen, können Sie immer noch Freunde, Familienmitglieder oder Arbeitskollegen einladen, sich auf www.MiracleMorning.com ein Starterset herunterzuladen.

Weniger als eine Stunde später werden sie nicht nur bereit dafür sein, Ihr *Miracle-Morning*-Rechenschaftspartner zu werden, sie werden wahrscheinlich sogar selbst zumindest ein bisschen motiviert sein, ihr eigenes Leben zu verbessern

Sind Sie bereit für die nächste Stufe des Lebens?

Was ist die nächste Stufe in Ihrem Privat- oder Arbeitsleben? Welche Lebensbereiche müssen sich ändern, damit Sie diese Stufe erreichen? Schenken Sie sich selbst die Gelegenheit, nur dreißig Tage zu investieren, um Ihr Leben Tag für Tag deutlich zu verbessern. Egal, wie Ihre Vergangenheit aussieht – Ihre Zukunft können Sie ändern, indem Sie Ihre Gegenwart verändern.

SCHLUSSBEMERKUNG

Der Tausch

Jede Erfolgsgeschichte ist auch eine Geschichte von ständiger Anpassung, Überarbeitung und Veränderung.

RICHARD BRANSON
Milliardär und Gründer der Virgin-Gruppe

Es gibt viele Dinge, die ich nicht schon immer bin. Hier ist eine kurze Liste:

- Reich
- Zielorientiert
- Proaktiv
- Organisiert
- Produktiv
- Ein Frühaufsteher

Dieser Liste könnte ich noch so einiges hinzufügen, aber der Punkt ist folgender: Als junger Mann war ich nicht unbedingt in der besten Position, um Millionär zu werden. Wenn ich heute auf mein jüngeres Ich zurückblicke, empfinde ich eine Mischung aus Humor und Schock. Manchmal finde ich es schwer zu glauben, dass ich die gleiche Person bin, wenn ich im Vergleich dazu mein heutiges Leben betrachte.

Als junger Mann wäre ich zum Beispiel unter keinen Umständen jemals morgens aufgewacht, bevor der Wecker klingelte – und noch viel weniger vor Sonnenaufgang! Genauso wenig hätte mein jüngeres Ich sich gleich nach dem Aufstehen hingesetzt und sich die S.A.V.E.R.S. vorgenommen.

Auf den ersten Blick sieht es also nicht so aus, als hätte mein jüngeres Ich eine Chance darauf gehabt, jemals reich zu werden.

Das bin ich aber geworden. Ich bin reich geworden, das ist so sicher wie die Tatsache, dass ich heute Morgen die S.A.V.E.R.S. gemacht habe.

Realitätsprüfung

Falls Sie sich das schon die ganze Zeit fragen: Auch ich schaffe es nicht, an 365 Tagen im Jahr wie ein Großmeister den perfekten *Miracle Morning* hinzulegen. Ich bin kein Morgen-Ninja oder Super-Guru. Ich bin nur ein Kerl, der sich sehr stark dafür interessiert, sich selbst zu verbessern.

Meine ideale Morgenroutine schaffe ich wahrscheinlich an ungefähr 100 Tagen im Jahr. An den übrigen Tagen mache ich eine Variante davon – so etwas wie einen verkürzten *Miracle Morning*.

Manchmal kommt mir etwas dazwischen und ich schaffe nicht einmal ansatzweise etwas, das einem *Miracle Morning* nahekommt.

An diesen Tagen fühlt es sich eher wie ein Wunder an, wenn ich es abends schaffe, wieder ins Bett zu kriechen.

Diese Tage erinnern mich allerdings an eine Wahrheit, die man leicht vergisst: *Tage sind zerbrechliche Dinge.*

Wenn ich die Kontrolle über den Morgen verliere, entgleitet mir oft der ganze Tag. Dinge wachsen wie eine Lawine an. Meine Stimmung und mein Energiepegel schwanken. Ich hole nie ganz auf und fühle mich nie ganz so ausgeglichen wie an Tagen, die ich nach meinen eigenen Regeln mit Frieden und Kontrolle beginne.

Ich mag es nicht, wenn ich einen Tag verliere. Wie viele davon bleiben mir schließlich noch? Das weiß ich nicht, aber ich weiß, dass wir alle weniger Tage bekommen, als uns lieb ist.

Wenn ich also die Augen schließe, nachdem es den ganzen Tag so ausgesehen hat, als wäre alles dabei, den Bach hinunterzugehen, dann denke ich nur eins: *morgen früh wird alles anders.*

Und wissen Sie was? Genauso kommt es dann auch meistens. Diese Erinnerung – daran, dass ein Tag, ein Morgen, ein *Leben*, zerbrechlich ist – reicht schon aus, um mich wieder zu meinem *Miracle Morning* zurückzubringen, der dafür sorgt, dass ich so gut wie möglich bin.

Worauf ich hinaus will: *Sie müssen nicht perfekt sein.* Wahrscheinlich tun Sie sich einen Gefallen, wenn Sie das nicht einmal versuchen. Was Sie dagegen unbedingt versuchen *sollten*, ist, immer besser zu werden. Die Qualität *und* die Häufigkeit Ihrer *Miracle-Morning-Anwendung* zu steigern. Jeden Tag ein kleines bisschen mehr.

Denn damit verhält es sich wie mit Zinsen und Zinseszinsen: Am Ende kommt etwas Großes dabei heraus.

Ihre Reise zum Reichtum

Falls das Entscheidende bisher noch nicht klar geworden sein sollte, sage ich es hier noch einmal: Sie werden nicht einfach so zum Millionär, nur indem Sie früher aufstehen. Viele hart arbeitende Menschen stehen ihr ganzes Leben lang früh auf, schaffen es aber nicht mal, sich ein Haus zu kaufen. Früh aufzustehen garantiert nicht, dass man reich wird, genauso wenig, wie ein Bankkonto zu eröffnen.

Und doch funktioniert der *Miracle Morning*. Die S.A.V.E.R.S. funktionieren. Die Strategien in diesem Buch, wie Sie sich die richtige Geisteshaltung für *Reichtum* aufbauen, funktionieren. Es funktioniert alles.

Und zwar aus diesem Grund.

Reich zu werden ist eine Reise. Das klingt jetzt vielleicht wie ein Klischee, aber es ist wahr. Nur wenige Menschen werden über Nacht zum Millionär, und die, denen das passiert, müssen dafür oft leiden. Langfristiger, angenehmer Wohlstand entsteht meistens durch eine Reise, durch einen Prozess, der Zeit braucht.

Auf dieser Reise gibt es ein paar offensichtliche Wegmarken – eine Unternehmensgründung zum Beispiel, oder die Anschaffung einer Immobilie, oder zu lernen, wie Sie Ihr Geld verwalten und als Leverage einsetzen. Aber diese Wegmarken sind nur äußere Anzeichen für etwas, das tiefer drinnen steckt. Sie sind sichtbare Anzeichen für *persönliches Wachstum*.

Suchen Sie, so viel Sie wollen, ich glaube nicht, dass Sie einen Millionär finden, der es aus eigenem Antrieb geschafft hat, reich zu werden, sich dabei aber nicht selbst weiterentwickelt hat. Alle Millionäre haben die gleiche Reise hinter sich, auf die Sie sich jetzt auch begeben wollen: eine Reise der Selbstverbesserung und des Lernens. Wenn ich auf mein jüngeres Ich zurückblicke, weiß ich natürlich, dass ich immer noch die gleiche Person bin. Ich bin nur *besser* geworden.

Wenn ich an all die Jahre denke, die vergangen sind, seit ich meine Reise zum Reichtum angetreten habe, wird mir klar, dass ich ein Tauschgeschäft gemacht habe. Ich habe mein altes Ich – das Ich, das ausgeschlafen und Dinge auf die lange Bank geschoben hat – gegen eine neue Version eingetauscht. Das bin immer noch ich, tief drinnen, aber es ist ein neueres Modell. Mein *Ich* von vor ein paar Jahren hatte noch viel zu lernen. Dank der Macht des Morgens habe ich es geschafft, dieses Lernpensum zu bewältigen. Ich war in der Lage, das was ich war, aufzugeben und der zu werden, der ich bin.

Und das ist letztendlich der Grund, warum der *Miracle Morning* funktioniert: weil er Ihnen sowohl die Zeit *als auch* die Hilfestellung gibt, sich ein *besseres Ich zu erschaffen*. Er erlaubt Ihnen, die Person, die Sie *im Moment* sind, gegen die Person einzutauschen, die Sie *werden* können.

Die Morgenstunden machen uns alle gleich. Wir alle haben unterschiedliche Stärken. Unsere Talente, Hintergründe, Vor- und Nachteile unterscheiden sich. Aber was wir alle teilen, ist die Tatsache, dass jeder von uns einen Morgen pro Tag bekommt. So lange Sie leben, bekommen Sie unweigerlich jeden Tag einen Morgen.

Dieser Morgen kann Ihnen helfen, sich das Leben Ihrer Träume zu erschaffen, wenn Sie nicht zulassen, dass Sie ihr Leben nur verträumen. Diese Entscheidung liegt ganz bei Ihnen.

Zum Glück dauert es nicht mehr lange bis morgen früh. Wie werden Sie sich entscheiden?

Ich wünsche Ihnen Glück, Gesundheit und Wohlstand.

David Osborn

EINE BESONDERE EINLADUNG VON HAL

Die Leser und Anwender des *Miracle Morning* haben eine außergewöhnliche Gemeinschaft von über 150.000 ähnlich gesonnenen Personen auf der ganzen Welt geschaffen, die jeden Tag mit einem Ziel aufwachen und Zeit darauf verwenden, das unbegrenzte Potenzial zu nutzen, das in uns allen liegt, während sie gleichzeitig anderen helfen, das Gleiche zu tun.

Als Autor von *The Miracle Morning* empfand ich es als meine Pflicht, eine Online-Community zu schaffen, in der sich Leser zusammenfinden können, um sich kennenzulernen, sich gegenseitig Mut zu machen, sich über die besten Methoden auszutauschen, sich gegenseitig zu unterstützen, über das Buch zu diskutieren, Videos zu posten, einen Partner zu finden, dem sie Rechenschaft ablegen können, und sogar Smoothierezepte und Sporteinheiten zu teilen.

Allerdings hätte ich mir damals ehrlich gesagt nicht träumen lassen, dass die *Miracle-Morning-Community* eine der positivsten, engagiertesten und sich gegenseitig am besten unterstützenden Online-Communitys der Welt werden würde, aber genau das ist passiert. Die Persönlichkeit und menschliche Größe unserer Mitglieder aus mittlerweile über siebzig Ländern erstaunt mich jeden Tag aufs Neue – und es werden immer mehr.

Gehen Sie einfach auf **www.MyTMMComunity.com** und beantragen Sie Aufnahme in die Facebook-Gruppe von *The Miracle Morning Community.*

So kommen Sie augenblicklich in Kontakt mit über 150.000 Menschen, die die Methoden des *Miracle Morning* bereits anwenden. Einige davon fangen ihren Weg zum *Miracle Morning* vielleicht erst an, aber es gibt noch viel mehr, die schon seit Jahren dabei sind und ihre Ratschläge, Unterstützung und Erfahrung nur zu gerne teilen, um Ihnen schneller zum Erfolg zu verhelfen.

Ich moderiere diese Community und schaue auch regelmäßig dort vorbei, also freue ich mich darauf, Sie dort zu treffen. Wenn Sie lieber persönlich auf den sozialen Medien mit mir in Kontakt treten möchten, folgen Sie einfach **@HalElrod** auf Twitter oder **Facebook.com/YoPalHal** auf Facebook. Ich möchte Sie kennenlernen!

BONUSKAPITEL

Die Miracle-Gleichung

Von Hal Elrod

Es gibt nur zwei Arten zu leben. Die eine ist, so zu leben, als gäbe es keine Wunder. Die andere ist, so zu leben, als wäre alles ein Wunder.

ALBERT EINSTEIN zugeschrieben

Inzwischen verstehen Sie, dass Sie früh aufwachen, einen außergewöhnlichen Energiepegel halten, Ihre Konzentration zielgerichtet einsetzen und David Osborns Millionärslektionen meistern können. Wenn Sie das Folgende auch auf alle anderen Lebensbereiche anwenden, werden Sie sogar noch viel weiterkommen: Sie werden Ihr ganzes Leben im wahrsten Sinne des Wortes außergewöhnlich machen.

Um diesen Sprung zu machen, brauchen Sie aber noch ein letztes Werkzeug in Ihrem Arsenal: die *Miracle-Gleichung*.

Die *Miracle-Gleichung* ist die grundlegende Strategie, die ich angewandt habe, um mir mein volles Potenzial als Vertriebsleiter, Freund, Ehemann und Elternteil zu erschließen. Sie hängt damit zusammen, wie Sie mit Ihren Zielen umgehen. Einer meiner Mentoren, Dan Casetta, hat mir beigebracht, dass der wahre Zweck eines Ziels nicht ist, es zu erreichen. Sein wahrer Sinn ist es, zu der Person zu werden, die ihre Ziele erreichen kann, unabhängig davon, ob sie ein bestimmtes Ziel nun erreichen oder nicht. Wirklich wichtig ist, wer man wird, wenn man bis zum letzten Moment alles gibt – nicht das, was dabei herauskommt.

Wenn Sie sich entschließen, ein scheinbar unerreichbares Ziel zu verfolgen, werden Sie dadurch besonders konzentriert, gewissenhaft und zielgerichtet, auch wenn die Wahrscheinlichkeit, dass Sie scheitern, relativ hoch ist. Je höher Sie sich Ihre Ziele stecken, desto genauer finden Sie heraus, aus welchem Holz Sie wirklich geschnitzt sind.

Zwei Entscheidungen

Wie bei jeder großen Herausforderung müssen Sie Entscheidungen treffen, die damit zusammenhängen, dass Sie das Ziel erreichen wollen. Sie können sich eine Deadline setzen und einen Plan erschaffen, indem Sie sich fragen: „Wenn ich mein Ziel bis zu diesem Zeitpunkt erreichen will, welche Entscheidungen muss ich dann treffen und wozu muss ich mich im Voraus bereits entschließen?"

Egal, welches Ziel Sie für sich wählen, Sie werden immer feststellen, dass es zwei Entscheidungen sind, die besonders große Auswirkungen haben. Diese Entscheidungen sind die Grundlage der *Miracle-Gleichung*.

Die erste Entscheidung: Unerschütterlicher Glaube

In meinem Leben gab es einmal eine Zeit, in der ich versuchte, ein unmögliches Verkaufsziel zu erreichen. Dieses Beispiel stammt zwar aus meinem Berufsleben, aber ich werde Ihnen zeigen, dass es sich auch auf alle anderen Lebensbereiche anwenden lässt. Zu dieser Zeit war ich sehr gestresst und musste mich häufig mit Ängsten und Zweifeln auseinandersetzen, aber dass ich auch viel über mein Ziel nachdachte, brachte mich zu einem wichtigen Schluss: *Um das scheinbar Unmögliche zu schaffen, musste ich jeden Tag unerschütterlich daran glauben, egal, welche Ergebnisse ich tatsächlich erzielte.*

Ich wusste, dass es Zeiten geben würde, in denen ich an mir zweifelte, und Zeiten, in denen ich so weit von der Spur abgekommen war, dass das Ziel in noch weiterer Ferne zu liegen schien als vorher. Und genau in diesen Momenten musste ich meine Selbstzweifel mit unerschütterlichem Glauben überwinden.

Um mir auch für die schwierigen Momente so viel Glauben an mich selbst zu erhalten, habe ich in dieser Zeit immer wieder mein „*Miracle-Mantra*" wiederholt:

Ich werde ____________ (mein Ziel erreichen), egal, was passiert.
Eine andere Möglichkeit gibt es nicht.

Bitte machen Sie sich klar, dass es nicht normal ist, so unerschütterlich an etwas zu glauben. Die meisten Leute tun es nicht. Wenn es nicht so aussieht, als wäre man auf dem richtigen Weg zum gewünschten Resultat, hören Menschen, die Durchschnittsleistungen erbringen, meistens auf zu glauben, dass es trotzdem möglich ist, es zu erlangen.

Wenn nur noch Sekunden auf der Uhr sind und das Spiel unentschieden steht, dann sind es Höchstleistungsträger – die Michael Jordans dieser Welt – die ihren Teamkollegen ohne zu zögern sagen: „Gebt mir den Ball!"

Der Rest des Teams atmet erleichtert auf, weil sie sich vom Druck und der Angst befreit fühlen, den entscheidenden Wurf zu vermasseln. Michael Jordan dagegen kann sich auf die Entscheidung verlassen, die er irgendwann im Lauf seines Lebens getroffen hat: dass er sich den unerschütterlichen Glauben daran bewahrt, treffen zu können, auch wenn es natürlich nicht garantiert ist. Michael Jordan hat im Lauf seiner Karriere sechsundzwanzigmal bei spielentscheidenden Würfen danebengeworfen, aber den Glauben daran, dass er jedes Mal treffen kann, hat er nie verloren.

Das ist die erste Entscheidung, die äußerst erfolgreiche Menschen treffen, und Sie können das auch tun.

Wenn Sie auf ein Ziel hinarbeiten und dabei vom Weg abkommen, was fliegt dann als Erstes aus dem Fenster?

Richtig, der Glaube daran, dass das Ziel, das Sie sich gesetzt haben, erreichbar ist. Sie beginnen, sich selbst negativ zu beeinflussen, indem Sie sich sagen: *Ich arbeite in die falsche Richtung. Es sieht so aus, als könne ich das Ziel nicht erreichen.* Und mit jeder Sekunde, die verstreicht, glauben Sie ein bisschen weniger daran.

Damit müssen Sie sich nicht abfinden. Sie haben die Wahl und die Kraft, sich einen unerschütterlichen Glauben zu erhalten, egal, was kommt, und egal, welche Ergebnisse Sie erzielen. Das ist der Schlüssel dazu, sich ein Vermögen aufzubauen, denn die Ergebnisse haben Sie häufig nicht direkt in der Hand. Ab und zu zweifeln Sie vielleicht an sich selbst oder Sie haben einen schlechten Tag bei der Arbeit. In den dunkelsten Stunden fragen Sie sich vielleicht, ob alles irgendwann ein gutes Ende finden wird. Gerade dann ist es besonders wichtig, dass Sie – immer wieder – den Glauben daran finden, dass alles möglich ist. An diesem Glauben müssen Sie während Ihrer ganzen Reise festhalten, egal, ob es sich damit um ein Verkaufsziel handelt, das Sie in dreißig Tagen erreichen müssen, oder um eine dreißig Jahre dauernde Businesskarriere.

Es ist sehr wichtig, dass Sie Ihre Rolle beim Vermögensaufbau in direktem Zusammenhang mit anderen Berufen sehen, in denen Höchstleistungen erbracht werden müssen, weil die Parallelen unübersehbar sind. Wenn Sie sich nicht die Zeit nehmen, diese Parallelen zu finden, ist es gut möglich, dass Sie sich auf die Momente konzentrieren, in denen Sie auf Ihrem Weg gescheitert sind, statt die Erfolge im Auge zu behalten.

Die erfolgreichsten Leistungssportler leben in dem festen Glauben, dass sie jeden Schuss in einen Treffer verwandeln können. Dieser Glaube – der Glaube, den Sie auch entwickeln müssen – hat nichts mit Wahrscheinlichkeit zu tun. Er stammt aus einer gänzlich anderen Quelle. Die meisten Verkaufsleute arbeiten nach etwas, das sich „Gesetz des Durchschnitts“ nennt. Aber wir reden hier nicht vom Durchschnitt, sondern von einer Art „Gesetz des Wunders“. Wenn Sie immer wieder danebenwerfen, müssen Sie sich umso mehr davon überzeugen, was Weltklasseathleten sich selbst sagen: *Nächstes Mal treffe ich, egal, was passiert. Eine andere Möglichkeit gibt es nicht.*

Ihr Glaube bleibt unerschütterlich, auch wenn Sie beim nächsten Mal immer noch nicht treffen. Wiederholen Sie das *Miracle-Mantra*:

Ich werde ____________ (fügen Sie hier Ihr eigenes Ziel ein),
egal, was passiert. Eine andere Möglichkeit gibt es nicht.

Dann nehmen Sie sich beim Wort und tun Sie, was Sie sich versprochen haben.

Auch Elitesportler haben manchmal Tage, an denen sie das schlechteste Spiel ihres Lebens machen. Solche Spiele, bei denen es für drei Viertel der Zeit so aussieht, als könnten sie gar nichts treffen. Und dann, im vierten Viertel, gerade dann, wenn ihre Mannschaft es am dringendsten nötig hat, fangen sie an zu treffen. Sie verlangen stets nach dem Ball; sie glauben immer an sich selbst und ihre eigenen Fähigkeiten. Im letzten Viertel landen sie plötzlich dreimal so viele Treffer wie im ganzen Rest des Spiels.

Und warum? Weil sie sich darauf konditioniert haben, unerschütterlich an ihre Talente, Fähigkeiten und Fertigkeiten zu glauben – egal, was auf der Punktetafel steht oder wo sie sich gerade auf der Weltrangliste befinden.

Zusätzlich zum unerschütterlichen Glauben besitzen Sie aber auch noch den zweiten Teil der *Miracle-Gleichung*: überdurchschnittlichen Einsatz.

Die zweite Entscheidung: Überdurchschnittlicher Einsatz

Wenn Sie zulassen, dass Ihnen der Glaube an sich selbst abhandenkommt, folgt ihm der Einsatz meistens auf dem Fuß. Sie fangen an, sich einzureden, es sei ja ohnehin sinnlos, sich abzustrampeln, um ein Ziel zu erreichen, das Sie niemals schaffen können.

Plötzlich fangen Sie an zu hinterfragen, ob Sie es jemals schaffen können, Ihre Schulden loszuwerden oder Ihr Unternehmen profitabel zu machen, geschweige denn das große Ziel zu erreichen, das Sie sich vorgenommen haben.

Das ist mir auch schon oft passiert. Ich fühlte mich entmutigt und dachte: *Wozu versuche ich es überhaupt?* Ebenso, wie Sie vielleicht denken: *Das schaffe ich doch nie und nimmer. Meine Finanzen bewegen sich in die falsche Richtung.*

An dieser Stelle brauchen Sie überdurchschnittlich viel Einsatz. Konzentrieren Sie sich auf Ihr ursprüngliches Ziel und spüren Sie die Verbindung zu der Vision, die Sie sich davon erschaffen haben. Finden Sie das große „Warum" in Ihrem Herzen und Ihrem Hirn, das Sie hatten, als Sie sich das Ziel ursprünglich gesetzt haben.

Dafür müssen Sie das Ziel noch einmal neu aufrollen. Fragen Sie sich: *Wenn ich am Ende dieses Monats das Ziel erreicht hätte, was hätte ich dann alles dafür getan? Was hätte ich tun müssen?*

Wie auch immer die Antwort ausfällt, wichtig ist, dass Sie bei der Stange bleiben und sich durchbeißen, egal, wie die Ergebnisse aussehen. Sie müssen daran glauben, dass Sie am Ende erfolgreich dastehen werden. Sie müssen sich den unerschütterlichen Glauben an Ihren Erfolg erhalten und gleichzeitig überdurchschnittlichen Einsatz zeigen, bis das Spiel abgepfiffen wird. Nur so schaffen Sie dem Wunder die Gelegenheit, überhaupt zu geschehen.

Wenn Sie das tun, was der Durchschnittsmensch macht – das, was in unserer menschlichen Natur liegt – dann sind Sie genau das: durchschnittlich. Entscheiden Sie sich dafür, kein Durchschnittsmensch zu sein! Denken Sie daran: Ihr Denken und Handeln bestimmt Ihre Resultate. Das ist eine selbsterfüllende Prophezeiung. Also gehen Sie klug damit um.

Sie haben einen Vorteil: Ich erkläre Ihnen jetzt die Strategie, mit der Sie praktisch sicherstellen, dass Sie jedes Ihrer Ziele erreichen.

Die Miracle-Gleichung

Unerschütterlicher Glaube + Überdurchschnittlicher Einsatz = Wunder

Es ist einfacher als Sie glauben. Das Geheimnis hinter einem unerschütterlichen Glauben liegt darin, zu erkennen, dass es sich dabei um eine Geisteshaltung und eine Strategie handelt – es ist nichts Konkretes. Im Gegenteil, der Glaube ist nicht einmal leicht zu fassen. Kein Verkäufer bringt jedes Geschäft zum Abschluss. Es ist einfach nicht jeder Schuss ein Treffer. Sie können nicht jede Auseinandersetzung gewinnen, weder bei der Arbeit noch im Privatleben. Deshalb müssen Sie sich den unerschütterlichen Glauben einprogrammieren, damit er Sie antreibt, überdurchschnittlichen Einsatz in die Sache zu stecken, egal, was dabei herauskommt.

Denken Sie daran, der Schlüssel dazu, diese Gleichung in die Praxis umzusetzen und mitten im tiefsten Selbstzweifel unerschütterlichen Glauben zu bewahren, liegt in Ihrem *Miracle-Mantra*:

Ich werde ________, egal, was passiert. Eine andere Möglichkeit gibt es nicht.

Setzen Sie sich ein Ziel und machen Sie es zu einem Teil Ihres *Miracle Morning*. Ihre Affirmationen nehmen Sie sich sowieso schon jeden Morgen (und vielleicht zusätzlich noch einmal jeden Abend) vor. Ihr *Miracle-Mantra* sollten Sie sich aber darüber hinaus jeden Tag den ganzen Tag immer wieder vorsagen – während Sie die Kinder zur Schule bringen, im Zug zur Arbeit, auf dem Laufband im Fitnessstudio, unter der Dusche, in der Schlange an der Supermarktkasse, einfach überall, wohin Sie gehen.

Ihr *Miracle-Mantra* wird Ihren Glauben an Sie selbst verstärken und Ihnen den Zuspruch geben, den Sie brauchen, um es nur noch einmal zu versuchen, und dann nochmal und nochmal.

Bonuslektion

Erinnern Sie sich noch daran, was ich von meinem Mentoren Dan Casetta über den Zweck von Zielen gelernt habe? Sie müssen der Typ Mensch werden, der das Ziel erreichen kann. Dabei erreichen Sie das Ziel zwar nicht jedes Mal, aber Sie können dadurch trotzdem zu einer Person werden, die sich unerschütterlichen Glauben erhält und überdurchschnittlichen Einsatz zeigt, egal, was am Ende dabei herauskommt. So werden Sie der Mensch, der Sie sein müssen, wenn Sie regelmäßig außergewöhnlich hoch gesteckte Ziele erreichen wollen. Damit sind Sie auch ein Vorbild für Ihre Kinder.

Das Ziel zu erreichen, spielt dabei (fast) keine Rolle, aber es wird Ihnen trotzdem immer häufiger gelingen. Gewinnen Höchstleistungssportler jedes Mal? Nein, aber meistens. Genauso können Sie auch meistens gewinnen.

Sie können früher aufstehen, mit Hingabe und Begeisterung die Life S.A.V.E.R.S. absolvieren, sich organisieren, konzentrieren und auf Ihr Ziel ausrichten und jede finanzielle Herausforderung wie ein Profi meistern. Den Erfolg, den Sie sich wünschen, werden Sie trotzdem nur erlangen, wenn Sie unerschütterlichen Glauben und überdurchschnittlichen Einsatz kombinieren.

Die *Miracle-Gleichung* erlaubt Ihnen, auf Kräfte zuzugreifen, die niemand so ganz versteht. Sie erhalten Energie aus einer Quelle, die man als Gott, das Universum, das Gesetz der Anziehung oder sogar einfach nur als Glück bezeichnen könnte. Ich weiß nicht, wie sie funktioniert, ich weiß nur, dass sie es tut.

Wenn Sie dieses Buch bis hierher gelesen haben, ist klar, dass Sie sich Erfolg dringender wünschen als fast alles andere.

Entschließen Sie sich also dazu, jeden Teil Ihrer Millionärsreise mit aller Kraft durchzuziehen, auch die *Miracle-Gleichung*. Sie verdienen es und ich will, dass Sie es auch bekommen!

Die Miracle-Gleichung in der Praxis

1. Schreiben Sie sich die *Miracle-Gleichung* auf und hängen Sie sie an einer Stelle auf, wo Sie sie jeden Tag sehen:

   Unerschütterlicher Glaube + Überdurchschnittlicher Einsatz = Wunder (UG + ÜE = W∞).

2. Wählen Sie für dieses Jahr das oberste Ziel auf Ihrer Reise zum Reichtum. Welches Ziel würde Sie am nächsten an Ihr ideales Leben bringen, wenn Sie es erreichen könnten?

3. Schreiben Sie Ihr *Miracle-Mantra* auf:

   Ich werde ____________ (fügen Sie hier Ihre Ziele und täglichen Handlungen ein), egal, was passiert. Eine andere Möglichkeit gibt es nicht.

Dabei geht es mehr darum, wer Sie durch diesen Prozess werden können. Ihr Selbstbewusstsein wird sich steigern und Sie werden schon das nächste Mal, wenn Sie versuchen, ein Ziel zu erreichen (und jedes weitere Mal danach) zu der Art von Person, die alles gibt, was in ihr steckt.

Schlussgedanken

Herzlichen Glückwunsch! Sie haben etwas geschafft, was nur einer kleinen Zahl von Menschen gelingt: Sie haben ein ganzes Buch gelesen. Wenn Sie es so weit geschafft haben, verrät mir das etwas über Sie: Sie sehnen sich nach mehr. Sie wollen mehr werden, mehr tun, mehr beitragen und mehr verdienen.

Dadurch, dass Sie dieses Buch gelesen haben, haben Sie jetzt die einmalige Chance, die Life S.A.V.E.R.S. zu einem Bestandteil Ihres Arbeits- und Privatlebens zu machen, Ihre tägliche Routine zu verbessern und schlussendlich Ihr ganzes Leben zu einer erstklassigen Erfahrung zu machen, wie Sie es sich in Ihren kühnsten Träumen nicht vorgestellt hätten.

In fünf Jahren werden Sie zurückblicken und erkennen, dass Ihr Familienleben, Ihre Beziehungen zu anderen und Ihr Einkommen das Ergebnis von genau einer Sache sind: von der Person, die Sie geworden sind.

Es liegt bei Ihnen, jeden Morgen früh aufzustehen und Zeit darauf zu verwenden, die beste Version Ihrer selbst zu werden. Ergreifen Sie diese Gelegenheit beim Schopf, erschaffen Sie sich eine Vision für die Zukunft und wenden Sie das an, was Sie aus diesem Buch gelernt haben, um Ihre Vision wahr werden zu lassen!

Stellen Sie sich vor, wie Sie in ein paar Jahren das Journal wiederfinden, das Sie angefangen haben, gleich nachdem Sie dieses Buch gelesen haben. Darin finden Sie die Ziele, die Sie sich notiert haben – Träume, die Sie zu dieser Zeit nicht einmal laut auszusprechen wagten. Wenn Sie sich dann umsehen, werden Sie feststellen, dass diese Träume jetzt Teil Ihres Lebens geworden sind.

Im Moment stehen Sie am Fuß eines Bergs, den Sie ohne größere Probleme besteigen können. Alles, was Sie tun müssen, ist, für Ihren *Miracle Morning* aufzustehen und die Life S.A.V.E.R.S. anzuwenden, Tag für Tag, Monat für Monat und Jahr für Jahr, während Sie sich selbst, Ihre Familie und Ihre Erfolge zu Höhen führen, wie Sie sie noch nie erlebt haben.

Kombinieren Sie Ihren *Miracle Morning* mit einem Entschluss, die Lektionen der Reichen zu lernen und die *Miracle-Gleichung* zu nutzen, um Ergebnisse zu erzielen, von denen die meisten Menschen nur träumen können.

Dieses Buch stellt eine Sammlung von Lektionen dar, von denen wir wissen, dass sie Ihnen helfen werden, all Ihre Lebensbereiche auf die nächste Stufe zu bringen, und zwar schneller, als Sie im Moment vielleicht glauben. Man wird nicht dazu geboren, Höchstleistungen zu erbringen – man wird zu einer solchen Person, indem man sein Leben darauf ausrichtet, sich selbst und seine Fähigkeiten konstant zu verbessern, um das zu erreichen, was man sich schon immer gewünscht hat.

Und das können Sie auch. Ich verspreche es Ihnen.

Los geht's! Die 30-Tage-Miracle-Morning-Herausforderung

Jetzt sind Sie dran! Werden Sie einer von zehntausenden Menschen, die Ihr Leben mithilfe des *Miracle Morning* verwandelt haben. Schließen Sie sich der Online-Community unter www.TMMBook.com an und laden Sie sich das Starterset herunter, damit Sie heute noch anfangen können.

QUELLEN

Die Morgenmillionäre

Richard Branson
https://virgin.com/richard-branson/why-i-wake-up-early

Arianna Huffington
https://mymorningroutine.com/arianna-huffington/

Howard Schultz
https://bloomberg.com/news/articles/2012-04-12/how-to-makecoffee-at-home-howard-schultz

Steve Jobs
http://independent.co.uk/news/business/news/from-steve-jobsobama-jeff-bezos-mark-zuckerberg-how-8-of-the-world-s-mostsuccessful-people-start-a6686466.html

Daymond John
https://medium.com/personal-growth/how-to-plan-your-idealyear-2d12ff073467

Oprah Winfrey
https://inc.com/bryan-adams/6-celebrity-morning-rituals-tohelp-you-kick-ass.html

Barbara Corcoran
https://www.huffingtonpost.com/entry/10-morning-routines-ofwildly-successful-entrepreneurs_us_58a0c97fe4b080bf74f03dd8

Jack Dorsey
https://www.inc.com/dave-schools/exactly-how-much-sleepmark-zuckerberg-jack-dorsey-and-other-successful-business.html

Ryan Holiday
https://ryanholiday.net/my-morning-routine/

Tim Ferriss
https://inc.com/bryan-adams/6-celebrity-morning-rituals-tohelp-you-kick-ass.html

Aubrey Marcus
Buch: *24 perfekte Stunden: Optimiere deinen Tag* (riva, 27. Dezember 2018)

ÜBER DIE AUTOREN

HAL ELRODs Lebensmission ist es, d*as Bewusstsein der Menschheit zu heben, und zwar einen Morgen nach dem anderen.* Er ist einer der begehrtesten Redner in den USA, der Gründer einer der am schnellsten wachsenden und engagiertesten Online-Communities, die es gibt, und der Autor eines der beliebtesten Bücher der Welt: *Miracle Morning – Die Stunde die alles verändert.* Das Buch wurde mittlerweile in 27 Sprachen übersetzt und hat über 2.000 Fünf-Sterne-Bewertungen auf Amazon erhalten; die darin beschriebene Methode wird täglich von über 500.000 Menschen in mehr als 70 Ländern praktiziert – also scheint er auf dem richtigen Weg zu sein.

Hals Lebenswerk begann, als er mit zwanzig tot inmitten eines schweren Autounfalls gefunden wurde. Er war frontal von einem Betrunkenen angefahren worden und hatte sich elf Knochen gebrochen, war sechs Minuten lang klinisch tot und litt hinterher an unheilbaren Hirnschäden. Nachdem er sechs Tage lang im Koma gelegen hatte, wachte er auf und fand sich mit einer unvorstellbaren Wirklichkeit konfrontiert – unter anderem damit, dass die Ärzte ihm sagten, er würde nie wieder gehen können.

Entgegen der ärztlichen Meinung und wie zum Beweis, dass wir alle scheinbar unüberwindlichen Hindernisse überwinden können, schaffte es Hal nicht nur, wieder zu gehen, sondern lief sogar einen 52-Meilen-Ultramarathon und wurde zum „Hall of Fame"-Businessmann – und das alles, bevor er dreißig Jahre alt war.

Im November 2016 wäre Hal zum zweiten Mal beinahe gestorben. Seine Nieren, seine Lunge und sein Herz waren bereits im Begriff, den Dienst zu verweigern, als ihm eine sehr seltene, sehr aggressive Form von Leukämie diagnostiziert wurde; seine Überlebenswahrscheinlichkeit lag bei nur 30 %. Nachdem er das schwerste Jahr seines Lebens durchgestanden hatte, ist Hal heute frei von Krebs und treibt seine Mission als Executive Producer des *Miracle-Morning-Films,* einer Dokumentation über Morgenrituale, weiter voran.

Hal ist mehr als dankbar dafür, sein Leben mit der Frau seiner Träume, Ursula Elrod, und ihren zwei Kindern teilen zu dürfen. Die Familie lebt in Austin in Texas.

Wenn Sie mehr über Hals Tätigkeit als Redner, seine Live-Events und Bücher, den Film und noch viel mehr erfahren wollen, besuchen Sie ihn auf www.HalElrod.com.

DAVID OSBORN ist der Haupteigentümer der sechstgrößten Immobilienfirma in den USA. Sie besteht aus über 4.500 Maklern, die im Jahr 2017 über 34.000 Abschlüsse im Wert von über 10 Milliarden Dollar tätigten. David ist außerdem der Hauptinvestor oder Betreiber von über fünfunddreißig profitablen Firmen im Immobilienbereich, der Mitgründer und Geschäftsführer von *Magnify Capital* und hat im Lauf seiner Karriere in über 40 US-Bundesstaaten und in Kanada Geschäfte gemacht. Darüber hinaus ist sein Buch *Wealth Can't Wait* zum *New-York-Times*-Bestseller geworden.

Davids wichtigster Lebensgrundsatz ist es, zu teilen und zurückzugeben, was er kann. Deshalb hat er *GoBundance* gegründet und betreibt diese rechenschaftsbasierte Gruppe von hart arbeitenden und großzügigen Unternehmern, die ein außergewöhnliches Leben haben wollen, bis heute.

Außerdem sitzt er im Aufsichtsrat der gemeinnützigen Gruppen *One Life Fully Lived* und *Habitat for Humanity Austin* und ist Mitglied von *TIGER2*1. Er spendet regelmäßig für verschiedene gute Zwecke – vom Kampf gegen den Krebs bis hin zum Brunnenbau.

Mit *A Glimmer of Hope* unterstützt er eine Organisation, die es sich zum Ziel gesetzt hat, Frauen und Kinder in Äthiopien mithilfe von sauberem Wasser einen Weg aus der Armut zu weisen; *Dell Children's Hospital* sorgt dafür, dass schon die Kleinsten etwas bessere Pflege bekommen.

David ist der stolze Vater von zwei wunderbaren Töchtern und einem fantastischen Sohn und ist verheiratet mit der großartigen und talentierten Traci Osborn.

Mehr Informationen über Davids Bücher, seine Rednertätigkeit und mehr finden Sie auf www.DavidOsborn.com.

HONORÉE CORDER ist die Autorin von Dutzenden von Büchern, darunter *You Must Write a Book*, die *The Prosperous Writers-Serie*, die *Like a Boss-Serie*, *Vision to Reality*, *Business Dating*, die *The Successful Single Mom-Serie*, *If Divorce is a Game*, *These are the Rules*, und *The Divorced Phoenix*.

Außerdem ist sie Hal Elrods Geschäftspartnerin für die *Miracle-Morning-Reihe*. Honorée arbeitet als Coach für Geschäftsleute, Sachbuchautoren und solche, die es werden wollen, und hilft ihnen, ihre Bücher so zu veröffentlichen, dass sie Bestsellerstatus erreichen, eine Plattform bieten und ihren Autoren zusätzliche Einkommensquellen erschließen.

Außerdem macht sie noch eine Menge andere Wunderdinge und hat es auch sonst voll drauf.

Mehr über Honorée erfahren Sie auf www.HonoreeCorder.com.

Hal Elrod, Steve Scott, Honorée Corder:

Miracle Morning für Autoren
Dein Schreibritual für mehr Erfolg und höheres Einkommen

Aus dem amerikanischen Englisch von Christina Brombach
Geleitwort von Prof. Dr. Lothar Seiwert
14,8 x 21 cm, 264 Seiten – ISBN 978-3-95904-070-9
2. korr. Aufl., Edition Forsbach 2020

Brauchst du mehr Zeit zum Schreiben – ohne dafür die wichtigen Dinge zu opfern? Suchst du nach einer Methode, mit der du immer wieder neue, tolle Buchideen entdecken kannst? Wünschst du dir ein zuverlässiges Einkommen durch das Schreiben, oder möchtest du deine bestehenden Einkünfte verbessern?

Dann solltest du *Miracle Morning für Autoren* lesen. In diesem Buch verbinden sich Hal Elrods weltweit erfolgreiches Morgenritual mit Steve Scotts bewährter Schreibgewohnheitstechnik. Lerne, die Kontrolle über den Morgen zu übernehmen und den Rest des Tages optimal auf dein Schreiben auszurichten.

Das erwartet dich in *Miracle Morning für Autoren*:

- Die Erkenntnis, dass eine Morgenroutine Auswirkungen auf dein ganzes Leben hat.
- Eine erprobte Strategie, mit der du Zeit zum Schreiben findest.
- Unsere Methode, mit der du jede Menge Bücher verkaufst.
- Steves Lieblingsapp, mit der du deine großartigen Ideen festhalten und für das nächste Buch recherchieren kannst.
- Hals Strategie, mit Gedanken umzugehen, die dich einschränken und am Erfolg hindern.
- Den „Flow“ und eine Anleitung, wie du Schreibblockaden für immer aus dem Weg räumst.

Der *Miracle Morning für Autoren* ist dein Schlüssel zu einem neuen Schreibritual, mit dem du dein Einkommen erhöhen und größeren Eindruck auf die Welt machen kannst.

Hal Elrod, Cameron Herold, Honorée Corder:

Miracle Morning für Unternehmer
Die Stunde, die dein Business verändert

Aus dem amerikanischen Englisch
von Christina Brombach
Geleitwort von Dr. Renée Moore

14 x 21 cm, 288 Seiten – ISBN 978-3-95904-123-2
Edition Forsbach 2020

Bist du bereit für explosionsartiges Wachstum als Unternehmer und zunehmenden Erfolg für den Rest deines Lebens?
In *Miracle Morning für Unternehmer* betrachten wir diese Methode unter einem ganz neuen Blickwinkel. Cameron Herold – Bestsellerautor und anerkannter Experte zum Thema „Unternehmerisches Denken" – stellt dir Erfolgsprinzipien und grundlegende Fähigkeiten vor, die du benötigst, um ein erfolgreiches Geschäfts- und Privatleben aufzubauen.

Entwickle eine Vision für dein Business und werde zu dem einflussreichen und inspirierenden Leader, zu dem du bestimmt bist!

In diesem Buch erfährst du …

- Warum der Morgen wichtiger ist, als du denkst.
- Wie du dich selbst am besten führen und deine persönliche Entwicklung beschleunigen kannst.
- Wie du mit deiner Energie umgehen kannst – physisch, mental und emotional.
- Wie du Hal Elrods wertvolle Life S.A.V.E.R.S. in deine tägliche Routine integrieren kannst.

***Miracle Morning für Unternehmer* ist dein Fahrplan, um ein Imperium mit einer starken Vision meisterhaft aufzubauen, indem du deine persönliche Genialität nutzt, mit dem richtigen Team an deiner Seite.**